Wir und was uns zu Menschen macht

Werner Siefer, Diplom-Biologe, ist Autor und Journalist. Er arbeitete viele Jahre als Redakteur im Ressort Forschung und Technik des Nachrichtenmagazins *Focus.* Seine Spezialgebiete sind Hirnforschung, Life Sciences, Evolution, Anthropologie und Archäologie. Bei Campus erschien von ihm unter anderem *Ich. Wie wir uns selbst erfinden* (2006, gemeinsam mit Christian Weber).

Werner Siefer

WIR

und was uns zu Menschen macht

Campus Verlag
Frankfurt/New York

Bibliografische Information der Deutschen Nationalbibliothek:
Die Deutsche Nationalbibliothek verzeichnet diese Publikation in der
Deutschen Nationalbibliografie. Detaillierte bibliografische Daten
sind im Internet unter http://dnb.d-nb.de abrufbar.

ISBN 978-3-593-39251-6

Umschlaggestaltung: Hißmann, Heilmann, Hamburg
Satz: Fotosatz L. Huhn, Linsengericht
Druck und Bindung: Beltz Druckpartner, Hemsbach
Gedruckt auf Papier aus zertifizierten Rohstoffen (FSC/PEFC).
Printed in Germany

Besuchen Sie uns im Internet: www.campus.de

Für Thommy, der in unseren Herzen weiterleben wird.

Inhalt

Kapitel 1

In der Provinz des Menschen

Taufkirchen ist einer jener typischen Vororte von München. Die Vorgärten sind sauber und gepflegt, die Straßen gefegt und aufgeräumt. Vor den ordentlich hergerichteten Ein- und Mehrfamilienhäusern parken vielleicht etwas mehr Limousinen mit silbern glänzenden Alufelgen als andernorts in Deutschland. Es gibt Schulen mit kultivierten Sportanlagen, heimelige Kindergärten, ein Künstlerhaus. Auch die freundlichen Helfer von den Maltesern haben eine Niederlassung. Und in einem Grünstreifen in der Nähe des Rathauses steht ein »Partnerschaftsbaum«, eine prächtige Linde, gepflanzt am 10. September 1978, wie ein kleines Schild davor verrät. Der Baum soll die Verbundenheit mit der Gemeinde Meulan in der Nähe von Paris symbolisieren, deutschfranzösischer Zusammenhalt in Europa.

Dem Rathaus gegenüber liegt der Ritter-Hilprand-Hof, ein Kulturzentrum und Restaurant mit einem italienischen Wirt. Die Bürger Taufkirchens kommen gerne hierher, wenn es in großer Gesellschaft etwas zu feiern gibt. »Wir hatten hier schon türkische Hochzeiten, Beschneidungsfeste und Fastenbrechen«, berichtet Bürgermeister Jörg Pötke voller Stolz. »Das Zusammenleben der Kulturen funktioniert bei uns.« Der Ortsvorsteher weiß das besser als alle anderen. Denn wenn die Festivitäten stattfinden, sitzt er gewöhnlich gegenüber in seinem Amtszimmer am Schreibtisch und studiert Akten. Auch an den

Wochenenden. Der Pfingstsonntag 2010 machte hiervon keine Ausnahme.

Pötke verließ sein Büro an diesem 23. Mai gegen 18:30 Uhr, um mit dem Fahrrad den Heimweg anzutreten. Auf dem Vorplatz zwischen Rathaus und Ritter-Hilprand-Hof bot sich ihm ein Bild »friedlichen Einklangs«, wie er schildert. Kinder spielten, Frauen und Männer in dunkler Festtagsgarderobe schlenderten umher, unterhielten sich oder telefonierten. In der Gaststätte feierten rund 300 Sinti und Roma eine Hochzeit. Doch der äußere Eindruck der Harmonie täuschte, wie der Bürgermeister später eingestehen musste. Als Pötke wegfuhr, bahnte sich im Ritter-Hilprand-Hof bereits eine Konfrontation an, die in einer blutigen Messerstecherei zwischen dem Personal und einigen Hochzeitsgästen enden sollte.

Ein Streit um Ziegenwolle

Über die Gründe gibt es verschiedene Angaben. Die einen sagen, die Auseinandersetzung habe sich an einer Beschwerde über einen ungenießbaren Kaffee entzündet. Andere führen an, dass eine Bedienung beleidigt, sexuell belästigt, an den Haaren gezogen und gewürgt worden sei. Bürgermeister Pötke erreichte den Tatort erst zwei Stunden später wieder, nachdem ihn ein Telefonanruf alarmiert hatte und die Polizei mit einer Hundertschaft das Gelände bereits umstellt und abgeriegelt hatte. Einigkeit herrscht darüber, dass der italienische Wirt seiner bedrängten Mitarbeiterin zu Hilfe kam und angesichts des Streits die Gesellschaft auflösen und nach Hause schicken wollte.

Daraufhin eskalierte der Disput erst recht. Man prügelte sich. Dann griffen bis zu 30 Gäste die Bediensteten teils mit Messern bewaffnet an. Bei der Attacke erlitten der Wirt und eine weitere Person lebensgefährliche Verletzungen, sodass sie mit einem Rettungshubschrauber ins Krankenhaus geflogen werden mussten. Vier Personen wurden leicht verletzt. Die Polizei nahm fünf Menschen fest, mindestens zwei flüchteten mit blutverschmierten weißen Hemden über den Rathausplatz. »Überall war Blut, die Küche war total verwüstet«, berichtete Bürgermeister Pötke später – und befürchtet, dass mit dem Gewaltausbruch mehr geplatzt sein könnte als eine pfingstliche Zigeunerhochzeit. »Die Leute«, meint er, »sollen doch friedlich zusammenleben.«

Die Frage ist nur: Können sie das auch? Oder muss nur ein wenig in Unordnung geraten, um der wahren Natur des gefährlichen Raubtiers namens Homo sapiens zu ihrem Auftritt zu verhelfen? »Rixantur de lana caprina«, bemerkte ein Rentner anderntags süffisant, der von den Vorgängen gelesen hatte. Sie streiten sich um Ziegenwolle, eine wertlose Nichtigkeit, wie schon die alten Römer wussten. Eine Provinzposse also? Sicher, der Zusammenstoß hätte überall in Deutschland, ja der Welt, passieren können – und mit mehr oder weniger schlimmem Ausgang kommt es täglich zu aggressiven Auseinandersetzungen, ob nun in den Verkehrsmitteln, den Fußballstadien oder den Schulen. Aber macht das die Sache nicht umso schlimmer? Wenn bis dahin allem Anschein nach gute Nachbarn während eines friedlichen Zusammenseins in der wohlhabenden Provinz aus nichtigem Anlass so in Rage geraten, dass sie aufeinander einstechen – wie will der Mensch dann erst die Probleme lösen, die wirklich wichtig sind? Das Klima retten? Der Umweltzerstörung Einhalt gebieten? Auf ein klein wenig Reichtum verzichten, damit der Nächste nicht verhungern oder in einer baufälligen Hütte leben muss?

Das Recht des Stärkeren

Das Geben scheint dem Homo sapiens nicht im Blut zu liegen. Im Zweifel ist ihm das Hemd allemal näher als der Rock, stellt er sein Eigeninteresse brutal über alles andere. Das letzte Beispiel globaler Skrupellosigkeit bot die chinesische Regierung auf dem Klimagipfel 2009 in Kopenhagen. Während sich die politischen Führer der westlichen Welt, zum Beispiel US-Präsident Barack Obama, die deutsche Kanzlerin Angela Merkel, der französische Präsident Nicolas Sarkozy oder der damalige britische Premier Gordon Brown, auf der Konferenz zusammensetzten, um über die dringend notwendige Reduktion der Treibhausgase zu diskutieren, schickte die bald größte Wirtschaftsmacht der Welt nur einen Unterhändler. Der chinesische Premierminister Wen Jiabao blieb demonstrativ im Hotel. Eine diplomatische Ohrfeige, eine Demonstration der Macht, die deutlich sagen wollte: Behaltet ihr eure Klimaschutzziele! Wir behalten unsere boomende Wirtschaft und lassen sie nicht von euch einbremsen! Erst wollen wir noch ein bisschen reicher werden. Und wer oder was sollte das Reich der Mitte jemals zum Einlenken bewegen? China besitzt schon jetzt die weltweit größten Devisenreserven.

»Erst kommt das Fressen, dann die Moral«, stellte der große deutsche Dichter Bertolt Brecht (1898–1956) so anklagend wie resignierend fest. Und wer jemals einen Sturm aufs Buffet erlebt hat, wenn die Hühnerkeulen auszugehen drohen, die Jagd auf die letzten Schnäppchen im Kaufhaus, eine Menschenmenge, die in panischer Angst vor einem Brand einen Tanzsaal verlässt, oder zwei Fahrgäste, die sich um ein Taxi streiten, der wird den Literaten nicht länger einen Pessimisten schelten. Am Ende gilt nur noch die archaische Regel des Stärkeren: Alles für mich – wo der Rest bleibt, ist mir schnuppe!

Dass Banker ihre Unternehmen in die Pleite treiben und anschließend wie zur Belohnung auch noch Gratifikationen in Höhe von Millionen Euro kassieren, ja diese sogar einklagen, dass Spekulanten auf den Verfall einer Währung wetten und so ganze Staaten an den Rand des Konkurses bringen, fügt sich bestens in das Bild vom Menschen als Raffzahn. Es ist nur eine besonders gewinnträchtige Variante des Sturmlaufs aufs Buffet. Die Zeche dürfen die kleinen Steuerzahler in Europa begleichen.

Sind Helfer in Wahrheit Heuchler?

Ist das der Mensch? Sind das wir? Bleiben Güte und Hilfsbereitschaft tatsächlich immer mehr auf der Strecke? Nein, der Mensch

ist nicht nur ein zur Gewalt bereites Raubtier. Wie kein zweites
Lebewesen kümmert sich um andere. Er pflegt seine Angehörigen bis ins hohe Alter, bis zur Selbstaufgabe. Er versorgt Kranke
und Verletzte. Er freut sich mit anderen, er fühlt mit und leidet
mit, wenn sein Nächster Schmerzen hat. Der Blinde wird von seinem Mitmenschen gestützt. Und wenn Alte nicht mehr gut sehen
können, dann legen sie beim Einkauf die Börse auf den Tisch und
bitten die Verkäuferin, sich das Geld einfach selbst zu nehmen –
ohne gleich ausgenommen zu werden.

Oskar Schindler (1908–1974) rettete während der Nazi-Herr-
schaft etwa 1200 Juden vor dem sicheren Tod in Konzentrationsla-
gern und opferte dabei sein Vermögen. Mutter Teresa (1910–1997)
widmete ihr Leben in Kalkutta den Ärmsten, Sterbenden und Sie-
chen. In der U-Bahn kommen Menschen ihren bedrohten Mitbür-
gern zu Hilfe und bringen sich dabei selbst in Gefahr oder verlieren
sogar ihr Leben. Fremde schieben im Schnee stecken gebliebene
Autos an und erwarten dafür keine Gegenleistung. Ein »Danke-
schön!« und ein freundliches Lächeln sind genug. Freunde stehen
einander in Krisen bei, gewähren Unterkunft, Rat, eine herzliche
Umarmung und Geld. Der Staat kümmert sich um Schwache und
in Not geratene, internationale Organisationen sorgen für Opfer
von Kriegen und Naturkatastrophen. Als an den Weihnachtsfeier-
tagen 2004 eine Tsunami-Flutwelle über Asien hereinbrach und
230 000 Menschen tötete, war die Welt nicht nur bestürzt, sie
schickte auch Geld. 670 Millionen Euro wurden allein in Deutschland gespendet.

Solche Hilfsbereitschaft zeichnet ein gutes und schönes Bild
von uns Menschen. Aber ist dieser Altruismus vielleicht nur Fassade? Er ist es zumindest nach der Überzeugung der meisten Biologen und derjenigen, die sich für Realisten halten. »Kratze einen
Altruisten und du wirst einen Heuchler bluten sehen«, erklärte der
Evolutionspsychologe Michael Ghiselin von der California Aca-
demy of Sciences. Soll heißen: Der Helfer, der sich selbstlos in die
Fluten stürzt, um einen Ertrinkenden zu retten, der Samariter, der

dem Armen hilft, ist entweder verrückt, hat versteckte eigennützige Motive oder existiert nur als romantisches Wunschbild von Träumern und Weltverbesserern. Am Ende siegt immer der Egoismus.

Die Menschheit mag intelligent sein, einen Isaac Newton oder einen Albert Einstein hervorbracht haben, ebenso kreative Genies vom Schlage eines Pablo Picasso und eines Wolfgang Amadeus Mozart in ihren Reihen wissen. Sie mag sich mit dem Internet über den ganzen Globus vernetzen. Doch am Ende unterscheidet sich ihr Verhalten auf diesem blauen Planeten nicht von dem jener berüchtigten Bakterienkolonie in einer Nährlösung: Jede Zelle vermehrt sich immer schneller, konsumiert immer mehr und führt auf diese Weise ihr Ende nur umso rascher herbei. Die Population bricht zusammen, weil ihr die Nährstoffe ausgehen und sie an ihrem eigenen Abfall erstickt.

Die Tragik des Gemeinwohls

Einen Ausweg gibt es nicht, wie der amerikanische Ökologe Garrett Hardin (1915–2003) besorgt erkennen wollte. In einem berühmten Gedankenspiel, veröffentlicht 1968 in der Fachzeitschrift *Science*, schilderte er das Beispiel einer Reihe von Viehhirten, die ihre Schafe auf einer gemeinschaftlichen Wiese grasen lassen. Solange Stammesfehden, Wilderei und Krankheiten die Zahl sowohl der Menschen als auch der Tiere auf einem vernünftigen Niveau halten, nämlich weit unter dem, was das Land hergibt, verläuft die Sache gut. Doch eines Tages tritt soziale Stabilität ein, der lang ersehnte Frieden kommt, die Medizin macht nennenswerte Fortschritte. Dies ist der Tag, an dem jeder der Hirten zu rechnen beginnt, prognostizierte Hardin, wie er sein Einkommen steigern kann. Und von diesem Tag an produziert die innere Logik eines frei zugänglichen Gemeinwohls erbarmungslos eine Tragödie: den Kollaps der Ressourcen aller.

Ein Hirte wird sich folgende Gedanken machen: Wenn ich ein

Schaf mehr als bisher auf die Wiese schicke, dann profitiere ich davon unmittelbar. Mag sein, dass dies das Land etwas mehr beansprucht als zuvor, aber die daraus entstehenden Lasten habe nicht ich zu begleichen, sondern alle. Der Profit für mich, der Schaden für die Gemeinschaft – diesem vermeintlich vernünftigen Impuls wird auch sein Nachbar folgen und zusehen, dass er ein Tier mehr auf die Weide schicken kann. Wenn aber alle so handeln, wird die Allmende, so eine andere Bezeichnung für das Gemeingut, darunter leiden. Das Grünland wird überweidet und schließlich womöglich zerstört.

»Darin liegt die Tragik«, erklärte Hardin. »Jeder Hirte ist der Gefangene eines Systems, das ihn zwingt, seine Herde grenzenlos zu vergrößern – in einer Welt, die begrenzt ist. Verfolgt jeder seinen maximalen Eigennutz in einer Gesellschaft, die an die freie Verfügbarkeit von Allmenden glaubt, rennen alle in ihr sicheres Verderben.« Ein jeder wird nicht mehr so viel nehmen, wie er braucht, sondern so viel, wie er kriegen kann, weil er davon ausgehen muss, dass sich ein anderer schnappen wird, was er übrig gelassen hat.

»Für den Fischer sind die Fische im Meer wertlos, weil er keine Garantie hat, dass sie morgen noch da sein werden, wenn er sie heute nicht fängt«, führte der US-amerikanische Wirtschaftswissenschaftler Scott Gordon ergänzend aus.

Hardins Bild bezieht sich natürlich nur vordergründig auf die landwirtschaftliche Produktionsweise. Man benötigt nur wenig Fantasie, um zu erkennen, wie global und umfassend die Metapher mit der Wiese und den Hirten ist – und Hardin selbst wollte sie durchaus in diesem weiten Sinne verstanden wissen. Naturschutzgebiete, Gewässer, eine saubere Luft, Meerestiere, Urwälder, Bodenschätze, die Reserven an fossiler Energie oder eine unberührte Natur – letztlich kann die gesamte Erde als Allmende verstanden werden, die dem Raubbau durch Akteure unterliegt, die den Befehlen ihrer egoistischen Gene folgen. Nicht anders öffentliche Einrichtungen wie Verkehrsmittel, Straßen, Kindergärten oder Renten- und Sozialsysteme.

Zurzeit leben 6,8 Milliarden Menschen auf der Erde. Im Jahre 1974 waren es erst vier, bereits 2012 wird die Bevölkerung acht Milliarden Köpfe zählen. Ist das Schicksal dieser immer größer werdenden Schar besiegelt? Steuert sie unweigerlich auf eine Katastrophe zu, in der nichts weiter bleibt als ein verzweifelter Krieg um den letzten Schluck sauberen Wassers, um ein Fleckchen fruchtbaren Landes und die letzten Bodenschätze?

Der epochale Wandel zum Wir

Wären Selbstsucht und Gier die dominanten Charakteristika des Menschen, müsste man die Frage wohl mit Ja beantworten. Doch dem ist nicht so. In der Wissenschaft vollzieht sich eine Wende, die man nicht anders nennen kann als epochal. Immer mehr Befunde zeigen, dass der Mensch nicht etwa als Egoist entstand, sondern als Wesen, das extrem gut an das Leben in einer vielköpfigen Sippe angepasst ist. Sein Gehirn ist ein soziales Gehirn, das darauf angelegt ist, die Stimmungen und Gefühle anderer zu erfassen und sich darauf einzulassen. Sein Denkorgan ist nicht deswegen zu so ungewöhnlicher Größe herangewachsen, weil der Homo sapiens so intelligent wäre oder vernünftig – dabei handelt es sich um einen grundlegenden historischen Irrtum –, sondern um das komplexe Beziehungsgefüge innerhalb seiner Gruppe meistern zu können.

Nicht das Ich ist also das, was den Menschen am besten beschreibt, sondern das Wir – und zwar in einem ganz fundamentalen Sinn: Noch in der flüchtigsten Begegnung fügen wir uns stillschweigend zu einer kommunizierenden Einheit zusammen. Wenn wir uns gegenüberstehen und anreden oder anblicken, schließen wir automatisch einen sozialen Vertrag, der bestimmten Regeln der Gegenseitigkeit zu folgen hat. Dieses Wir ist zum Beispiel der Grund dafür, dass wir uns mit Gesten weltweit verständigen können – egal wo wir sind und welcher Sprache unser Gegenüber mächtig ist.

Das Umdenken erfasst selbst die hartgesottenen Darwinisten,

denen es nur um die Bilanzen auf dem Überlebenskonto geht. Sie erkennen nunmehr selbst einen biologischen Wert in Freundschaften, unter Tieren wie Menschen. So wird zum Beispiel Homosexualität, die in der Natur weit verbreitet ist, biologisch erklärbar und ist nicht länger befremdend, unwichtig oder gar unnatürlich. Sex, auch der zwischen Mann und Frau, dient nicht nur der schieren Produktion von Nachkommen, sondern ebenso der Festigung der sozialen Bande. Diesen Aspekt hat die ganz auf Effektivität gebürstete Evolutionsbiologie lange einfach übersehen.

Diese Geschichte von der Entdeckung des Wir will ich hier erzählen. Und auch, warum Hardins »Tragik des Gemeingutes« keineswegs unabwendbar ist.

Kapitel 2

Zähne und Klauen blutig rot

Wer die Chroniken der Menschheit studiert, wird dort vor allem von Kriegen lesen. Von Gewalt und Gräueln. Von Königen und Potentaten, herrschenden Kasten und Weltverbesserern, die das Volk mit eiserner Hand knechteten und keinen Blutzoll scheuten. Schon in grauer Vorzeit begann das Kämpfen. Der Homo sapiens schlug sich mit dem Neandertaler und tilgte ihn aus der Geschichte. Doch als der Konkurrent eliminiert war, kehrte kein Frieden ein. Felsmalereien und Graffiti der eiszeitlichen Jäger zeigen Menschen, die von Pfeilen durchbohrt zu Boden sinken. In diesem Stil ging es munter fort, von der sogenannten Vorgeschichte in die Geschichte. Die Trojaner keilten sich mit den Mykenern, die Griechen mit den Römern, die Römer mit den Germanen. In Europa waren ständig Gemetzel zu verzeichnen, jeder gegen jeden, von den Völkerwanderungen bis hin zum Zweiten Weltkrieg. Allein diesem letzten gigantischen Waffengang fielen Schätzungen zufolge bis zu 55 Millionen Menschen zum Opfer. Darunter mehr als 5,5 Millionen Mitmenschen jüdischen Glaubens, die in den Todesfabriken der Nationalsozialisten systematisch misshandelt und vernichtet wurden.

In Amerika und Australien drängten die neu ankommenden Siedler aus Europa die dort lebende Bevölkerung an den Rand oder rotteten sie aus. Und dass der Name eines Feldherrn – Alexander der Große, Cäsar oder Napoleon – umso heller strahlt, je mehr Leid er brachte, das kann wohl nur mit der eigentümlichen wie absonderlichen Lust des Menschen erklärt werden, sich an der Macht des Tötens auch noch zu berauschen. Generationen von Kindern hatten die Jahreszahlen der grausamen Schlachten in der Schule zu büffeln. Das Gesetz ist mit dem Stärkeren. Er besiegt den Schwachen. So war und so ist der Welten Lauf. »Der Krieg ist aller Dinge Vater«, meinte der griechische Philosoph Heraklit (ca. 520–ca. 460 v.Chr.). »Die einen macht er zu Göttern, die anderen zu Menschen, die einen zu Sklaven, die anderen zu Freien.« Wer immer dem modernen Menschen seinen Beinamen gegeben haben mag, er muss sich geirrt haben. Denn offensichtlich ist er ist mehr ein Homo violens, ein gewalttätiger, denn ein sapiens, ein einsichtsfähiger. Oder vielmehr ist er beides – und das scheint der unauflösbare Widersinn. Gerade das Wesen, das vermeintlich am meisten Vernunft besitzt, Zivilisationen hervorbringt, technisches Gerät erfindet, Krankheiten zu heilen lernt, mächtige Gebäude aus Stein wie aus Gedanken aufrichtet, gerade das Wesen, das als Einziges zum Bewusstsein seiner selbst und seiner Situation fähig ist – gerade dieser intelligente Mensch schlägt dem anderen beständig den Schädel ein, plündert, vergewaltigt und versklavt.

Das Rätsel musste jeden faszinieren, der im eigenen alltäglichen Streben, im Kampf um ein bisschen oder noch viel mehr, im überschäumenden Eifer einen lichten Moment hatte – den Denker ohnehin: Warum zerstörten die Menschen das Gute regelmäßig in ihrem egoistischen Wollen und Handeln? Warum blieb das friedliche Miteinander eine Sehnsucht, zwar allen gemeinsam, aber doch nur eine Sehnsucht?

Ein Wolf auf zwei Beinen

Die dunkle Seite einfach abzutrennen, in eine andere Sphäre zu verweisen, erscheint angesichts der Unergründlichkeit des Problems vielleicht gar nicht einmal als eine außergewöhnliche Lösung. Es war das Tier im Menschen, das immer wieder durchbrach, gaben die Weisen der Antike vor. Der Mensch ist des Menschen Wolf, »homo homini lupus«. Das erklärte etwa der römische Dichter Titus Maccius Plautus (254–184 v. Chr.). Der griechische Philosoph Platon (427–347 v. Chr.) machte die Instinkte oder Gefühle für die schlimmsten Maßlosigkeiten verantwortlich. Er meinte, die Empfindungen seien mächtig wie wilde Pferde und müssten durch den Verstand gezügelt werden. Aristoteles und viele weitere Philosophen der europäischen Tradition bis hin zu Immanuel Kant (1724–1804) argumentierten in eine ähnliche Richtung. Hier die ausbrechenden, die schädlichen Gefühle, dort der edle, der wohlmeinende Verstand. Die Einsicht oder die Vernunft sollte die brodelnden Instinkte, das tierische Erbe unter Kontrolle halten. So konnte der Mensch gut bleiben, menschlich eben. An den Gräueltaten war nurmehr die Bestie schuld, das Tier im Menschen, sein Erbe.

Der französische Philosoph Jean-Jacques Rousseau nahm die Zeit zu Hilfe, um den Menschen reinzuwaschen. Heute erlebe man ihn wohl als egoistisch, stellte zwar auch der Denker der Aufklärung fest. In seinem ursprünglichen Zustand aber sei er einmal unschuldig gewesen. In seinem Erziehungsroman *Émile* (1762) warnte Rousseau vor den schädlichen Folgen der Zivilisation, der korrumpierenden Wirkung der Gesellschaft. Rousseaus Vorstellung erinnert daran, wie in der biblischen Schilderung der Mensch aus dem Garten Eden vertrieben wurde, weil er ungehorsam und eitel gewesen war. Doch die Jakobiner, die sich während der Französischen Revolution auf Rousseau beriefen, gemahnte die Paradies-Metapher nicht gerade zur Milde. Sie nahmen die Auffassung ihres Vordenkers fürchterlich wörtlich und richteten massenhaft Mitglieder der adeligen wie der bürgerlichen Schichten auf der Guillotine hin. Zum Zwecke der Reinigung, sozusagen.

Der Raubvogel, der seine Beute schlägt, die Katze, welche die Maus fängt und ihr ohne Rührung den Kopf abbeißt und selbst vor dem Hund Reißaus nehmen muss, der sich wiederum seinem Herrn unterwirft – es liegt nicht fern, die wahre Natur des Menschen eben dort zu suchen: in der Natur. Was der Mensch als vermeintliches Erbe aus der Sphäre des Primitiven in die Stadtmauern der Zivilisation hineingetragen hatte, daran war kaum vorbeizukommen. So dachte der englische Philosoph und Staatstheoretiker Thomas Hobbes (1588–1679).

Der Mensch sei nicht gut, sondern im Grunde raffgierig und egoistisch, behauptete er und hielt das wohl für eine realistische Beschreibung. Um die Menschlichkeit dennoch zu retten, verfiel Hobbes auf eine so kreative wie intelligente Lösung: Er meinte, das Tier im Menschen könne im Zaum gehalten werden, wenn die Gemeinschaft den Einzelnen kontrolliere. Der starke Arm des Staates und dessen Regeln könnten ein friedliches Zusammenleben und Sicherheit gewährleisten. Hobbes vollzog damit eine interessante Wendung. Nicht eine ferne Zukunft wird gut, nicht eine ebenso ferne Vergangenheit war gut. Nein, die Rettung liegt in der Gegenwart und im Menschen selbst. Als Teil der Gemeinschaft bremst er andere in ihrem chaotischen, zu Anarchismus neigenden Verhalten und wird selbst als Individuum von der Gemeinschaft der anderen gebremst.

Damit formulierte Hobbes im Kern ein Verständnis von Politik, das, wenn es etwa um die Nutzung und den Schutz gemeinschaftlicher Güter geht, hochaktuell ist. In der Regel, heißt es dort, soll dem Staat die Bewahrung von Natur oder Meeren, die Verteilung von Wasser, die Reinhaltung oder Pflege von Flüssen, Wäldern oder der Luft obliegen. Hobbes ging davon aus, dass ein sozialer Vertrag den Menschen davon abhalte, sein Leben »arm, schurkig, brutal« zu führen. Dieses Gebilde nannte er *Leviathan* (so lautet auch der Titel seines Buchs). Das ist der Name eines Seeungeheuers aus der jüdisch-christlichen Mythologie, das mächtiger ist als jeder Mensch. Hobbes' Buch erschien zwei Jahre nach dem Ende des Englischen Bürgerkriegs und drei Jahre, nachdem in Europa der verheerende Dreißigjährige Krieg (1618–1648) geendet hatte – man darf hier durchaus einen Zusammenhang erkennen.

Wo steckt das Erbe der Natur?

Vor diesem Hintergrund wird vielleicht verständlich, dass Charles Darwins (1809–1882) epochaler Entwurf der Evolutionstheorie wenig Chancen hatte, als bloß nüchterne Naturwissenschaft verstanden zu werden, die mit dem realen Menschen und seiner Gesellschaft nichts zu schaffen hat. Bereits bei der Veröffentlichung des Buches *Die Entstehung der Arten durch natürliche Zuchtwahl* (1859, im Original *The Origin of Species by Means of Natural Selection*) schwang die Vorstellung mit, dass diese biologische Theorie den Existenzkampf zwischen Menschen und konkurrierenden Gruppen auf der einen Seite und den Lebewesen der Natur auf der anderen Seite als recht ähnlich beschreiben würde. Der Eindruck mag bestärkt worden sein durch martialisch anmutende Kapitelüberschriften wie »Kampf ums Dasein« oder »Überleben der Geeignetsten«. Menschen und ihre Abstammung kommen darin zwar nur am Rand vor. Doch dass hier die Natur zunächst als Vorbild und bald als Argument für das Recht des Stärkeren über den Schwachen herhalten musste, kann angesichts der politischen und wirtschaftlichen Umstände im Rückblick kaum überraschen.

Mitte des 18. Jahrhunderts setzte, zunächst in England, später in ganz Europa, die Industrialisierung ein und führte zu massiven wirtschaftlichen Ungleichgewichten in der Bevölkerung. Es gab Gewinner, Menschen, die zu großem Reichtum kamen, und auf der anderen Seite Verlierer: Kinderarbeit, kaum soziale Absicherung im Krankheitsfall, bei Arbeitslosigkeit oder Unfällen, keine tarifliche Bindungen stellten die Norm dar. Zudem waren Beschäftigte weitgehend der Willkür ihres Dienstherrn ausgeliefert. Schämen musste sich dafür aber niemand, zumindest legte man sich das so zurecht. Wer seine wirtschaftliche Karriere darauf aufbaute, andere zu unterdrücken und auszubeuten, konnte eine Art Naturrecht geltend machen. Der Stärkere machte die Regeln und entschied, was richtig war oder falsch. So war das draußen in der Wildnis, wo das Raubtier nicht lange zögern durfte, sich seine

Beute zu holen. So war das auch im Wirtschaftsleben und in den sozialen Beziehungen.

Die Bezeichnung »Sozialdarwinismus« für derlei Denken ist bei genauer Betrachtung allerdings unangemessen. Darwin selbst hütete sich sehr wohl, gesellschaftliche Parallelen zu ziehen, seine Schrift ist weitgehend frei von ideologischen Äußerungen. Und auch jener berühmte, beinahe emblematische Ausdruck des »Survival of the Fittest« wurde nicht von Darwin, sondern von Herbert Spencer (1820–1903) popularisiert. Spencer, Journalist und einer der Begründer der Soziologie, war derjenige, der – übertreibend und verzerrend – das Prinzip vom Konkurrenzkampf in der Natur auch in den menschlichen Gesellschaften wiedererkennen wollte. Korrekt für diese Ideologie wäre daher die Bezeichnung als »Sozialspencerismus«.

Sein, Sollen und »natürliche« Moral

Dass es sich bei einem solchen Denken gleichwohl um eine Ideologie handelt, um eine Argumentation nach Gutsherrenart, darauf war schon knapp hundert Jahre vorher der schottische Philosoph David Hume (1711–1776) gestoßen. Aus dem Sein folgt nicht das Sollen, erklärte er. Das bedeutet: Was an Zuständen in der Natur zu beobachten ist und als vermeintliche Regel daraus abgeleitet wird, kann nicht als Handlungsvorschrift für die Beziehungen der Menschen untereinander dienen. Der Löwe mag die Antilope fressen und daraufhin faul in der Savanne liegen. Doch daraus darf kein Fabrikant die Rechtfertigung ziehen, es den Tieren nachzutun und seine Arbeiter bis zum Tode auszubeuten und dabei bequem eine Zigarre zu rauchen.

In der Philosophie ist eine solche Argumentation als »naturalistischer Fehlschluss« bekannt. Er beruht auf dem im Alltag immens häufigen und teils absichtlich herbeigeführten Missverständnis zwischen Deskriptivem und Normativem. Wenn ein Politiker etwa ausruft, die Rente sei sicher, so mag das normativ richtig sein. Das heißt: Sie soll sicher sein, das wünscht er sich, das wünschen sich alle seine Wähler – und alle wären zufrieden. Deskriptiv, also beschreibend, kann es sich bei der Aussage um eine Lüge oder eine Beschönigung handeln. Zum einen kann der Politiker nicht genau wissen, was die Zukunft bringt. Zum anderen besteht das Risiko, dass der Staat die Bezüge der Ruheständler wegen der Überalterung der Gesellschaft nicht mehr aufbringen kann und sich scheut, eine entsprechende Vorsorge zu treffen. Das Deskriptive ist das Sein, ist die Beschreibung dessen, was der Fall ist, passiert oder zu beobachten ist. Das Normative ist das Seinsollen, womit die Entscheidung darüber gemeint ist, was wünschenswert ist, richtig oder falsch. Das Sollen ist mithin eine moralische Kategorie, und nur der Mensch selbst kann ermessen, wie das Urteil darüber auszufallen hat. Die Natur ist in moralischen Dingen gleichgültig.

Andererseits ist die eigene Spiegelung an der Natur, der ständige Vergleich mit dem vermeintlich Ursprünglichen, derartig verlockend und für ein neugieriges Wesen wie den Menschen selbst geradezu natürlich, dass er kaum aus der Welt zu schaffen ist. *Die Natur des Menschen* heißt, nur um ein Beispiel zu nennen, ein vor noch nicht langer Zeit erschienenes Buch, das auf der Grundlage der Biologie menschliches Verhalten zu erklären versucht. Darin ist aus wissenschaftlichem Mund und sehr fundiert von der »Erfindung der Großmutter« die Rede und welchen Überlebensvorteil die Menschen daraus ziehen, dass die Omas ihre Enkelkinder pflegen und die Mütter daher fruchtbarer sind. Oder es wird auf der Grundlage der Evolution erklärt, warum Männer fremdgehen, Geschwister sich bekriegen und Frauen sich lieber um die Kinder kümmern. Dies alles unter dem deutlichen Hinweis des Autors, sich der naturalistischen Falle bewusst zu sein und den Humeschen Fehlschluss zu vermeiden. Ist der Hinweis also so eine Art Feigenblatt – ich weiß um das Problem, vergleiche aber dennoch?

Es kommt tatsächlich stark auf die Differenzierung an. Aus dem Sein folgt nicht das Sollen, der Satz besitzt Gültigkeit. Doch der

Mensch ist kein Astralwesen, das irgendwo aus philosophischen Idealen entstand und von den Sternen herunter auf die Erde fiel. Einen solchen Unsinn können nur Esoteriker und Geistergläubige von sich geben. Nein, der Homo sapiens ist aus Fleisch und Blut und er hat einen biologischen Artennamen, weil die Evolution ihn hervorbrachte. Er ist ein Produkt der Biologie, gewachsen in geologischen Zeiträumen. Seine Spur lässt sich bis in die Ursuppe oder das Urmeer vor Milliarden von Jahren zurückverfolgen. Mit den einfachsten Bakterien, mit den Dinosauriern oder den bizarren Tiefseefischen hat er die Erbsubstanz DNA gemeinsam. Er besitzt Merkmale, die auch Regenwürmer, Echsen, Raubtiere und Pflanzenfresser aufweisen, zum Beispiel Muskeln, ein Skelett, ein Herz, ein Kreislaufsystem, Sinnesorgane und ein Nervensystem. Seine unmittelbaren Vorfahren waren Primaten, sogenannte Herrentiere, die seit 25 Millionen und mehr Jahren in den Bäumen herumturnten und sich vor gut sechs Millionen Jahren in Afrika von den gemeinsamen Vorfahren der Menschen (beziehungsweise Menschenartigen) und der Schimpansen trennten.

Diese gerne als unsere haarigen Vettern bezeichneten Menschenaffen gelten zwar intellektuell als etwas unterentwickelt, weil sie nicht am Computer sitzen. Aber ihnen wachsen Fingernägel wie uns, sie haben Augen wie wir, ein Gesicht, zwei Arme, zwei Beine und sie verzehren Bananen. Und wer ihren Blicken begegnet, etwa im Zoo, wird sich des Eindrucks kaum erwehren können, dass dahinter ein verwandter Geist steckt. Jemand, der weiß und fühlt.

An dieser Stelle stellt sich plötzlich eine entscheidende Frage: Worin sind uns die Tiere und speziell die Schimpansen denn nun ähnlich? Nur in ihren Fingernägeln und Händen? Oder auch in ihrer Moral, schließlich leben sie ja in Gruppen? Und wenn sie sich gegenseitig in blinden Rasereien umbringen, was mittlerweile bewiesen ist, und sich scheinbar regellos miteinander verpaaren oder sich der von manchen Konservativen und religiösen Fundamentalisten als widernatürlich angesehenen Homosexualität hingeben – ist solches Verhalten dann für den Menschen ebenfalls »normal«, weil es natürliche Vorbilder besitzt?

Der Mensch ist sein eigenes Vorbild

Die offene Antwort darauf lautet: Das weiß niemand so recht. Doch das Argument, in der Biologie nach Vorbildern für die psychische Disposition oder das Verhalten des Menschen zu suchen, lautet in der Regel so: Es kann nicht schaden, die Möglichkeiten und Grenzen menschlichen Verhaltens und ethischer Normen zu kennen. Der Mensch, so die Annahme, kann sich zwar verschiedenen Regeln unterwerfen, doch irgendwo ist seine Toleranz zu Ende. Wo, heißt es, das vermag uns ein Blick hinüber ins Tierreich genauer zu sagen, in diese Welt, der wir entstammen, aber als deren Teil wir uns nicht mehr fühlen.

»Wir sind zwar von Natur aus anpassungsfähig, so wie wir im kognitiven Bereich lernfähig sind, aber wir sind es nicht unbegrenzt«, erklärt etwa der Freiburger Pflanzenphysiologe und Wissenschaftstheoretiker Hans Mohr. »Wird der Bogen überspannt, unterläuft der Mensch erfahrungsgemäß die kulturellen Normen durch Korruption.«

Was immer also passieren mag, Vorschriften und Regeln sollten tunlichst innerhalb der biologischen Grenzen bleiben, also dessen, was man gemeinhin als natürliches Erbe des Menschen bezeichnet. Andernfalls würde der Mensch überfordert und nicht mehr Normen, sondern seinen Instinkten folgen. Um den Gedanken an einem Beispiel zu verdeutlichen: Es ist naiv, davon auszugehen, wirklich alle Menschen wären immer ehrlich und würden gefundene Geldbörsen zurückgeben oder pflichtbewusst ihre Steuern bezahlen. Etwas Kontrolle und das Androhen von Strafen verhelfen der moralischen und rechtlichen Vorschrift zur Ehrlichkeit besser zur Geltung. Ein anderes Beispiel und wie die Evolution uns dabei helfen kann, nennt der Primatenforscher Volker Sommer in seinem detailreichen Buch *Darwinisch denken*: »Wer vorschlägt, aggressives Verhalten zu bekämpfen, einzudämmen oder zu akzeptieren, tut gut daran, die Naturgeschichte des Verhaltens möglichst gut zu kennen.«

Dabei, meint Sommer, sei es keine leichte Aufgabe, angesichts der enormen Vielfalt von Handlungsoptionen, die in der Natur verwirklicht sind, sozial verträgliche Maßstäbe zu entwickeln, »um in moralischer Bewertung Gut und Böse unterscheiden zu können«. Sind sexuelle Kontakte zwischen Männern und Jungen etwa erlaubt, nur weil manche Stammesvölker in Asien eine rituelle Fellatio praktizieren, bei der Jungen das Sperma von Männern aufnehmen? Oder ist die Praktik erlaubt, weil sie schon die alten Griechen ausübten und sich nichts Negatives dabei dachten? Oder ist sie nicht erlaubt, weil sie der christlichen Moral widerspricht? Oder ist sie womöglich nicht erlaubt, weil die Kinder in der natürlichen Entwicklung ihrer Sexualität Schaden nehmen können? Oder nehmen sie nur deswegen Schaden, weil alle Welt denkt, sie müssten es tun? Nur die Ruhe, es handelt sich nur um eine Frage!

Die Suche nach den rechten Vorbildern ist kompliziert, aber nicht unwichtig. Und wie die Beispiele zeigen, schließen sich einige entscheidende Fragen direkt an sie an: Betritt auf der Suche nach den rechten Vorbildern und den oben angesprochenen Grenzen nicht doch wieder die alte Verwechslung von Sein und Sollen die Bühne – und zwar durch die Hintertür? Die Gefahr ist schließlich allgegenwärtig, dass vermeintlich Biologisches zur Rechtfertigung für den Menschen herangezogen wird. In Wirklichkeit ist die Entscheidung eben nicht so einfach, welche Regeln sich aus der Beobachtung von Tieren oder sogenannten Naturvölkern auf die globale Menschheit übertragen lassen.

Und zweitens: Können die Verhältnisse selbst bei fortentwickelten Tieren wie Schimpansen überhaupt das richtige Modell für den Menschen darstellen? Ist der Homo sapiens nicht vielmehr allein stehend, in dem Sinne, dass er sich selbst gezähmt hat und so von einem Naturwesen zu einem Kulturwesen wurde? Viele Argumente sprechen dafür, dass den Menschen mehr als Umweltbedingungen, wie Klima oder Beutetiere, die Binnenbedingungen in der sozialen Gruppe prägten. Wie es aussieht, entstanden seine ausgeprägten kognitiven und vor allem emotionalen Fähigkeiten erst aus dem Miteinander der Einzelwesen. Wir werden uns diese Zusammenhänge in den folgenden Kapiteln im Detail anschauen.

Darwin: Der Tüchtigste überlebt

Aber welche Prinzipien waren das nun, die Darwin in der Natur vorgefunden hatte? Der Biologe fasste in seinem Werk erstmals sehr schlüssig Ideen zusammen und – noch wichtiger – belegte sie durch eine Fülle von Beispielen, wie die Vielfalt des Lebens auf der Erde entstanden sein könnte. Bereits in der Einleitung von *Die Entstehung der Arten* schrieb er jene berühmten Sätze, welche die zentralen Regeln der Evolutionstheorie enthielten: eine Überproduktion von Nachkommen, die sich alle ein bisschen voneinander unterscheiden, und das anschließende Überleben nur derjenigen, die sich als gut angepasst erweisen – Mutation und Selektion. »Da viel mehr Einzelwesen jeder Art geboren werden, als leben können, und da infolgedessen der Kampf ums Dasein dauernd besteht, so muss jedes Wesen, das irgendwie vorteilhaft von den anderen abweicht, unter denselben komplizierten und oft sehr wechselnden Lebensbedingungen bessere Aussicht für das Fortbestehen haben und also von der Natur zur Zucht ausgewählt werden. Nach dem Prinzip der Vererbung hat dann jede durch Zuchtwahl entstandene Varietät die Neigung, ihre neue, veränderte Form fortzupflanzen.« So Darwin im Wortlaut.

Wesen von der Amöbe bis zum Zebra waren also entstanden, indem sich Organismen zufällig verändert hatten. In einer bestimmten Umwelt mit ihren charakteristischen Bedingungen überlebten die besser ausgestatteten Individuen erfolgreicher als ihre weniger gut angepassten Artgenossen. Sie paarten sich und transferierten auf diese Weise ihre günstigen Eigenschaften an ihre Nachkommen. So ging es fort.

Von Genen wusste Darwin zwar noch nichts, aber ihm waren die Grundsätze der Vererbung aus der Zucht von Tauben, Hunden oder landwirtschaftlichen Nutztieren bekannt, wie sie in England zu seiner Zeit sehr verbreitet war. Nur gab es in der Wildnis keinen Züchter, der sich um die Auswahl der geeigneten Merkmale kümmerte, sondern die Bedingungen, welche die Umwelt bereitstellte, entschieden über Wohl und Wehe. Darwin sprach daher von der Evolution als der »natürlichen Zuchtwahl«, englisch *natural selection*. Dieser zufällig und über geologische Zeiträume ablaufende Prozess hatte die bunte Vielfalt der »Erdenbewohner«, gemeint waren Flora und Fauna, erschaffen – nicht etwa ein Schöpfungsakt Gottes.

Wie das funktioniert, konnte Darwin anhand der später nach ihm benannten Darwin-Finken äußerst eindrucksvoll illustrieren. Auf den Galapagos-Inseln, etwa 1000 Kilometer vor der Westküste Ecuadors gelegen, hatte er auf seiner mehrjährigen Weltreise mit der »Beagle« Finken beobachtet. Die Vögel waren sich sehr ähnlich, unterschieden sich jedoch wesentlich in der Form ihrer Schnäbel. Darwin schloss daraus, dass die Finken, ursprünglich eine einzige Art, sich im Lauf der Jahre in mehrere Arten aufgespalten hatten – und lag mit dieser Theorie richtig. Wie man heute weiß, kam die Urform vor zehn Millionen Jahren vom Festland und hatte einen von Konkurrenten unbesiedelten Lebensraum vorgefunden. Die Tiere richteten sich in verschiedenen ökologischen Nischen ein und spalteten sich im Lauf der Zeit in 13 Arten auf.

Es existierten nunmehr Insektenfresser mit zarten und spitzen Schnäbeln, Körnerfresser mit kurzen, kräftigen Schnäbeln oder solche Finken, die ihre Nahrung wie Hühnervögel am Boden suchten und Mundwerkzeuge zum Hacken und Greifen entwickelt hatten. Darwin hatte das Glück, das ihm die Natur mit den vulkanischen Inseln gleichsam ein Schaufenster zur Verfügung stellte, das die Mechanismen der Evolution unverstellt erkennen ließ. Wie gesagt, moderne Untersuchungen konnten seine Beobachtungen vollauf bestätigen.

»Gene sind unsozialistisch«

Der Siegeszug der Evolutionslehre erklärte nicht nur die Entstehung der Arten. In ihrem Gefolge verbreitete sich auch eine Vorstellung vom Menschen, die von einem starken Einfluss der Erbanlagen ausging. Nicht nur die körperlichen Eigenschaften, wie etwa die Augenfarbe, die Gesichtsform oder die Größe, seien von der Natur bestimmt, so die Annahme, sondern auch das Verhalten oder die Intelligenz. In England etwa vertrat Francis Galton (1822–1911) die Meinung, dass der Genius herausragender Forscher, Künstler oder Musiker ein Produkt der genetischen Ausstattung sei, nicht etwa der Erziehung. Um die Menschheit gleichsam in eine bessere Zukunft zu führen, maßte sich Galton, ein Cousin Darwins, gar an, die natürliche Zuchtwahl zu beeinflussen. Nur noch solche Paare sollten sich fortpflanzen dürfen, die günstige Gene besäßen – was den späteren Rassenwahn der Nationalsozialisten begründen half. Gene, diesen Namen bekamen die von Darwin vermuteten Faktoren, nachdem in den 1920er und 1930er Jahren die Kreuzungsversuche des Augustinermönchs und gescheiterten Lehrers Gregor Mendel (1822–1884) immer bekannter wurden. Mendel hatte sie einige Jahre vor Erscheinen von Darwins Hauptwerk im Garten seines Klosters in Brünn, heute Brno in der Republik Tschechien, begonnen.

Wenn die Macht der Gene also bedeuten sollte, dass der Mensch unrettbar in seinem Egoismus und seiner Raubtierhaftigkeit gefangen bliebe, wie es »Sozialspenceristen« predigten – so gab es eine politische Gruppierung, die dagegen etwas einzuwenden hatte: die Sozialisten und speziell die Bolschewiki. In der Sowjetunion glaubte man fest daran, dass der Mensch sich ändern konnte und in einer fernen Zukunft wieder so gut sein werde, wie er laut Rousseau einmal gewesen war. Nämlich dann, wenn die sozialistische Gesellschaft verwirklicht sei. Um die Dinge etwas zu beschleunigen, also die vermeintlich egoistische Natur des Menschen schneller einzudämmen, unternahmen die Ideologen etliche aus heutiger Sicht äußerst skurrile Experimente.

Der sowjetische Diktator Josef Stalin (1878–1953) etwa beauftragte den Biologen und Pferdezüchter Ilja Iwanow (1870–1932) damit, Menschen und Menschenaffen zu kreuzen, um so einen harten Soldaten, ein »neues, unbesiegbares Menschenwesen« zu gewinnen, das gegen Schmerz unempfindlich sei und außerdem wenig Nahrung sowie Schlaf benötige. Iwanow unternahm den Versuch, in Afrika Schimpansen-Weibchen mit menschlichem Sperma zu befruchten. In Georgien baute er ein Institut auf, wo er den umgekehrten Weg ging, also Frauen mit Schimpansen-Sperma zu schwängern. Als die Versuche scheiterten, fiel er bei Stalin in Ungnade und starb in der Verbannung.

Bekannter und um einiges verheerender waren die absurden Umtriebe Trofim Lyssenkos (1898–1976). Der Biologe war ein Anhänger der Thesen von Jean-Baptiste de Lamarck (1744–1829), welche die meisten Wissenschaftler zu dieser Zeit, Mitte des 20. Jahrhunderts, bereits längst ablehnten. Lamarck, ein Widersacher Darwins, hatte die Vorstellung entwickelt, dass das Leben bei einfachsten Lebewesen nicht nur einmal, sondern in einer Art von Urzeugung immer wieder neu entstehe. Daneben, meinte er in seiner Evolutionstheorie, würden Pflanzen und Tiere Eigenschaften erwerben, indem sie neue »Bedürfnisse« und »Gewohnheiten« annähmen. Vermittelt durch ein hypothetisches »Nervenfluidum« erzeuge das Verhalten eine zielgerichtete Um- und Neubildung von Organen. Eine Giraffe habe demnach einen langen Hals, weil ihre beiden Eltern sich stets nach den weiter oben befindlichen Blättern gestreckt hätten; ein Hirsch ein großes Geweih, weil er es im Kampf benötigt hatte.

Ein solches Dogma passte nur zu gut zu den marxistischen Idealen, gestattete es doch, durch Fleiß und Willenskraft einen über die Generationen anhaltenden, biologischen Effekt zu erzielen. Die Existenz von Genen lehnte Lyssenko dagegen als »unsozialistisch« ab. Stalin machte ihn 1938 zum Präsidenten der sowjetischen Akademie für Agrarwissenschaften und gab ihm bei seinen kruden, pseudowissenschaftlichen Experimenten weitgehend freie Hand. Lyssenko war überzeugt, Weizensorten mit hohem Ertrag züchten zu können, und ließ große Flächen mit Sorten bepflanzen, die für die herrschenden klimatischen Verhältnisse nicht geeignet waren. Das Getreide sollte in der Auseinandersetzung mit der Umwelt die gewünschte Widerstandsfähigkeit erwerben. Missernten und Hungersnöte waren die Folge – übrigens auch in China, wo Mao befohlen hatte, die Methoden des Genossen Lyssenko ebenfalls zur Anwendung zu bringen. Wieder wurden menschliche Opfer auf dem Weg zum vermeintlich Besseren billigend in Kauf genommen, galt eine Ideologie als wertvoller als die Würde des Lebens und war Glaube wichtiger als Wissen.

Das sogenannte Böse

Darwin distanzierte sich, wie schon angesprochen, davon, Gesellschaft und Biologie in einen Topf zu werfen. Konrad Lorenz (1903–1989) dagegen leistete der Naturalisierung menschlichen Verhaltens munter Vorschub. In seinem ungeheuer erfolgreichen Buch *Das sogenannte Böse*, erschienen 1963, untersuchte er die Naturgeschichte der Aggression, wie der Untertitel lautete. Dabei ging es ihm nicht primär um die Beziehung zwischen dem Räuber und seiner Beute. Lorenz' Objekt war das Phänomen der, wie er es nannte, »innerartlichen« oder »intraspezifischen« Aggression. Damit meinte er den Umstand, dass Artgenossen miteinander um Weibchen, Reviere oder Nahrung kämpfen. Auf den Menschen übertragen, nahm sich der Verhaltensforscher damit der Ursachen von Kriegen, Morden und Gewalttaten an, widmete sich dem Ursprung des Guten und des Bösen – und stand damit durchaus in der Tradition einer Reihe einflussreicher Denker und Philosophen, von Platon bis Kant. Als Datenbasis genügten dem Nobelpreisträger für Medizin von 1973, dessen Weisheiten es bis in die Schulbücher schafften, seine Beobachtungen und Verhaltensstudien an Vögeln und Fischen.

Lorenz gründete seine Analysen ganz auf Darwin. Der Kampf, so war sein Ausgangspunkt, sei nichts anderes als das natürliche Instrument der Auslese. Diese habe den Effekt, den besseren, gesünderen, stärkeren Bewerber zu bestimmen. Und wer sich in den Auseinandersetzungen mit den Rivalen, im Gedränge um das Revier oder die Rangordnung behaupte, der sei eben auch der Tüchtigere. Er hinterlasse mehr Nachkommen, die nicht nur fähiger seien, so der Forscher, sondern auch aggressiver. Dieses Geschehen zog zwei Konsequenzen nach sich. Zum einen ist die Aggression in dieser Interpretation nichts, was jemals zu verhindern wäre, sie ist gleichsam ein biologisches Programm. Zum anderen ist der Existenzkampf nützlich, denn er dient der Erhaltung der Art. Böse ist die Aggression nur aus der Sicht des Menschen, oder, wie es im Untertitel hieß, sie ist das sogenannte Böse.

Regelmäßige Gewaltausbrüche seien sogar unvermeidlich. Lorenz ging davon aus, dass es sich bei der Aggression um eine Art Trieb handle, der – ähnlich dem Sexualitätstrieb, dem Nahrungstrieb, dem Herdentrieb oder dem Nestbautrieb – regelmäßig ausgeübt werden wolle, ja elementarer Bestandteil des Lebens sei. Dieser Vorstellung zufolge, die ich selbst noch in der Schule lernte, speist eine unbekannte Quelle ein kleines Rinnsal an Motivation, das sich in einem Fass oder Dampfkessel sammelt – so lange, bis es überläuft, sprich: sich in einer Handlung entlädt. Ginge das nicht von selbst, leitete sich daraus ab, suche sich die Aggression ein Ventil und es komme zu explosionsartigen Gewaltausbrüchen. Eine spezielle, wie Lorenz das nannte, »innerartliche Tötungshemmung« sei dafür verantwortlich, dass sich die Lebewesen in ihrer Aggression nicht gegenseitig massakrieren.

Der Ritus zum Beispiel sei ein solcher Kontrollmechanismus. Manche Arten, wie etwa Damwild, würden ihre Kämpfe nur mehr symbolisch austragen und sich an einen festen Ablauf halten. Andere hätten die Geste der Unterwerfung entwickelt, wie etwa Wölfe, um das Schlimmste zu verhindern. Deute sich bei einem der Kontrahenten die Niederlage an, könne dieser das Feld räu-

men, ohne dabei Verletzungen zu erleiden oder gar das Leben
zu verlieren. Andere Tiere seien allein aufgrund ihrer »Bewaffnung«, meinte Lorenz, unfähig zur Gewaltausübung. »Eine Taube,
ein Hase und selbst ein Schimpanse sind nicht in der Lage, durch
einen Schlag oder Biss ihresgleichen zu töten.« Dass er sich irrte,
sollte sich bald zeigen.

Warum der Mensch Krieg führt

Selbst die Mord- und Kriegslust des Homo sapiens war für den
Nobelpreisträger vor dem Hintergrund der solcherart »gesunden
Aggression« nicht mehr rätselhaft – sondern eine natürliche Folge
der steinzeitlichen Bedingungen. Es sei mehr als wahrscheinlich,
schrieb Lorenz, dass das »verderbliche Maß an Aggressionstrieb,
das uns Menschen heute noch als böses Erbe in den Knochen
sitzt«, durch eine »intraspezifische Selektion« ausgelöst wurde,
die während der gesamten Frühsteinzeit wirkte – also beginnend
mit der Herstellung der ersten Steinwerkzeuge vor etwa 2,5 Millionen Jahren. »Als die Menschen eben gerade so weit waren, dass
sie kraft ihrer Bewaffnung, Bekleidung und ihrer sozialen Organisation die von außen drohenden Gefahren des Verhungerns,
Erfrierens, Gefressenwerdens von Großraubtieren einigermaßen
gebannt hatten, sodass diese nicht mehr die selektierenden Faktoren darstellten, muss eine böse intraspezifische Selektion eingesetzt haben. Der nunmehr Auslese betreibende Faktor war der
Krieg, den die feindlichen benachbarten Menschenhorden gegeneinander führten. Er muss eine extreme Heranzüchtung aller sogenannten ›kriegerischen Tugenden‹ bewirkt haben.«
    Warum »extrem«? Weil Lorenz den Menschen als bis zur Selbst-
zerstörung gewalttätig ansah, wie kein zweites Wesen auf der
Erde. Dass auch Schimpansen blutigste Feldzüge führten, konnte
er nicht ahnen. Die Ursache für die Aggressivität sah Lorenz
darin, dass die natürliche, also arterhaltende Tötungshemmung
beim Menschen außer Kraft gesetzt oder nur schwach entwickelt

war – wohl durch die Entwicklung von Fernwaffen, sei es nun der Speer, Gewehre oder Bomben, die per Knopfdruck zu zünden sind. »Kein Mensch würde auch nur auf die Hasenjagd gehen, müsste er das Wild mit Zähnen und Fingernägeln töten.« Schon einige Jahrzehnte zuvor hatte der so väterliche und weise wirkende Verhaltensforscher nicht nur mit dem Rassengedanken der Nationalsozialisten sympathisiert, sondern offen beklagt, dass der Mensch genetisch degeneriere. Er sei den natürlichen Mechanismen der Selektion nicht länger ausgesetzt. Lorenz prägte hierfür den abfälligen Ausdruck von der »Verhausschweinung des Menschen«.

Doch was ließ sich nun tun, um Aggression zu verhindern? Lorenz sah sehr wohl ein, dass für die meisten Menschen nicht die Analyse, sondern die Besserung den interessanten Part ausmachte. In erster Linie nennt er sportliche Wettkämpfe, die als Ventil für den Dampfkessel Mensch dienen könnten. Diese würden die schädlichen Wirkungen verhindern, sie kanalisieren und gleichzeitig die arterhaltenden Errungenschaften der Gewalt konservieren. Die Leibesertüchtigung würde den Menschen außerdem dahinbringen, seine »instinktmäßigen Kampfreaktionen bewusst und verantwortlich zu beherrschen«.

Wenn wir uns kurz dem Argumentationsmuster zuwenden, so ist zu erkennen, dass von einer Dualität von Instinkt und Verstand die Rede ist, wie sie auch die Philosophen seit der Antike für gültig ansahen. In ebenso guter philosophischer Tradition wird empfohlen, dass die Vernunft die Gefühle zu kontrollieren habe; öfter bezieht sich Lorenz auf den Philosophen Kant. Die Gefahr, vor der Hume gewarnt hatte, nämlich eines naturalistischen Fehlschlusses, sorgte ihn dagegen kaum.

Gleichwohl wollte Lorenz die Rahmenbedingung seiner Erörterungen richtig verstanden wissen: Die Untersuchung der Naturgeschichte der Aggression habe zwar gezeigt, dass Gewalt unausrottbar sei, doch auch dieses Ergebnis beinhalte eine gewisse Nützlichkeit. Denn wir wüssten nun mit Sicherheit zu sagen, wie der Aggression nicht zu begegnen ist. »Man kann sie erstens ganz sicher nicht dadurch ausschalten, dass man auslösende Reizsituationen vom Menschen fernhält, und man kann sie zweitens nicht dadurch meistern, dass man ein moralisch motiviertes Verbot über sie verhängt. Beides wäre eine ebenso gute Strategie, als wollte man dem Ansteigen des Dampfdruckes in einem dauernd geheizten Kessel dadurch begegnen, dass man am Sicherheitsventil die Verschlussfeder fester schraubt.«

Das egoistische Gen

Das theoretische Gebäude der Lorenzschen Weltsicht sollte bald in sich zusammenfallen. Denn ein solches Tier gab es einfach nicht, das seine Aggression regelmäßig ausleben musste. Kein Wesen zog aus,»um andere zu stören, wenn alle Konkurrenten aus seinem Bezirk vertrieben waren«. Dies merkte der Verhaltensphysiologe Wolfgang Wickler kritisch an, Lorenz' Nachfolger am Max-Planck-Institut für Verhaltensphysiologie in Seewiesen unweit des Ammersees in Oberbayern. In weiten Teilen des Denkens des Nobelpreisträgers hatte wohl der fantasievolle Erzähler und gebildete Weltbetrachter gegenüber dem analysierenden Wissenschaftler die Oberhand behalten. Was, das nur nebenbei, durchaus ein Anlass sein könnte, die Qualität der Nobelpreisvergabe kritisch zu hinterfragen.

Auch Lorenz' Konzept der arterhaltenden Kraft der Aggression wurde durch Berichte der Feldforschung eindringlich widerlegt. Amerikanische Forscher dokumentierten Beobachtungen aus der Serengeti, wonach männliche Löwen die Babys in ihrem Rudel umbringen – nicht gelegentlich und ausnahmsweise, sondern als systematische Maßnahme. Die Raubkatzen waren weder krank noch »abartig« noch böse. Sie verhielten sich gemäß einem Prinzip, das Biologen bald als die Urkraft der Evolution zu erkennen glaubten: dem rigorosen Gen-Egoismus.

Der Begriff des »egoistischen Gens« ist fest mit einem Weltstar unter den Zoologen und Publizisten verbunden, dem Briten

Richard Dawkins. Gleichzeitig handelt es sich um den Titel seines ungeheuer einflussreichen wie erfolgreichen Buches, das im englischen Original *The Selfish Gene* heißt und 1976 erschien. Dawkins, ein genauso unerschrockener wie liebenswürdiger Gesprächspartner, treibt darin Darwins Prinzip vom Konkurrenzkampf auf die kleinste mögliche Spitze. Nicht Arten, wie Lorenz oder Darwin vermutet hatten, und auch nicht Individuen, erklärte der streitbare wie streitlustige Autor, seien die relevanten Akteure oder Objekte der Evolution, die Gene seien es.

Die funktionellen Abschnitte im Erbgut seien in der Jahrmillionen dauernden natürlichen Auslese gleichsam darauf programmiert worden, nur ein Ziel zu verfolgen: möglichst viele eigene Kopien in die nächste Generation zu schicken und sich selbst möglichst hemmungslos zu verbreiten. Reduziert auf die wichtigste Eigenschaft nennt Dawkins Gene Replikatoren, also Wiederholer oder Vermehrer.

Was diese Weltsicht für den Menschen bedeutet, das war auf dem Deckel meiner Ausgabe, die ich Mitte der 1980er Jahre zu Beginn meines Biologiestudiums erwarb, unschwer zu erkennen: Von dem in kantigen Lettern gesetzten Wort »Gen« gehen Fäden aus, an deren Ende hilflos eine Puppe zappelt. Unsere Existenz, unser Leben, sollte das symbolisieren, hängt an den Machenschaften dieser nur auf sich selbst bedachten Gene.

Es war eine ungeheure Faszination, die von dieser Idee ausging. Unter uns mehrheitlich naturschützerisch und humanitär orientierten Studenten löste sie kontroverse Gefühle und hitzige Diskussionen aus. Der Körper von Pflanzen, Tieren oder Menschen – nichts weiter als ein Vehikel, eine Hülle, wie Dawkins kess betonte? Menschen nichts weiter als eine Überlebensmaschine, die den Genen dazu dient, die eigenen Ziele zu erreichen, nämlich die Vermehrung? Wo sollte da noch Platz bleiben für Sinn, wenn der Zweck des Seins die Vervielfältigung wäre?

Dawkins' Gedanken ließen seine Leser schaudern – vor Kälte und intellektueller Faszination gleichermaßen.»Die These dieses Buches ist, dass wir und alle anderen Tiere Maschinen sind, die durch Gene geschaffen wurden«, steht auf den ersten Seiten, nicht nur meines Exemplars, das nach mehreren Umzügen und Lektüren ein bisschen abgegriffen aussieht. »Wie erfolgreiche Chicago-Gangster haben unsere Gene in einer Welt intensiven Existenzkampfes überlebt – in einigen Fällen mehr als Jahrmillionen lang. Dies berechtigt uns zu der Erwartung, dass unsere Gene Eigenschaften besitzen. Ich würde argumentieren, dass eine vorherrschende Eigenschaft, die wir bei einem erfolgreichen Gen erwarten müssen, ein skrupelloser Egoismus ist. Dieser Egoismus des Gens wird gewöhnlich egoistisches Verhalten hervorrufen.«

Dawkins spricht nicht vom Kampf oder vom Konflikt, wie Darwin, sondern vom »Krieg der Generationen«, vom »Krieg der Geschlechter«, und erklärte sich bereitwillig als Nachfolger jener »Natur, Zähne und Klauen blutig rot«-Denker des 19. Jahrhunderts. Der martialische Ausdruck des englischen Dichters Alfred Tennyson (1809–1892), gab er trotzig an, würde das moderne Verständnis der natürlichen Auslese treffend beschreiben.

Hume im Hinterkopf, betont Dawkins allerdings mit ebenso deutlichen Worten, nur die Botschaft zu überbringen, sprich die Natur der Natur zu beschrieben. Er wolle keinesfalls eine neue menschliche Ethik auf Grundlage der Evolution entwerfen. Eine Gesellschaft, die auf rücksichtlosem Gen-Egoismus beruhe, gestand er ein, wäre eine Gesellschaft, in der es sich sehr unangenehm lebte. Sein Ansatz ist der Erkenntnis und der Aufklärung verpflichtet und somit durchaus lobenswert. Das Sollen und das Sein sind nun einmal nicht automatisch identisch, wir haben davon gehört.

Allein: Die Einschränkung verhallte ungehört angesichts der Wucht der Metapher von egoistischen und rücksichtslos agierenden Genen. In der Biologie gilt das Prinzip bis heute ohnehin als eine der wichtigsten theoretischen Grundlagen, ja Dogmen. Wer sich dagegenstellt, tut besser daran, keine wissenschaftliche Laufbahn einzuschlagen. Über Disziplinen wie die Evolutionspsychologie oder die Soziobiologie drang es indes auch in die Humanwissenschaften und damit in die Lebenswelt des Menschen vor. Es ist heute das entscheidende und vorherrschende Erklärungsmuster für sein Verhalten. Und wenn ein Ehemann seiner Gattin einen Seitensprung gesteht und auf die Gene oder seine Natur verweist, wenn er sich naiv entschuldigt, dass der Mann eben stets neu auf Eroberungen aus sei, dann spricht aus ihm Richard Dawkins. Er verbreitete das Bild vom egoistischen Gen.

Der Mensch als Chicago-Gangster

Tatsächlich ist der britische Zoologe und Autor nicht der Urheber der fulminanten Idee. Dawkins popularisierte und propagierte in seinem Buch Forschungsarbeiten, die im Wesentlichen auf John Maynard Smith (1920–2004) und einige andere zurückgehen. Der Biologe und Spieltheoretiker Smith hatte sich Gedanken gemacht, wie es dazu kommt, dass Lebewesen ein bestimmtes Verhaltensprogramm verfolgen, etwa Nester bauen oder Mäuse jagen. Er versuchte in Modellrechnungen zu beschreiben, wie es zur Herausbildung von fixen Strategien kommt. Angenommen, Wesen A habe immer damit Erfolg, Wesen B Nahrung, zum Beispiel einen Regenwurm, wegzunehmen, dann würde A mehr Nachkommen hinterlassen, denn die Nahrung liefert Energie, die zur Erzeugung und zum Schutz von Jungen gebraucht wird. Vorausgesetzt, das Wegnehmverhalten ist erblich, was man bei den meisten Tieren im Grundsatz annehmen kann, würde sich daraufhin der Raub als eine Strategie etablieren. Denn die Nachkommen würden dieselbe Handlungsweisen pflegen.

Konkret ging Smith der brennenden Menschheitsfrage nach, was die Mitglieder einer einfachen Gruppe bei Konflikten tun könnten. Würde es mehr Aussicht auf Erfolg haben, sich aggressiv zu verhalten, oder wäre permanente Friedfertigkeit die bessere Strategie? Dazu reduzierte er die Wirklichkeit, um sie berechenbar zu machen, auf ein Modell, in dem die Mitglieder nur zwei

Strategien verfolgen: die des Kämpfers, durch den »Falken« symbolisiert, oder die des Nachgiebigen, durch die »Taube« symbolisiert – die Ähnlichkeiten mit echten Tauben oder Falken sind nur sprichwörtlich. Tauben können zum Beispiel ziemlich aggressiv sein. Den Falken-Typ im Modell zeichnete aus, dass er immer die Auseinandersetzung sucht, nicht nachlässt, bis er entweder gewonnen hat oder so verletzt ist, dass er nicht weiterkämpfen kann. Der Tauben-Typ dagegen droht nur ein bisschen, lässt sich nie auf ein Gefecht ein, sondern räumt bei der Auseinandersetzung um ein Revier oder eine Portion Futter das Feld, sobald es ernst wird.

Der Vorteil, eine »Taube« zu sein

Befinden sich in einer Population »Tauben« und »Falken«, kann es zu folgenden Aufeinandertreffen kommen: »Taube«/»Taube«, »Falke/»Falke« oder »Taube«/»Falke« – mit jeweils ganz unterschiedlichen Ergebnissen. Zwei »Tauben« stehen sich gegenüber und bedrohen sich so lange, bis vielleicht einer von beiden entnervt aufgibt. Der Verlierer bleibt zwar ohne Beute, doch er ist nicht verletzt und kann sein Glück beim Kampf um den Regenwurm gleich wieder woanders versuchen. Zwei »Falken« hingegen geraten sich immer in die Haare, einer siegt und bekommt das umkämpfte Gut, der andere aber ist entweder tot oder so beeinträchtigt, dass er für eine Zeit lang aus dem Verkehr gezogen ist – der Kampf ist für den Verlierer also mit Kosten verbunden (übrigens auch für den Sieger, aber das braucht uns in diesem Beispiel nicht zu interessieren). Treffen ein »Falke« und eine »Taube« aufeinander, nimmt immer Ersterer den vollen Gewinn mit.

Smith setzte bei diesen seinen Überlegungen voraus, dass die Kontrahenten von außen nicht erschließen können, um welchen Typ es sich beim Gegenüber handelt. Außerdem erkennen sie sich nicht individuell oder erinnern sich an ein früheres Aufeinandertreffen. Die Spieler müssen also immer zunächst durch Interaktion herausfinden, wen sie vor sich haben. Um das Modell mathematisch fassbar zu machen, vergab der Forscher daneben Punkte, wie bei einem sportlichen Wettkampf. Also zum Beispiel 50 für einen Sieg, 0 für einen Verlierer, minus 100 für eine schwerwiegenden Verletzung und minus 10, um die verlorene Zeit beim Drohen in Rechnung zu stellen.

Was würde in einer Population passieren, die nur aus friedfertigen, pazifistischen »Tauben« besteht? Treffen zwei der Exemplare aufeinander, wird ein Tier gewinnen, sei es durch Zufall oder einfach, weil es geduldiger ausharrt. Dieser Sieger erhält 50 Punkte, doch schlägt der Zeitverlust mit 10 Punkten negativ zu Buche, sodass in der Bilanz 40 Punkte bleiben. Der Verlierer bleibt ohne Gewinnprämie und muss zusätzlich den Zeitverlust verschmerzen, sodass auf seinem Konto minus 10 Punkte stehen. Betrachtet man nun die gesamte Population der »Tauben«, die immer wieder friedlich ausgetragene Konflikte erlebt, die jedes Individuum genauso oft verliert wie gewinnt, so ergibt sich ein Durchschnittswert von 15 Punkten (40 Punkte für einen Sieg minus 10 für eine Niederlage macht 30 Punkte aus zwei Kämpfen, also 15 für einen Kampf) – wie gesagt, zur Vereinfachung verliert jeder genauso oft, wie er gewinnt.

Der Vorteil, ein »Falke« zu sein

Plötzlich gerät die friedfertige Welt der »Tauben« aber aus den Fugen. Wie aus dem Nichts, durch Zufall, vielleicht durch eine einfache Mutation, bringt ein »Tauben«-Paar einen »Falken« zur Welt. Was wird passieren, wenn der Nestling erwachsen ist? Ganz einfach: Er wird die schöne »Tauben«-Ordnung durcheinanderwirbeln, denn er hat leichtes Spiel – zunächst einmal. Der Neue wird bei einem Konflikt immer auf eine »Taube« treffen. Als »Falke« gewinnt er die Auseinandersetzungen und heimst 50 Punkte als durchschnittliche Prämie ein. Das sind 35 Punkte mehr, als für eine typische »Taube« übrig bleiben.

Der Erfolg wird Folgen haben. Der »Falke« wird mehr Nachkommen hinterlassen, was bedeutet, dass sich die Falken-Strategie in der Gruppe vermehrt. Mehr Prämien bedeuten im Spiel der Evolution mehr Fortpflanzung. Dadurch verliert aber das Erfolgsrezept der »Falken« an Durchschlagskraft. Denn dann kommt es immer häufiger vor, dass »Falken« auf »Falken« treffen und die Gefechte immer häufiger härter und blutiger werden. Wie eine einfache Berechnung zeigt, sinkt die Erfolgsquote massiv, wenn es zwei Kontrahenten mit der gleichen aggressiven Strategie miteinander zu tun haben. Der Verlierer ist schlimm verletzt und muss sich erst erholen, bis er an neuen Kämpfen teilnehmen kann, sein Konto verzeichnet daher minus 100 Punkte. Der Gewinner bekommt 50 Punkte gutgeschrieben. Nimmt man alle Kämpfe zusammen, erzielen die »Falken« im Durchschnitt minus 25 Punkte.

Damit kehren sich die Verhältnisse jedoch um. Nun stehen die »Tauben« im Vergleich wieder besser da, denn obwohl sie in ihren Kämpfen den »Falken« unterlegen wären, würden sie sich dabei nicht verletzen und keinen Zeitverlust erleiden. Ihr Konto stünde bei null, also um 25 besser als das der aggressiv vorgehenden »Falken«. Die Folge bestünde darin, dass sich die »Tauben« wieder stärker vermehrten.

Für eine Weile würde die Zahl der »Tauben« und der »Falken« womöglich zwischen hoch und niedrig wechseln, doch irgendwann würde sich das Verhältnis der Tiere, man kann auch sagen, das Verhältnis der Strategien, auf eine bestimmte Zahl stabilisieren. Das ist dann der Fall, wenn die durchschnittliche Prämie, die ein »Falke« in seinen Auseinandersetzungen gewinnen kann, identisch ist mit derjenigen, die eine »Taube« erzielt. In unserem Beispiel der willkürlich festgesetzten Punktwerte passiert dies dann, wenn die Population aus 5/12 »Tauben« und 7/12 »Falken« besteht. Die beiden Strategien erreichen dann im Durchschnitt jeweils 6,25 Punkte – mithin deutlich mehr als diejenige in einer reinen Population aus »Falken«, aber auch sehr deutlich weniger als in einer reinen »Tauben«-Gemeinschaft.

Wie viele Modelle der mathematischen Spieltheorie, denen wir noch sehr oft in diesem Buch begegnen werden, ist die Rechnung extrem lehrreich. Man sollte indes vorsichtig damit sein, die gewonnenen Ergebnisse allzu freizügig auf die reale Welt zu übertragen. Die Rahmenbedingungen sind, wie geschildert, stark vereinfacht. Gerade deswegen lassen sich aber in den Entwürfen gewisse Regelmäßigkeiten erkennen. So ist in dem Tauben-Falken-Spiel die Tragik des Gemeinguts ebenso wie die subversive Wirkung des Egoismus bereits deutlich zu sehen. Könnten sich nämlich alle Gruppenmitglieder darauf einigen, dass sie gewiss nur noch friedfertige »Tauben« sein wollten, so würden alle davon profitieren. Das heißt, im Durchschnitt würde jeder 15 statt 6,25 Punkte davontragen.

Die Gruppe wäre insgesamt produktiver, das Leben darin besser, wenn man so will. Doch eine solche Vereinbarung, ob nun bewusst getroffen oder blind in der Evolution entstanden, besäße einen gravierenden Nachteil: Sie wäre nicht stabil. Würde, wie geschildert, durch blinden Zufall oder absichtliche Verstellung nur ein einziger »Falke« auftreten, wären seine Vorteile so beträchtlich, dass er sich stark vermehren würde. Der Friedensschluss wäre hinfällig und am Ende stünde da wieder jenes erwähnte Zahlenverhältnis von 5/12 »Tauben« zu 7/12 »Falken«. Könnten die Individuen nachdenken und sich austauschen, würden sich vermutlich alle beklagen, dass sie es besser haben könnten, wenn sich nur alle an die Vereinbarung gehalten hätten – was durchaus ein wenig an die Menschenwelt erinnert. Es sollte aber niemand vergessen, dass die geringere Gesamtbilanz doch einen Vorteil besitzt. Das Verhältnis, das sie entstehen lässt, ist stabil in dem Sinne, dass es Aggressive oder Egoisten nicht so einfach unterwandern könnten. Spieltheoretiker Maynard Smith nannte dies eine »evolutionär stabile Strategie«, kurz ESS. Es handelt sich bei ihr, dies an dieser Stelle nur nebenbei, um einen Sonderfall des kompetitiven Nash-Gleichgewichts, benannt nach dem Spieltheoretiker und Nobelpreisträger John Nash.

Der Begriff beschreibt eine Art Grundgesetz handelnder Wesen. Die ESS ist diejenige Strategie, die in ihrer positiven Bilanz selbst dann nicht von einer alternativen Strategie übertroffen werden kann, wenn die Mehrheit der Mitglieder einer Population sich ihrer bedient. Ein Beispiel: Wer rücksichtslos immer nur nimmt, wird in einer freigiebigen Gesellschaft, die nur gibt, schnell die meisten Güter anhäufen. Ändern die Gruppenmitglieder daraufhin ihr Verhalten und werden selbst knauseriger, fährt der Egoist zwar schlechter als zuvor, aber auch nicht schlechter als die anderen.

Egoismus ist damit als eine Methode – eine subversive Verhaltensweise – erklärt, die viel einbringt, wenn andere altruistisch sind, und auch dann nicht versagt, wenn die anderen ebenfalls egoistisch handeln. Ob die Gemeinschaft dann noch auf Dauer überlebensfähig ist, steht allerdings auf einem anderen Blatt.

Wichtig ist hierbei zu beachten, dass, wiewohl von einer Strategie die Rede ist, es sich deswegen nicht um einen Vorgang handeln muss, der einer bewussten Überlegung entspringt. Eine Strategie kann hier auch ein bestimmter arttypischer Instinkt sein, der sich im Laufe der Evolution herausgebildet hat und dem das Lebewesen blind folgt – gerade weil das Verhalten unter allen Umständen Erfolg verspricht.

Evolution bedeutet die Herausbildung stabiler Strategien, und ihre Mechanismen sind nicht nur in der Natur am Werk, sondern auch dort, wo man es vielleicht nicht spontan erwarten würde. Preisabsprachen an Tankstellen nennt Dawkins als Beispiel dafür: Wenn alle Pächter oder Lieferanten brav mitmachen, können die Konzerne die Preise hoch halten. Schert jedoch einer aus, um mehr Frequenz und damit mehr Umsatz an manchen Verkaufsstellen zu erreichen, und gibt Rabatt, bricht das Kartell zusammen.

Die Inhalte auf redaktionellen Seiten im Internet folgten einem ähnlichen Gesetz. Sobald ein Betreiber beginnt, den Zugang kostenlos zu erlauben, müssen die anderen mitziehen, um bei den Lesern nicht abgehängt zu werden Auch bei einem Fest kann es zu Nachteilen für alle kommen, wenn die Mitglieder einer Gruppe auf einmal an das Buffet eilen und sich einzelne gar vordrängen oder womöglich in Streit darüber geraten, wer zuerst seinen Teller füllen darf. Schließlich kann die Auslagerung der Industrieproduktion in Billiglohnländer ein Beispiel sein. Sobald ein Hersteller sich Vorteile verschafft, indem er die Kosten zur Herstellung seiner Autos oder T-Shirts senkt und in der Folge die Preise, werden andere seinem Beispiel folgen müssen, um am Markt bestehen zu können. So wandern Arbeitsplätze aus den Industrieländern ab, und alle beklagen sich, dass das nicht sein müsste. Die Globalisierung lässt sich ebenfalls mit den in der Evolutionsforschung entwickelten Modellen und Metaphern beschreiben.

Immer größerer Modellzoo

Um dem realen Leben etwas näher zu kommen, nahm Maynard Smith weitere Modelle in den Katalog seiner Verhaltensstrategien auf. Etwa den »Vergelter«, der sich zunächst wie eine »Taube« verhält, um, sobald er auf ernsthaften Widerstand trifft, zur Strategie des »Falken« zu wechseln, also erbarmungslos kämpft. Ein »Vergelter« würde in bestimmten Situationen, etwa wenn er auf einen anderen »Vergelter« trifft, im Vorteil sein, weil er sich die Kosten für einen schlimmen Kampf spart. Eine weitere Strategie wäre die des »Angebers«. Dieser zeichnet sich dadurch aus, dass er sich zunächst wie ein »Falke« benimmt, sobald es aber wirklich ernst wird, die Flucht vorzieht. Ein »Angeber« besäße den Vorteil, dass er »Tauben« immer besiegen, gleichzeitig aber das Risiko von Verletzungen des echten »Falkenkampfes« vermeiden würde. Schließlich berechnete Maynard Smith, wie weit es ein »probierfreudiger Vergelter« in diesem Modellzoo bringen würde. Dabei handelt es sich im Prinzip um einen »Vergelter«, der jedoch gelegentlich provoziert, um zu sehen, wie weit er damit kommt. Erwidert der Gegner die Aggression nicht, bleibt der »probierfreudige Vergelter« bei seinem harten Kurs. Wird er selbst angegriffen, spiegelt er das Verhalten seines Kontrahenten und schlägt hart zurück.

In Computersimulationen hing der Erfolg der einen oder anderen Strategie stark von dem Zahlenwert ab, mit der ein Sieg belohnt oder eine Niederlage sowie ein Zeitverlust belastet wurden. Am ehesten als stabil erwies sich der »Vergelter«, knapp gefolgt von dem »probierfreudigen Vergelter«. »Falken« hätten mit einer Invasion von »Tauben« und »Angebern« zu rechnen, die beide aufgrund ihrer Friedfertigkeit in Vorteil wären. »Angeber« und »Tauben« wären ihrerseits für einen Einfall von »Falken« und »Vergeltern« empfindlich.

Die Durchsetzungsfähigkeit des »Vergelters« kommt, wie Dawkins zeigt, der bedingten Strategie bereits sehr nahe, auf die echte Tiere in ihrer Umwelt setzen. Diese besteht darin, eine Auseinandersetzung zu vermeiden, sie jedoch, wenn es nicht anders geht, mit Verbissenheit zu führen. Ein typisches Beispiel dafür sind Männchen von Makakenaffen. Unterliegen sie im Kampf, bieten sie eine Unterwerfungsgeste dar. Schlägt der Gegner die Offerte jedoch aus, verteidigen sie sich aufs Heftigste. Hirsche begegnen sich in stark ritualisierten Kämpfen, wobei sie sich zunächst anbrüllen, dann nebeneinander herlaufen, um ihre Stärke abzuschätzen. Nur wenn sich beide etwa gleich kräftig fühlen, ringen sie bis aufs Blut. Die Ritualisierung dient zur Vermeidung schwerer Verletzungen – also so ähnlich wie beim »Vergelter«. »Wir haben damit den Aspekt der ›behandschuhten Faust‹ der tierischen Aggression erklärt«, triumphiert Dawkins.

Dabei ist zu berücksichtigen, dass sich in der Realität im Detail die Prämien und Belastungen recht unterschiedlich gestalten können. Für einen Seelöwen etwa ist die Belohnung durch einen Sieg, nämlich die Kontrolle über einen ganzen Harem an Weibchen, extrem hoch, sodass es sich lohnt, selbst schwere Verletzungen in Kauf zu nehmen. Für eine Kohlmeise können sich bereits geringe, auf Drohungen verwendete Wartezeiten nachteilig auswirken, denn der Vogel sollte, um seinen Nachwuchs großzuziehen, im

Durchschnitt alle 30 Sekunden einen Regenwurm oder dergleichen fangen.

Warum Löwen jagen und Antilopen fliehen

Wir haben bereits erwähnt, dass mit den Begriffen nicht unbedingt echte Tiere gemeint sein müssen, wenn oben von »Tauben«, »Falken« oder »Vergeltern« die Rede ist. Die Bezeichnungen besitzen den Vorteil, dass man sich unter ihnen leichter etwas vorstellen kann, sie sind jedoch in vielerlei Hinsicht zu verallgemeinernd: Mit dem »Falken« muss nicht unbedingt eine aggressive Strategie verbunden sein, man könnte darunter auch egoistisches Verhalten verstehen, wohingegen die »Taube« für Altruismus stehen könnte. Statt von Tieren und sichtbaren Körpern zu handeln, könnten die Geschichten genauso gut ein Verhalten beschreiben, dessen sich Wesen in unterschiedlichen Situationen bedienen. Außerdem könnten sich die Auseinandersetzungen zwischen Zellen abspielen. Und um das Abstrahieren noch weiterzutreiben, lassen sich die Begriffe als Stellvertreter für die Erbanlagen lesen, die Verhalten überhaupt erst ermöglichen.

Die Gene würden sich dann vermehren, wenn sie beziehungsweise die mit ihnen verbundene Strategie Erfolg hat. Sie würden dezimiert werden, wenn ihre Bilanz in einer gegebenen Umwelt negativ ausfiele. Und ihre Häufigkeit innerhalb einer Gruppe anderer Gene würde sich mit der Zeit bei einem stabilen Verhältnis einpendeln.

Die evolutionär stabile Strategie beschreibt mithin ein allgemeines Prinzip in der Biologie, ein Gesetz, dem alle Lebewesen unterworfen sind. Dawkins erläutert: »Maynard Smiths Begriff der ESS versetzt uns erstmals in die Lage, deutlich zu erkennen, auf welche Weise eine Ansammlung unabhängiger egoistischer Organismen wie ein einziges organisiertes Ganzes aussehen kann.« Mit anderen Worten: Was wir als Körper – Mensch, Tier, Pflanze – wahrnehmen, besteht in der Sicht mancher Evolutionsbiologen aus vielen einzelnen Einheiten, Kleinunternehmer im Konzern des Lebens, wenn man so will, von denen jeder auf eigene Rechnung arbeitet.

Ein Gen wäre dann als »gut« zu bezeichnen, wenn es mit den anderen Genen, mit denen es sich eine lange Reihe aufeinanderfolgender Körper zu teilen hat, vereinbar ist und diese ergänzt. So wird, um in die Welt des Beobachtbaren zurückzukehren, etwa verständlich, warum Löwen sich keine Löwen oder andere wehrhafte Tiere als Beute wählen, sondern Antilopen. Würden Räuber auf Räuber Jagd machen, hätten sie es mit einem adäquaten Gegner zu tun und müssten mit eigenen Verletzungen rechnen – was in etwa dem Beispiel »Falken« gegen »Falken« oben entspräche. Stattdessen wird sich in der Evolution eine Spezialisierung entwickeln, die der von Jagd und Flucht beziehungsweise Tarnung entspricht. Wir werden es also mit Räubern und ihrer Beute zu tun bekommen, wie wir sie aus der Natur kennen. Der Grund dafür ist, dass sich in der einen Gruppe solche Gene ansammeln und optimieren, die das Davonlaufen oder das Verstecken perfektionieren, in der anderen diejenigen, die das Greifen, das Fangen und das Reißen befördern.

Bald hätte sich die ESS derart eingestellt, dass kaum ein neues, mutiertes Gen mehr in der Lage wäre, die Bilanzen ins Positive zu verändern und sich somit nennenswert zu vermehren. Löwen könnten nicht plötzlich von ihrem evolutionären Pfad abweichen und sich zärtlich um ihre Beute kümmern oder sie überreden, sich fressen zu lassen. Umgekehrt wäre jede Mutation bei Antilopen, die eine »Behaupte-dich-und-kämpfe«-Strategie verfolgen würde, wie Dawkins betont, »weniger erfolgreich als solche Artgenossen von Antilopen, die am Horizont verschwinden«.

Der Triumphzug des Egoistischen

Die von John Maynard Smith, dem US-amerikanischen Genetiker George Price (1922–1975) und einigen anderen Theoretikern ausgearbeiteten Prinzipien der Evolution markierten einen Wendepunkt in der Biologie. Nunmehr galt nicht länger die Spezies als die entscheidende Einheit, an der das Wirken der Evolution festzumachen sei, auch nicht das Individuum oder Gruppen von Genen, die etwa auf Chromosomen zusammengefasst sind. Nein, am einzelnen Gen selbst, so etablierte es sich fortan als Lehrmeinung, setzt die Evolution an. Es sind die Gene, die sich einen Wettstreit, einen Kampf liefern, um in möglichst hoher Zahl in der nächsten Generation vertreten zu sein. Und, so Dawkins, »alles, was wir zu einem mutmaßlich adaptiven Merkmal fragen müssen, ist: Was führt dazu, dass das Gen für dieses Merkmal häufiger wird?«

Dieser Wechsel der Perspektive war nicht nur radikal, weil er ein Erklärungsmonopol beanspruchte. Er hatte weitreichende Konsequenzen, weil er für alles Lebendige und darüber hinaus gelten konnte. Er lieferte der Biologie und angrenzenden Wissenschaften wie der Psychologie oder der Soziologie ein theoretisches Gerüst, das die teilweise rätselhaften und undurchschaubaren Phänomene bei Natur und Mensch überzeugend in einen Verständnisrahmen zu stellen vermochte.

Egal, ob es sich nun um Bakterien im Uferschlamm eines Flusses, Blütenpflanzen im Amazonas-Urwald, Schimpansen in Afrika, Spermien im Genitaltrakt eines Weibchens oder das Verhältnis von Mann und Frau zwischen Büro, Küche und Schlafzimmer handelte – das Prinzip »Natur, Zähne und Klauen blutig rot« bildete nunmehr den Hintergrund, vor dem das Verhältnis der Lebewesen allein zu verstehen war.

So wird auch das Verhalten der Löwen in der Serengeti erklärbar, das sich innerhalb der Theorie eines Konrad Lorenz als widersprüchlich erwiesen hatte. Es ist ihr Gen-Egoismus, der dafür verantwortlich ist, dass männliche Raubkatzen, die ein neues Rudel erobern, zunächst einmal sämtliche Jungtiere tot beißen. Das neue Oberhaupt des Clans, meist handelt es sich dabei um ein Brüderpaar, kann sich nur zwei bis drei Jahre an der Spitze halten. Es hat daher kein Interesse daran, dass die vom Vorgänger gezeugten Babys durchgefüttert werden. Stattdessen wirkt der Herrscher darauf hin, die eigenen Gene zu vermehren – was aber verhindert wird, wenn die Weibchen in dieser Zeit damit beschäftigt sind, sich um den Nachwuchs der Vorgänger zu kümmern.

Der Infantizid, die Kindstötung, ist keineswegs ein Sonderfall krankhafter oder brutaler Löwenmachos, sondern gehört zum normalen Verhaltensrepertoire der Großkatzen – und ebenso zu demjenigen von Dungkäfern, Kamelen, Pferden, Mäusen und Primaten. Verhaltensforscher beobachteten, wie wilde Pferdehengste trächtige Stuten gar durch eine Art Vergewaltigung zu Abgängen zu veranlassen suchen, ganz offenbar in dem Bestreben, möglichst rasch selbst zum Zug zu kommen, die eigenen Gene zu vervielfältigen.

Schimpansen bringen regelmäßig diejenigen Kinder um und fressen sie teils auf, die Weibchen mutmaßlich von Männchen außerhalb der eigenen Horde empfangen haben. Sie wollen damit verhindern, dass fremdes Erbgut in die Sippe eingeschleppt wird – wobei mit dem Begriff »wollen« kein bewusster Prozess gemeint ist. In einem Fall beobachteten japanische Forscher gar, wie ein Männchen sich an der Tötung des eigenen Kindes beteiligte, schließlich den Kopf der Leiche aufbrach und das Gehirn verspeiste – offenbar weil er den Kleinen nicht erkannte und davon ausging, die Mutter sei fremdgegangen.

Wer nun denkt, die Menschen seien in diesem Punkt rücksichtsvoller, der sei an das Schicksal von Stiefkindern erinnert. Sie haben, wie US-Statistiken belegen, ein um den Faktor 40 höheres Risiko, misshandelt zu werden, als leibliche Kinder. Auf vergleichbare Ungerechtigkeiten stieß der Göttinger Anthropologe Eckart Voland in der Vergangenheit. Er wertete Daten von Kirchenbüchern aus dem 17. bis 19. Jahrhundert aus Norddeutschland aus und verfolgte das Schicksal von 870 Kindern, die entweder Mutter oder Vater verloren hatten. Ein Viertel von ihnen starb noch vor dem ersten Geburtstag, ein weiteres Viertel wurde nicht älter als 15 Jahre.

Zum Teil sind dafür sicher physische Gründe verantwortlich –

Kleinkinder sind nun einmal stark von der mütterlichen Ernährung und Betreuung abhängig. Entscheidend für das Schicksal der Kinder dürfte indes gewesen sein, dass ihr Verschwinden die Chancen der Witwe steigerten, einen neuen Ehepartner zu finden – der wiederum kein Interesse hatte, in fremde Gene zu investieren. Die größere Gefahr drohte den Kindern allerdings nicht durch die sprichwörtlich »böse« Stiefmutter, wie die Daten zeigen, sondern durch den Stiefvater. Alleinerziehende Mütter begegnen diesem Problem heutzutage wohl instinktiv durch Verdünnung: Sie zeugen mit dem neuen Partner ein gemeinsames Kind – wohl in der Hoffnung, das fremde möge ihm nicht mehr so auffallen.

Krieg, Kampf und Konkurrenz allerorten

Möglichst viele eigene Kopien in die nächste Generation weiterzugeben ist sozusagen nur das Endziel des Wirkens der Gene. Zuvor gilt es, sich Nahrung zu sichern, die überhaupt erst die nötige Energie zur Vermehrung liefert, und zwar möglichst viel. Es sind Plätze zu sichern, die einem den Zugang zum Fressen überhaupt erst ermöglichen und dabei helfen, selbst nicht gefressen zu werden. Es geht darum, den oder die Partner zu finden, mit denen die Vermehrung machbar ist. Wenn möglich, nicht irgendeinen Partner, sondern den Besten oder die Beste. Was die egoistischen Gene wollen, füllt ein Leben mehr als aus, und dabei zählt: Was ich haben kann, das nehme ich mir, denn es nützt mir. In einer Welt mit knappen Ressourcen – und in einer solchen findet Evolution statt – birgt das die Gefahr, dass für den anderen nicht mehr viel übrig bleibt. Es bedeutet Konfrontation und Kampf – so erzählt es die Geschichte vom egoistischen Gen.

Nachdem das Bild erst einmal in die Welt gesetzt und überzeugend vertreten war, machten die Biologen plötzlich überall und auf allen Ebenen des Lebendigen genegoistisches Verhalten aus. Ein Phänomen, das mit dem Begriff »wissenschaftliche Mode« wohl treffend beschrieben ist und den Einfluss von theoretischen Konzepten auf die Wahrnehmung in der Wissenschaft beleuchtet.

Motten etwa lagern chemische Abwehrstoffe in ihren Körper ein, um sich vor Fressfeinden zu schützen. Andere lassen sich scheinbar tot zur Erde fallen, auf dass die jagende Fledermaus die fliegenden Artgenossen erwischen möge. Zugvögel wetteifern darum, bei ihrer Rückkehr in die Brutgebiete die besten Nistplätze zu besetzen. Stichlinge halten ihre Bruthöhle besetzt und verjagen jeden möglichen Eindringling. Der Kuckuck wirft andere Küken aus dem Nest, um die Würmer der Wirtseltern allein zu ergattern. Die Gottesanbeterin und manche Spinnen, wie beispielsweise Taranteln, fressen ihre Männchen auf, nachdem sie begattet wurden – als Lieferanten von Erbgut und Protein erfüllen diese einen doppelten Zweck. Bei manchen Tierarten wehren sich die Männchen dagegen mit einem Trick: Sie stellen sich einfach tot. Taufliegen übertragen mit den Spermien gar Giftstoffe auf das Weibchen.

Von einer Ordnung in der Natur kann keine Rede sein – vom alles dominierenden Prinzip des Eigennutzes einmal abgesehen. Kohlmeisen legen nicht etwa deswegen fast immer nur neun Eier, obwohl sie auch 13 schaffen würden, um die Ressourcen ihrer Umwelt zu schonen und ihre Art langfristig zu erhalten, wie Konrad Lorenz argumentiert hatte. Futter für neun Küken können sie gerade noch besorgen, ohne sich selbst zu schwächen. Die Zahl garantiert ihnen den besten Fortpflanzungserfolg, sie stellt eine evolutionär stabile Strategie dar. Putzerfische verdienen ihren Namen nur zum Teil, denn sie versuchen nicht nur die Parasiten ihrer Wirtstiere zu fressen, sondern ebenso Teile aus deren Schleim, weil dieser nahrhafter und offenbar wohlschmeckender ist.

Manche Krankheitserreger, wie etwa das Borna-Virus, manipulieren das Verhalten befallener Nagetiere so, dass diese mehr Kontakte mit anderen Nagern und Sexualpartnern anstreben – um so ihre eigene Verbreitung zu unterstützen. Männchen entwickeln eine unübersehbare Vielfalt von Kampfinstrumenten aus Knochen, Horn oder Chitin: das Geweih der Hirsche und der Hirschkäfer, die Zangen der Krabben, die Stoßzähne der Elefanten oder die Zangen des Ohrwurms. Die Waffen, so registrieren Biologen, sind einer Hochrüstung unterworfen, das heißt, sie haben die Tendenz immer mächtiger zu werden – auch auf die Gefahr hin, dass sie dem Träger im Alltag schaden. Sie sind aber nötig, um Nebenbuhler in der Konkurrenz um Weibchen auszuschalten. Schimpansen dagegen erkaufen sich Sex wie menschliche Freier, indem sie reichlich Fleischgaben an die Damenwelt austeilen. Wer sich aus dem Spiel verabschiedet, dessen Genfrequenzen werden rasch sinken, sprich: Er wird sich nicht vermehren können.

Kamikaze im Schoß

Der biologische Krieg ist total, kein Bereich bleibt ausgespart – die Metapher im Kopf beschreiben die Biologen das Prinzip des Egoistischen überall. Der Penis einer Libellenart (Großer Blaupfeil) besitzt eine Art stachelige Peitsche, mit deren Hilfe das Männchen das Sperma des Vorgängers aus der Samentasche des Weibchens entfernt. Die Form der menschlichen Eichel ist ebenfalls ein Kampfinstrument, wie manche Sexualmediziner meinen. Sie ist sehr gut dafür geeignet, um Sperma eines möglichen Konkurrenten aus der Vagina herauszupumpen. Waren Männer eifersüchtig, ist die Stoßbewegung beim Sexualverkehr umso heftiger und schneller.

Noch im weiblichen Geschlechtstrakt führt der Samen einen unerbittlichen Stellvertreterkrieg: Eine Strategie, so der britische Biologe Robin Baker, besteht darin, mehr Keimzellen im Ejakulat abzugeben, um so die des Vorgängers zahlenmäßig auszustechen, zu verdünnen oder gar auszuspülen. Diesen Weg beschreiten etwa Schimpansen, die deswegen große Hoden benötigen und viel Sperma produzieren. Baker und seine Kollegen stellten zusätzlich fest, dass Spermium nicht gleich Spermium ist. Die Forscher identifizierten sogenannte »Killerspermien«, die umherschweifen, um die Gen-Träger des Nebenbuhlers anzugreifen und mithilfe der Injektion einer Giftdosis zu vernichten.

Ist das Bild des Krieges einmal akzeptiert, lässt sich die Dramaturgie noch weiter steigern. »Bei diesem ersten Scharmützel tun einer oder zwei der Killer des Partners ihre Pflicht, und einige der Krieger und Killer des Liebhabers fallen im Kopf-an-Kopf-Gefecht, weil ihre Köpfe mit Gift überzogen sind«, formuliert Baker martialisch. Die betreffende Frau mag unterdessen entspannt eine Zigarette rauchend im Bett liegen – von den Schlachten, die um ihre Gene geschlagen werden, ahnt sie nichts. Daneben machten Baker und seine Kollegen klebrige »Blockierer« aus, die keine andere Aufgabe haben, als den Rivalen den Zugang zum weiblichen Genom zu versperren. Nur einem kleinen Teil der Fortpflanzungsarmada kommt die klassische Aufgabe zu, sich ein Wettrennen zum Ei zu liefern. Sie bezeichnete der Biologe als »Ei-Krieger«.

Bereits vorher haben sich die Gene ein gnadenloses Duell darum geliefert, überhaupt in der Ei- oder Samenzelle vertreten zu sein. Bei einem diploiden Lebewesen, also einem mit zwei kompletten Sätzen an Chromosomen, wird sich ein Gen mit einer Wahrscheinlichkeit von 50 Prozent auch im einfachen Erbmaterial der Keimzellen wiederfinden – so beschreiben es die Mendelschen Gesetze. Doch Biologen registrierten bei Mäusen, Fliegen, Mücken und Schimmelpilzen verblüfft einen sogenannten »Meiotic Drive«. Das bedeutet: Manchen Genen gelingt es, die Produktion von Ei oder Spermium so zu verändern, dass sie überdurchschnittlich häufig in den Keimzellen vertreten sind. Sie schmuggeln sich sozusagen in die Fähren, die den Körper verlassen, und wie es aussieht, handelt es sich dabei um einen aktiven Vorgang. Die Gegenwehr besteht darin, dass andere Gene versuchen, die Egoisten zu bremsen, sie in Schach zu halten.

Die Mutter erwehrt sich ihres Kindes

Selbst eine Schwangerschaft sehen die Evolutionsbiologen nicht mehr als ein harmonisches Miteinander, in dem die Mutter fürsorglich ihr heranwachsendes Kind im Bauch behütet. Stattdessen befinden sich die beiden in einer heftigen Auseinandersetzung, vor allem um Nahrung, wie der US-Biologe David Haig von der Harvard University in Boston martialisch zu Protokoll gibt. So liegt ein Fötus nicht etwa passiv herum, um zu warten, was er bekommt. Stattdessen lässt er aktiv Blutgefäße in die mütterliche Plazenta sprießen, um eine möglichst große Kostmenge in den eigenen Kreislauf zu lenken. Die Entwicklung des Bluthochdrucks der Mutter, die sogenannte Präeklampsie, meint Haig, sei auf diese ungeahnte Konkurrenz zurückzuführen.

Vermutlich gibt das Ungeborene eine Substanz, ein bestimmtes Protein, in den Körper der Mutter ab, um den Blutdruck in der Plazenta zu erhöhen und so den Zustrom von Nahrung zu steigern – ein Zuviel davon kann die »Wirtin« jedoch schädigen. Der mütterliche Körper versucht sich seinerseits gegen den »Raub« zu wappnen, indem er bestimmte Gene im Körper des Babys abschaltet. Zahlreiche Komplikationen im Verlauf der Schwangerschaft, so Haig, gehen auf solche Auseinandersetzungen zurück. Selbst Erkrankungen wie Schizophrenie und Autismus interpretiert Haig als Folge des Tauziehens väterlicher und mütterlicher Gene – von dem indes weder die Betroffenen noch die Eltern etwas ahnen und auf das sie keinen Einfluss nehmen können. Der Krieg wird als ein biologisches Programm angesehen, etwas, das existiert, allein weil die Möglichkeit dazu existiert.

Man mag angesichts der Beispiele aus der Literatur und der teilweise sprachlichen Dramatik der Schilderungen den Eindruck gewinnen, Gen-Egoismus sei nichts weiter als eine Brille, um das Lebende zu betrachten. Wenn das so sein sollte, dann handelt es sich indes um ein gigantisches Exemplar, das keine Ränder zu haben scheint, sind doch viele Forscher von der grundlegenden Richtigkeit überzeugt und sparen keinen Bereich aus.

Tricksende Meisen und lügende Schimpansen

Der Kampf in der Biologie umfasst zum Beispiel auch das Gebiet der Information. Die Tiere versuchen, andere so zu manipulieren, dass der Vorteil auf ihrer Seite liegt – seien es nun unscheinbare Krebse oder ausgebuffte Schimpansen. Mundfüßer-Garnelen etwa, die gerade zur Häutung ihren Panzer abgeworfen haben und sich einem Kampf gegenübersehen, trachten durch heftiges Drohgebahren ihre Konkurrenten in die Flucht zu schlagen – eine Auseinandersetzung würden sie in jedem Fall verlieren, weil ihre Zangen noch nicht gehärtet sind. Manche Kohlmeisen etwa stoßen Gefahrrufe auch dann aus, wenn gar kein Feind in der Nähe ist – offenbar wollen sie die entdeckten Körner für sich haben, indem sie ihre Artgenossen auf abgefeimte Weise verjagen.

Hähne dagegen locken Hennen mit einem typischen Laut auch dann herbei, wenn sie kein Futter gefunden haben. Dies geschieht wohl mit dem Ziel, wie die Biologen mutmaßen, die weiblichen Tiere zu begatten. Dagegen unterlässt ein Gockel nicht selten einen Futterruf, selbst nachdem er Nahrung entdeckt hat, sollte sich ein konkurrierender Hahn in der Nähe befinden.

Vor allem Primaten erweisen sich als geschickte Taktiker mit einer ausgesprochen hohen »machiavellistischen Intelligenz«, wie sie von Wissenschaftlern nach dem italienischen Machtpolitiker Niccolò Machiavelli (1469–1527) bezeichnet wird. Streifen Gorillas durch den Wald, ist die Beobachtung nicht ungewöhnlich, dass sich einer zurückfallen lässt, um sein Fell zu pflegen. Ist die Gruppe außer Sichtweite, kann er sich alleine über die auf einem Baum entdeckte Mistel hermachen und muss seinen Fund nicht teilen. Der niederländische Verhaltensforscher Frans de Waal vom Yerkes National Primate Research Center in Atlanta registrierte gar einen Fall von Simulation, wie sie im Fußball gelegentlich zu sehen ist. Ein Schimpanse namens Yeroen hatte sich bei einer Auseinandersetzung mit einem Artgenossen, Nikkie, verletzt. Doch obwohl es ihm bald wieder gut ging, humpelte er immer dann, wenn sein Gegner auftauchte – noch eine Woche nach der Rauferei.

Die Lügen und gegenseitigen Manipulationen bei den Primaten stehen häufig mit der Position in der Rangordnung oder mit Sex im Zusammenhang. Manche Schimpansinnen zum Beispiel stöhnen und schreien nur dann, wenn sie mit Männchen kopulieren, die weit oben in der Rangordnung stehen. Haben sie Sex mit weiter unten stehenden Clanmitgliedern, entlockt ihnen das jedoch keinen Laut. Ein Pavian ergatterte sich durch pure List genauso viele Sexualkontakte wie die Chefs seiner Sippe – die beiden Verhaltensforscher Richard Byrne und Andrew Whiten von der University of St. Andrews in Schottland konnten nachzählen.

Das schon etwas ältere Tier zettelte mit Vorliebe Streit zwischen den Anführern an und machte gemeinsame Sache mit den Herausforderern. Aber je näher die tätliche Auseinandersetzung rückte, desto mehr hielt er sich zurück. Im Trubel des Kampfes, wenn die Bosse damit beschäftigt waren, die Rivalen zu verjagen, holte sich der Pavian unauffällig ein Weibchen und führte es von der Gruppe weg, um es zu begatten.

Kein Platz für Romantik oder Sinnlichkeit

Überhaupt die Liebe – gerade Amor ist der rücksichtsloseste aller Chicago-Gangster, wie Dawkins wohl sagen würde. Der gewöhnliche Mensch mag Sexualität als erregendes Spiel mit dem anderen Geschlecht sehen, das von Leidenschaft, Erotik, Gänsehautgefühlen und schließlich Vertrauen zueinander erzählt. Was jedoch die Nutzensbilanzen angeht, also die Sicht der Evolutionsbiologen, liegt der Liebe nichts ferner als ein sinnliches oder romantisches Miteinander. Stattdessen wütet, wie könnte es auch anders sein, eine seit Millionen und Milliarden von Jahren während Auseinandersetzung, bei der es nur um das Eine geht: Nein, nicht um Sex, sondern um das Durchsetzen der eigenen Interessen.

Die Konkurrenz beginnt schon bei der Größe der Keimzellen. Die Eier der Weibchen sind dadurch gekennzeichnet, dass sie – neben dem Erbmaterial – einen großen Energievorrat beherbergen. Die Samen der Männchen dagegen tragen – von einigen Kampfmitteln und einem effektiven Bewegungsapparat abgesehen – nur die Gene. Bei allen Lebewesen mit sexueller Fortpflanzung unterscheiden sich Mann und Frau in genau diesem Punkt. Die Größenverhältnisse sind aber auch aufgrund theoretischer Überlegungen der Spieltheorie zu erwarten. Warum, wird durch ein entsprechendes Gedankenexperiment des Egoismus rasch klar. Nehmen wir einmal an – was in grauer Vorzeit vielleicht sogar einmal Realität war –, beide Keimzellen wären gleich groß. Ein solches Verhältnis wäre nicht stabil, sondern anfällig für Unterwanderung: Den Vorteil besäße derjenige, der seine Fortpflanzungszelle ein wenig kleiner machen würde. Dieses Wesen, nennen wir es M, würde weniger Energie in die Zelle stecken. Sein Nachwuchs würde von dem Vorrat profitieren, den der nichtsahnende Partner W in seine Keimzelle gesteckt hätte – den Fötus mit einem großen Startkapital an Energie auszustatten, fördert dessen Überleben. M würde also einerseits an der Zelle von W parasitieren und hätte auf der anderen Seite Kapazität frei, mehr Zellen zur Fortpflanzung zu produzieren. Letzteres brächte den weiteren Vorteil, das sich auf diese Weise Ms Fortpflanzungserfolg verbessern würde. Die Folge? Die M auf der Welt mit kleineren Keimzellen würden sich auf Kosten der M mit den fairen, also gleich großen Zellen vermehren und diese verdrängen. M entstünden, die immer kleinere Keimzellen herstellten, dafür aber in großer Zahl. In langen Zeiträumen würden die M zu Männchen mit vielen Spermien und W blieben die Weibchen mit den dicken Eizellen. Es handelt sich dabei, so viele Biologen, um die evolutionär stabile Strategie.

Liebe ist Kampf

Beim Unterschied zwischen Spermien und Eizellen bleibt es allerdings nicht. Die Tatsache, dass die einen Geschlechtszellen »teuer« sind und die anderen »billig«, wirkt sich auch auf die Fortpflanzungsstrategie des männlichen und des weiblichen Geschlechts aus. Die Weibchen verfolgen ganz den Weg der Qualität, die Männchen den der Quantität. Was sie schon ins Ei investiert haben, setzen die Damen auch hinsichtlich der Zeit und der Fürsorge für ihren Nachwuchs fort.

Dass in diesem archaischen Hang zur Qualität das tiefere Motiv dafür liegen könnte, dass Frauen mehr auf gesunde Ernährung und Nachhaltigkeit in Umweltfragen setzen, wird gerne einmal ins Spiel gebracht, wir wollen einstweilen aber bei der Biologie bleiben.

Die Männchen dagegen kümmert es nicht weiter, was aus der Nachkommenschaft werden könnte, stattdessen ziehen sie gleich nach dem erfolgten und für sie wenig kostspieligen Akt unbekümmert zum nächsten Weibchen weiter, um erneut ihr Glück zu versuchen. Durch möglichst viele Sexualpartner mehren die Herren ihren Fortpflanzungserfolg am meisten – der untreue Ehemann oder Freund hat diese Version genauso verinnerlicht, wie es die allfälligen Sex- und Beziehungsgeschichten in den Zeitschriften zu erzählen wissen. Ob sie stichhaltig ist, wollen wir später untersuchen. Vorerst begnügen wir uns mit dem erneuten Verweis auf den Philosophen David Hume: Aus der Biologie lassen sich nicht einfach schnelle Rechtfertigungen ableiten, etwa mit dem Verweis auf die erprobten und fürs Überleben relevanten Praktiken der tierischen Verwandten. Aus dem Sein folgt nicht das Sollen, Menschen legen fest, was richtig ist und was falsch, nicht die Natur.

Die Verschiedenartigkeit ihrer Keimzellen und die unterschiedliche Fürsorge um den Nachwuchs ziehen einen weiteren gravierenden Unterschied nach sich, der in einen dauerhaften Konflikt mündet – was sonst: Männchen achten kaum darauf, mit wem sie sich paaren, nur so können sie das Diktat der Menge überhaupt erfüllen. Weibchen dagegen sind gezwungen, auch bei ihren Sexualpartnern das Kriterium der Qualität anzulegen. Sie suchen sich genau aus, mit wem sie sich einlassen, ihr Versuch muss sitzen. Sie mehren ihren Fortpflanzungserfolg nicht durch die Zahl der Paarungen am besten, sondern wenn sie die wenigen Sprösslinge, die sie gezeugt haben, großziehen.

Wieder bleibt es nicht dabei, wieder hat das Wählerische der Weibchen eine Konsequenz: Männchen konkurrieren nun untereinander um den Zugang zu ihnen, indem sie sich als die richtige Wahl zu präsentieren trachten. Es gibt von ihnen der Zahl nach genauso viele wie Weibchen. Man könnte sich nun, angesichts der verschiedenen Strategien, die Frage stellen, warum beide Geschlechter gleich stark vertreten sind. Erneut lautete die Antwort: Weil es sich um eine evolutionär stabile Strategie handelt. Gesetzt den Fall, es kämen 20 Weibchen auf ein Männchen und jedes würde also im Durchschnitt ebenso viele Geschlechtspartner begatten. Dann wäre es für die Eltern von Vorteil, ein Männchen zu produzieren, denn dieses wird überdurchschnittlich viele Nachkommen hinterlassen, sprich Weibchen begatten, und besonders viele eigene Gene in die Enkelgeneration tragen. Nach und nach würden mehr Männchen geboren werden, bis das Verhältnis der Geschlechter die bekannte Größe von 50:50 erreicht haben würde.

Dass Fortpflanzungserfolg für die Männchen nur über den Zugang zu den Weibchen erreichbar ist, erkannte schon Darwin und sprach von sexueller Zuchtwahl. »Die Zeit der Liebe ist die Zeit des Kampfes«, erklärte der Biologe, die typische Perspektive vorgebend. Er wunderte sich, warum im Tierreich die beiden Geschlechter ein derart unterschiedliches Aussehen besitzen. »Wenn die beiden Geschlechter voneinander in der äußeren Erscheinung abweichen, so ist es durch das ganze Tierreich hindurch das Männchen, welches ... hauptsächlich modifiziert worden ist.« Die Männchen sind bunt gefärbt, besitzen ein schmückendes Gefieder, einen kunstvollen Gesang, dicke Mähnen, ein mächtiges Geweih oder ein imposantes Gehörn, wie schon angesprochen.

Offenbar ist aber nicht die Anpassung an eine bestimmte Umwelt oder einen Fressfeind dafür verantwortlich. Wie etliche Untersuchungen nahelegen, besitzen die auffälligen Männchen mit ihrem Schmuck gar eine höhere Sterblichkeit. Nein, der ganze männliche Tand entstand erst durch die Auswahl, die Zuchtwahl, die Selektion, welche die sich zierenden Weibchen trafen. Weibchenwahl oder »female choice« heißt das Phänomen im Fachbegriff. Die Damen, so zumindest lautet die Theorie, ermitteln anhand seiner äußeren Merkmale die Qualität des brünstigen Bewerbers als Spender von Erbgut. Die Männchen beinahe aller Tiere besäßen »stärkere Leidenschaften« als die Weibchen, so Darwin. Weibchen seien dagegen schüchtern.

Die Schönheit der Tiere

Je ausladender, je mächtiger, je blendender die Aufbauten der Männchen, umso tüchtigere Gene stecken dahinter. Schließlich ist der tierische Schmuck, das hat er mit dem menschlichen gemein, nicht für nichts zu haben. Er ist kostspielig und es erfordert Gesundheit, Freiheit von Parasiten, einen guten Ernährungszustand, einen Überschuss an Zeit und Energie, mithin Durchsetzungskraft in der realen Umwelt, um sich die Verzierungen leisten zu können. Er ist damit ein indirektes Signal für die Tüchtigkeit des Bewerbers. Pfauenhennen werden durch den Anblick von Augenflecken im Rad des Hahns offenbar derart ihn den Bann gezogen, dass sie sich umso leichter hingeben, je mehr davon das Männchen besitzt. Der Paarungserfolg des Männchens steht daher positiv mit seinem Gefieder in Zusammenhang. Männliche Hirsche oder Rentiere, denen Forscher ihr Geweih abnahmen, sanken urplötzlich in der Hierarchie und damit ebenso ihre Chancen, bei den Weibchen zum Zug zu kommen.

Die Weibchenwahl scheint also für die Schönheit der Tiere verantwortlich zu sein. Andererseits lässt sie einen Widerspruch aufscheinen: Wie, so fragten sich schon die frühen Evolutionsbiologen, können Merkmale entstehen, wenn sie dem Überleben nicht direkt förderlich sind? Der Biologe und Statistiker Ronald Aylmer Fisher (1890–1962) hatte dafür eine Lösung parat, die bis heute akzeptiert ist. Demnach entstand das Gepränge der Männchen in einem Art Stufenprozess. Pfauenhennen besaßen womöglich einst eine Vorliebe für Hähne mit längeren Schwanzfedern, die gleichzeitig einen Vorteil beim Schutz vor Fressfeinden vermittelten, indem sie etwa die Beweglichkeit der Tiere bei der Flucht erhöhten.

So kam eine eigenständige Entwicklung in Gang: Weibchen mit Vorlieben für lange Schwanzfedern hinterließen mehr Söhne als andere Weibchen, weil diese den Jägern besser entkamen. Nach einer Zeit der Vergrößerung der Schwanzfedern über die für das Überleben optimale Länge hinaus greift die zweite Stufe des »Fisher-Prozesses«. Bei den Weibchen ist nunmehr das Auswahlkriterium fest etabliert. Die Hähne mit immer noch längeren oder bunteren Federn hinterlassen die meisten Zöglinge. Die Vorteile in der Gunst der Weibchen überwiegen jetzt die Nachteile in der Natur.

Eine alternative Erklärung bezieht den Nachteil von üppigem Schmuck in die Bilanz ein und reklamiert, dass gerade darin das entscheidende Signal bestehen könnte. Nur wer sonst absolut tüchtig sei, so soll in etwa die versteckte Botschaft an die Adresse der Damenwelt lauten, könne es sich leisten, mit dem Tand herumzulaufen und dennoch zu überleben. Dies entspricht der Aussage, die auch der Mensch mit Luxus und Zierwerk, wie Platinuhren oder teuren Sportwagen, verbindet: Nur die Stärksten vermögen sich das unnütze Zeug zu leisten, daher der Begriff des »Handikap-Prinzips«. So einleuchtend diese Erklärung sein mag, belastbare Beweise dafür sind leider Mangelware.

Eine dritte Hypothese schließlich geht davon aus, dass die Männchen die Vorlieben der Weibchen ausnutzen, die sich in einem ganz anderen Zusammenhang gebildet haben mögen. Wassermilben etwa locken Partnerinnen an, indem sie die Vibrationen imitieren, die ihre Beutetiere an der Oberfläche verursachen. Manche Fischweibchen werden von künstlich verlängerten Flossen angezogen, obwohl diese in der Natur nicht vorkommen. Die Verwandtschaft mit dem »Fisher-Prozess« ist unübersehbar.

Ein Rest an Unbehagen bleibt allerdings bei allen drei Theorien. Die Vorstellung, Nachteile beim Überleben in Kauf zu nehmen, wirft ein Problem auf, wenn man die Annahme vertritt, dass das

Gen nur den eigenen Fortpflanzungserfolg im »Sinn« hat. Die frühen Evolutionsbiologen bereits sahen es als heikel an, dass die Weibchen anhand von unwesentlichen Details feststellen könnten, wie »schön« das Männchen sei. Sie bezweifelten, dass der ästhetische Sinn bei Tieren derart entwickelt ist. Bei dieser Einschätzung mögen sexistische Motive eine Rolle gespielt haben. In der damals patriarchalischen Gesellschaft wollte der Mann (als Naturforscher) der Frau (zu Hause) wohl keine zentrale Rolle in der Evolution zugestehen. Doch auch heute noch ist eine wesentliche Frage mit diesem Punkt verknüpft: Können Weibchen tatsächlich den Träger der besten Gene anhand des äußeren Augenscheins identifizieren? Mancher Experte bezweifelt das.

Das große Rätsel Kooperation

Der Egoismus ist die universelle Metapher der Biologie, ihr globales Erklärungsmuster. Doch bleibt angesichts der scheinbaren Übermacht des Kampfes, des Tötens, der Konkurrenz, der Klauen blutig rot, wie der Dichter Tennyson und der Zoologe Dawkins schreiben, eine zentrale Frage ungeklärt: Wenn alle nur auf ihren eigenen Nutzen schielen, wie kann es dann sein, dass Lebewesen zusammenarbeiten, also zumindest vorübergehend den Eigennutz zurückstellen, um den anderen zu unterstützen? Worin besteht ihr Vorteil?

Vergesellschaftungen aller möglichen Couleur gibt es in der Biologie nicht nur, vielmehr sind sie weit verbreitet. Seien es nun lose Ansammlungen, wie etwa die Herden von pflanzenfressenden Säugetieren, Schwärme von Vögeln, Schulen von Fischen oder die engen Bande bei Sippen und Familien des Menschen. Hinzu kommen die sozialen Insekten, das legendärste Studienobjekt der Naturforscher. Ameisen, Bienen oder Wespen mit ihren straff organisierten Kolonien, in denen eine Handvoll bis Millionen von Mitgliedern leben. Bei den staatenbildenden Gliedertieren verrichten zahllose Individuen die Frondienste der Arbeit, füttern ihre Königin durch und verzichten obendrein auf das zentrale Ziel allen egoistischen Seins: die Fortpflanzung.

Um es vorwegzunehmen: Das Rätsel ist nicht befriedigend geklärt und stellt eine offene Flanke in der Theorie vom egoistischen Gen dar – wir werden darauf noch ausführlich zu sprechen kommen. Aber bis zu einem gewissen Grad lässt sich die Entstehung der Kooperation zwischen Individuen, die auf ihren Eigennutz achten, dennoch verstehen. Nämlich dann, wie man sich denken kann, wenn die Zusammenarbeit zu nichts anderem dient als dazu, die eigenen Gene zu verbreiten.

Der wissenschaftlichen Legende nach stieß John B. S. Haldane (1892–1964) auf die Lösung, als er in einem Wirtshaus gefragt wurde, ob er sein Leben hergeben würde, um einen Bruder zu retten. Der theoretische Biologe grübelte, rechnete, kritzelte einige Schmierzettel voll und kam sodann mit einer überraschenden Antwort daher: Nicht für einen Bruder würde er sein Leben opfern, entgegnete er mit vollem Ernst, sondern für zwei Brüder – oder entsprechend für acht Cousins.

Ein Dilemma, das anderen vielleicht schwere Gewissensbisse bereitet hätte, löste Haldane mathematisch. Nur dann kann ein Gen für Uneigennützigkeit in der Evolution Erfolg haben, so sein Gedankengang, wenn das korrespondierende Verhalten dazu führt, dass es sich häufiger verbreitet als das unmittelbar eigennützige. Dabei tut sich ein Widerspruch auf, der sich nur innerhalb von Verwandtschaften auflösen lässt. Brüder und Schwestern teilen beim Menschen im Durchschnitt 50 Prozent des Erbguts, ihre Gene sind also in diesem Maß identisch. Rechnerisch kann es also Sinn machen, dass eine Schwester anderen bis zur Selbstaufgabe hilft. Aber damit die Bilanz stimmt, sollten es mindestens zwei Geschwister sein, die überleben. Cousins sind zu 12,5 Prozent oder einem Achtel verwandt, folglich wären dafür acht Gerettete erforderlich. In der Familie oder unter Verwandten verschiedenen Grades konnte das egoistische Gen durchaus selbstlos agieren und dennoch sein Ziel, nämlich mehr Verbreitung, verfolgen.

Haldane publizierte die Idee 1955, doch es war der Biologe William D. Hamilton (1936–2000), der das Prinzip mathematisch formalisierte und damit als Entdecker der verwandtschaftlichen Zuchtwahl in die Wissenschaftsgeschichte einging. Auf seine Vorarbeiten wiederum stützte sich der Insektenforscher Edward O. Wilson von der Harvard University in Boston. In zwei umfangreichen, hohe Wellen schlagenden Werken (*Insect Societies*, 1971 und *Sociobiology: The New Synthesis*, 1975) beschrieb er das mannigfaltige soziale Verhalten – vor allem von Ameisen – mit der Theorie der verwandtschaftlichen Zuchtwahl. Die Individuen in einem Stock oder Bau arbeiten deswegen so eng und selbstlos zusammen, weil sie miteinander verwandt sind – in Wirklichkeit handeln sie ebenfalls egoistisch.

Altruismus war mithin als verdeckte Form des Egoismus demaskiert – und damit nicht nur entmystifiziert, sondern gleich komplett abgeschafft, wie Kritiker bald einwendeten. Denn nun bedeutete Selbstlosigkeit im Grunde nichts anderes als Egoismus. Und wo einst Platz für positive Werte wie Miteinander, Hilfsbereitschaft und Sympathie war, drohte sich nun soziale Kälte breitzumachen. Egoismus wurde damit als Urmotiv des Lebendigen beschrieben. Die Soziobiologen entwickelten die Hypothesen Spencers weiter – so verstanden es zumindest ihre Gegner.

Dass Vorstellungen vom Egoismus als elementarer Triebkraft der Gesellschaft hitzige Debatten auslösen würden und sich Wilson persönlich heftiger Angriffe ausgesetzt sah, versteht sich fast von selbst. Den einen kam die Botschaft vom totalen Egoismus und von der zentralen Rolle des Individuums gerade recht, um im Kalten Krieg, im Kampf zwischen Ost und West, die Überlegenheit des Kapitalismus über den Kommunismus als gleichsam naturgesetzlich zu begründen. Die anderen verteufelten die neue Lehre gerade deswegen: Wenn vom Sein auf das Sollen geschlossen werde, zementiere das die Ungerechtigkeiten, die der Kapitalismus erzeuge, verhindere sozialen Ausgleich und betrachte die menschliche Natur nicht nur als egoistisch, sondern aufgrund ihrer fixen genetischen Disposition auch noch als hoffnungslos egoistisch.

In den USA, wo die Lehren des Reformators Johannes Calvin (1509–1564), wonach das Schicksal des Menschen festgelegt sei und nur von der Gnade Gottes abhänge, eine Art Küchenpsychologie begründeten, fiel die Soziobiologie auf besonders fruchtbaren Boden. Geld zu verdienen, hieß es dort gerne einmal von erfolgreichen Geschäftsleuten, sei der Gunstbeweis Gottes.

Enge Familienbande im Insektenstaat

Es sind ihre einzigartigen Verwandtschaftsverhältnisse, die Insektenstaaten zusammenhalten, so lautet die Überzeugung der Soziobiologie. Bei Ameisen, Bienen und Wespen zum Beispiel sind die Arbeiterinnen nicht nur einfach Geschwister, die, wie beim Menschen, im Mittel die Hälfte aller ihrer Gene teilen. Zumindest einige der Staaten bestehen aus Super-Geschwistern: Weibliche Individuen sind untereinander zu 75 Prozent verwandt, zu ihren Brüdern jedoch nur zu 25 Prozent. Verantwortlich dafür ist ein Unterschied im Chromosomensatz der beiden Geschlechter. Weibchen besitzen zwei Sätze, Männchen nur einen. Paart sich die Königin mit ihrem Gatten, dem König, kann sein Sperma nur zu einem Viertel zur Befruchtung der Eier beitragen.

Diese – nur für den Menschen – ungewöhnliche Situation hat zur Folge, dass im Staat nur Super-Geschwister aufeinandertreffen – so lautet die Theorie. Für sie wäre es nicht sinnvoll, in Konkurrenz zu treten. Stattdessen sind die Grenzen zwischen Selbstlosigkeit und Eigennutz völlig verwischt. Was ein Wesen für das andere unternimmt, das tut es gleichsam für es selbst. Die Motivation, sich selbst fortzupflanzen, hält sich in Grenzen, denn zum eigenen Nachwuchs wäre eine Arbeiterin nur mit 50 Prozent verwandt – deutlich weniger als mit seinen Super-Geschwistern. Arbeiterinnen besitzen zwar häufig noch Ovarien, legen aber in der Regel keine Eier mehr.

Die Vermehrung der eigenen Gene ist stattdessen dadurch am besten gewährleistet, dass ein Individuum die anderen und das Staatengebilde trägt und im Endeffekt die Königin bei ihrer Fortpflanzung unterstützt – prompt ist der Altruismus kein schwer zu erklärendes Phänomen mehr. Die Uneigennützigkeit, so lautet Hamiltons Regel der Verwandten- oder Sippenselektion, stellt dann eine erfolgreiche Strategie dar, wenn der Nutzen für den Helfer größer ist als die Kosten, die ihm dabei entstehen. Daher hält ein Insektenstaat besser zusammen, je stärker die Bürgerinnen miteinander verwandt sind. Männchen oder andere weniger verwandte Individuen würden da nur stören.

Stellt sich nur die Frage, woher die Insekten um all die Zusammenhänge wissen und nicht dennoch in Egoismus verfallen? Schließlich kann ein Individuum auch gegenüber seinem Geschwister eigensinnig sein – Brudermorde in der menschlichen Geschichte sowie Geschwisterzank, von denen alle Eltern berichten können, legen davon Zeugnis ab. Doch um evolutionär erfolgreich zu sein, ist Einsicht in die Konsequenz der eigenen Taten nicht unbedingt erforderlich. Es genügt für ein Individuum, nach einer Strategie oder einer Art Programm zu handeln, ohne notgedrungen zu erkennen, also bewusst einzusehen, dass dieses besser ist als ein anderes. Das »Erkennen« hat die Evolution in den Millionen von Jahren der Auslese vorweggenommen und durch Instinkte, Neigungen oder Prädispositionen ersetzt. Kein Fisch weiß, wie er am besten durchs Wasser gleitet, kein Vogel, wie Federn in der Luft tragen – und doch sind Flossen und Flügel optimal an die jeweiligen Bedürfnisse der Tiere angepasst.

Bruderzwist in der Natur

Wenn Geschwister sich zanken, so kann das aus der Sicht der Evolution durchaus sinnvoll sein. Sie kämpfen darum, solange sie sich nicht selbst ihre Nahrung suchen und sich fortpflanzen, mehr Ressourcen der Eltern auf sich selbst zu vereinigen, wie Robert

Trivers von der Rutgers University in New Brunswick feststellte. Der renommierte Soziobiologe und Mitglied der Black Panthers meinte, dass die Eltern und ihre Nachkommen in einem Konflikt stünden – ganz dem Grundmuster der Dawkinsschen »Zähne und Klauen blutig rot«-Lehre entsprechend. Die Jungtiere würden auf egoistische Weise die Mittel ihrer Versorger auszubeuten versuchten. Weil sie den Alten meist physisch unterlegen seien, müssten sie aber zu Tricks greifen.

Zu besichtigen sind diese in jedem Vogelnest, in dem die Küken ihre Schnäbel aufreißen und durch Lautäußerungen auf sich aufmerksam zu machen versuchen, kommt ein Elterntier mit Nahrung an. Die Intensität des Bettelns muss nicht ihren wirklichen Bedürfnissen entsprechen, sondern kann der Gier entspringen. Wer mehr Würmer bekommt, wächst schneller, wird stärker und kann selbst mehr Nachfahren produzieren als ein Schwächling.

Und die Eltern? Sie sollten, denkt man, ein Interesse haben, ihre Fürsorge auf alle Sprösslinge gleich zu verteilen, schließlich erhöhten sie so die Fitness aller am leichtesten. Allerdings gilt diese Aussage nur, solange sie genug Nahrung auftreiben – was in der Natur nicht unbedingt der Fall sein muss. So beobachten Biologen, dass die Erzeuger den Konkurrenzkampf unter ihren Jungen nicht unbedingt begrenzen, sondern eher geschehen lassen. Er könnte ihnen, vermuten sie, als Korrektiv dienen, um die Größe ihrer Brut auf das zu bewältigende Maß zu reduzieren. Beim Tölpel ist in 90 Prozent der Fälle das jüngste Geschwister dem Tode geweiht, es verhungert entweder oder wird von den älteren umgebracht – auch im Nest überleben nur die Tüchtigsten.

Wie du mir, so ich dir

Was aber passiert, wenn die genetische Nähe in einer sozialen Gemeinschaft zurückgeht und sich zwei oder mehrere Fremde in Interaktionen gegenübersehen? Wie schon gesagt, in der Natur sind Versammlungen zwischen nicht verwandten Individuen häufig: Zwei Elterntiere müssen zusammenfinden, um, ganz nüchtern formuliert, das Geschäft mit dem Nachwuchs zu besorgen. Wolf- oder Löwenrudel jagen geschlossen. Fische und Vögel bilden mehr oder weniger lose Schwärme, Pflanzenfresser Herden, um sich etwa vor Fressfeinden zu schützen oder gemeinsam auf Wanderschaft zu gehen. Affen formen Koalitionen und Bündnisse, um sich in der Rangordnung zu behaupten.

All den Vergesellschaftungen setzt der Mensch gleichsam die Krone auf. Der Homo sapiens kennt Freundschaften, Bruder- wie Schwesterschaften, selbstlose Helfer, Jugendgruppen, die sich zum Zeitvertreib vereinigen und wieder zerfallen, sowie verschworene Gemeinschaften, die nicht nur die nächste Mahlzeit, den nächsten Bankraub im Auge haben, sondern mit Ausdauer auf ein irgendwie gutes Fernziel hinarbeiten. Wie kann es zu solchen Kooperationen kommen, wenn alle doch nur entweder sich selbst oder nahen Verwandten helfen wollen?

Das Problem beschäftigte in seinen Grundzügen schon Darwin – ohne dass er zu einer Lösung gelangt wäre. In *Die Abstammung des Menschen* (1871) schrieb er: »Es darf nicht vergessen werden, dass ein hoher moralischer Standard jedem einzelnen Menschen keinen oder nur einen geringen Vorteil gegenüber anderen im gleichen Stamm verschafft ... eine Verbesserung des moralischen Standards wird gleichwohl dem einen Stamm über dem anderen zu einen ungeheuren Vorteil verhelfen.« Anders und etwas kompakter gewendet: Innerhalb einer Gruppe werden die Egoisten die Selbstlosen der Zahl nach bald ausstechen, sodass keine altruistischen Gruppen entstehen können. Dagegen werden altruistische Gruppen den egoistischen deutlich überlegen sein – ein fundamentaler Widerspruch. Die Hilfsbereitschaft mag wohl ein Vorteil sein, der im Großen mehr Profit für alle verspricht, nur liegen die Hürden dafür so hoch, dass offenbar keiner sie überwinden kann. Der kritische Punkt ist der alte: Wenn alle mitmachen, funktioniert das Miteinander, aber es machen nicht alle mit, weil immer der subversive Egoismus sich auszubreiten droht. Das Problem ist bis heute ungelöst.

Darwin ging davon aus, dass Gruppen als geschlossene Einheiten miteinander konkurrieren und so den Angriffspunkt der Evolution darstellen. Als Beispiel dafür betrachtete er staatenbildende Ameisen – wie etwa auch der Soziobiologe Edward O. Wilson heute. In ihrer Mehrheit sind die Forscher dagegen aktuell der Meinung, dass am egoistischen Gen und nicht an der Gruppe alle Überlegungen zum Fortpflanzungserfolg anzusetzen seien. Wer recht behalten wird, ist völlig offen, das Thema wird in Fachkreisen außerordentlich kontrovers diskutiert. Dabei stehen beide Lager vor der gleichen, schwierigen Frage: Unter welchen Umständen kooperieren Individuen, und wie bleibt die Kooperation erhalten?

Die Antwort, könnte man meinen, ist ganz einfach: wenn beide von der Zusammenarbeit einen Vorteil davontragen. Gesetzt den Fall, Löwin A hetzt zusammen mit einer Artgenossin B eine Antilope. A greift die Beute, beißt sie tot. Bevor die Räuberin aber das Tier frisst, gesteht sie B ihren Anteil zu, als Belohnung für die Hilfsdienste sozusagen (in Wirklichkeit macht sich der männliche Löwe zuerst ans Mahl, aber das können wir für den untersuchten Aspekt vernachlässigen). Einer egoistischen Löwin A bliebe indes mehr für sich selbst und ihre Jungen übrig, würde sie B die Zuteilung verweigern. Dies hätte jedoch den Nachteil, dass B vermutlich beim nächsten Mal nicht mehr assistieren würde. In diesem Fall wären beide Löwinnen schlechter dran.

Vermeintliche tierische Tauschbörsen

»Ich helfe dir und du hilfst mir« könnte also eine grundlegende Ausprägung dessen sein, wie Uneigennützigkeit funktioniert. Die typische Form dieses »reziproken Altruismus«, wie die wechselseitige Selbstlosigkeit im Fachbegriff heißt, dürfte beim Lausen von Primaten vorliegen. Zunächst reinigt der eine das Fell des anderen von Parasiten oder Verunreinigungen, anschließend gibt der Empfänger die Vergünstigung zurück.

Auf dem Papier entworfen wurde das Modell von dem Evolutionsbiologen Robert Trivers. Der reziproke, also wechselseitige Altruismus umfasst eine Kooperation zwischen Mitgliedern derselben oder verschiedener Spezies. Nicht notwendig muss sich die Zusammenarbeit auf zwei Individuen beziehen, sondern kann eine Gruppe einschließen, in der eine Zuwendung von Subjekt zu Subjekt wandert, um am Ende wieder beim Initiator anzukommen. Affen, die im Kreis sitzen und sich das Fell reinigen, würden reziproken Altruismus betreiben. Zudem muss es sich nicht dringend um ein und dasselbe Gut handeln, das den Nutznießer wechselt. Fleischgeschenke können mit Sex oder Unterstützung bei Streitereien vergolten werden.

Seitdem Trivers seine theoretischen Vorstellungen veröffentlichte, beschreiben die Forscher praktische Beispiele dafür – zumindest sind sie davon überzeugt. Unter den Primaten wollen sie regelrechte Tauschbörsen ausgemacht haben – die Wissenschaftler haben es sich angewöhnt, die Kooperationen der Tiere in der Terminologie menschlichen Wirtschaftens wiederzugeben. Das Lausen, erklären sie, sei bei den Handelsbeziehungen gleichsam eine Leitwährung. Wer diese Handreichung erbringe, könne dafür Futter, Sex oder mehr Toleranz bei der Rangordnung erwerben. Wer wie viel wofür bezahlt, das hängt von Angebot und Nachfrage ab – wie an der richtigen Börse, heißt es.

Auch entsprechende Versuche stellen sie an. Einmal entfernte ein Forscherteam von der Singapurer Nanyang Technological University mehrere Weibchen aus einem Clan von Makaken. Diese »Ressourcenverknappung« hatte zur Folge, dass die Herren für Sex nicht mehr nur acht wie bei einer Parität der Geschlechter, sondern 16 Minuten Fellpflege »berappen« mussten. In einem anderen Experiment brachten Ethologen einem Weibchen als einzigem Mitglied in einer Gruppe von Grünen Meerkatzen bei, wie es Nahrung aus einer Kiste entnehmen konnte. Die Artgenossen reagierten, indem sie das Weibchen deutlich öfter lausten als zuvor. Nun platzierten die Forscher eine weitere Futterkiste und zeigten einem zweiten Weibchen, wie diese zu öffnen war. Daraufhin erhöhte sich die Beliebtheit dieses Tieres, gemessen in Fellpflege-Einheiten, diejenige des ersten Weibchens ging zurück.

In den Berichten der Wissenschaftler wird verhandelt, gehandelt, kompensiert, gewechselt, bezahlt. Es fallen Vokabeln wie Schulden, Güter, Währungen, Zahlungen, und es gibt einen Markt, in dem sich das alles wie selbstverständlich abspielt. Selbst Begriffe wie Prostitution sind gebräuchlich.

Wen an dieser Darstellung stört, dass mit dem Börsenvergleich tierisches Verhalten allzu sehr vermenschlicht und damit verfälscht wird, befindet sich in guter Gesellschaft. Denn einige Wissenschaftler kritisieren, dass Trivers' Konzept vom reziproken Altruismus zwar als Theorie stimmig sein mag, in Wirklichkeit würden sich Tiere aber nicht entsprechend verhalten. Das Muster vom »Wie du mir, so ich dir« würden sie nur deswegen so häufig in der Natur erkennen, weil es als Metapher so überzeugend sei. Es sind also womöglich mehr überzeugende Erzählungen als Daten, die manche Wissenschaftler abliefern.

Mangelnde und mangelhafte Feldforschung

Tatsächlich ist die Feldforschung, die reziproken Altruismus überzeugend nachweist, rar – so schön Trivers' Theorie auch sein mag. Erliegen die Wissenschaftler etwa der Versuchung, ein Konzept in der Natur wiederzufinden, das auf dem Papier so herrlich sinnvoll erscheint? Der Verdacht liegt nahe.

Der Zoologe Tim Clutton-Brock von der Universität Cambridge in England, einer der Doyens seines Fachs, benannte in einem umfangreichen aktuellen Fachartikel die entscheidenden Nachlässigkeiten der Wissenschaftler. Die Kritik ist so grundlegend, dass man sich als Beobachter nur wundern kann, wie Forscher über Jahre hinweg es an Gründlichkeit derart vermissen lassen konnten. Zum Beispiel sollten sie endlich nachweisen, dass die Individuen sich tatsächlich gegenseitig und wiederholt unterstützen. Zudem, kritisierte Clutton-Brook, wäre zu klären, ob die Häufigkeit, mit der eine Partei gibt, der Häufigkeit entspricht, mit der sie nimmt. Drittens, ob das kooperative Verhalten tatsächlich immer mit eigenen Nachteilen verbunden ist und für den Empfänger auf der anderen Seite mit Fitnessvorteilen – als solche zählen die Nachkommen in der nächsten Generation und nicht einfach nur die Zahl der Sexualkontakte. Schließlich, kritisierte Clutton-Brook, sollten die Autoren belegen, dass es sich bei den Kooperationspartnern in Wirklichkeit nicht um Verwandte handele. Den Kreaturen sieht man es schließlich nicht an, wer wessen Onkel, Tante oder Enkel ist, und gerade in großen Affen- oder Primatensippen können die Verhältnisse recht unübersichtlich sein.

Clutton-Brook liest in seinem Beitrag den Feldforschern gehörig die Leviten. Selbst die als klassisch geltenden und in den Artikeln immer und immer wieder zitierten Standardbeispiele für den reziproken Altruismus wollte er nicht ohne Weiteres mehr gelten lassen. Etwa die Vampirfledermäuse. Die Flattertiere teilen ihre Nahrung, nämlich Blut. Doch nie wurde unzweifelhaft nachgewiesen, dass Geber später häufiger etwas zurückbekommen als solche, die geizig waren. Oder Paviane, die oft eine gewisse Gerissenheit an den Tag legen. Wenn die Tiere Koalitionen unter Männern bilden, um Geschlechtspartner von ihren Rivalen zu rauben, muss das nicht heißen, dass sich dadurch gleich ihr Fortpflanzungserfolg erhöht. Eine einfachere Erklärung läge darin, dass die Primaten unmittelbare Vorteile in der Rangordnung erlangen, indem sie die Angriffe auf ihre Gegner synchronisieren.

Die Verhältnisse sind in der Wirklichkeit eben weitaus komplizierter, als sie auf dem Papier scheinen – das betrifft auch die Insektenstaaten. Deren Mitglieder sind nämlich gar nicht immer so ideal miteinander verwandt, wie das Hamiltons Gleichungen gerne hätten. Es kann in einem Gemeinwesen mehrere Königinnen geben, die sich genetisch fremd sind, und dazu Kohorten von

Arbeiterinnen ganz unterschiedlichen Verwandtschaftsgrades. Ein extremes Beispiel stellt eine Kolonie Roter Waldameisen in einer Küstenebene der japanischen Nordinsel Hokkaido dar. Dort leben 306 Millionen Arbeiterinnen mit einer Million Königinnen in 45 000 verschiedenen, doch miteinander verbundenen Nestern auf einer Fläche von 2,7 Quadratkilometern. Trotz der ungeordneten Verhältnisse ist das Gemeinwesen stabil.

In manchen Staaten paart sich die Königin mit bis zu 20 Männchen. Dies reduziert die durchschnittliche genetische Nähe der Arbeiterinnen auf 0,375, sie liegen also irgendwo zwischen Schwestern und Cousinen – und dennoch funktioniert der Staat. Wobei die Wissenschaftler registrieren, dass durchaus sozialer Druck erforderlich ist, dass wirklich alle sich dem Großen und Ganzen unterordnen. Nicht selten bestrafen die Königinnen oder das Heer der Schwestern eine Arbeiterin, wenn sie selbst Eier legt, also den gemeinsamen Pfad zu verlassen sucht. Sie agieren dabei wie eine Art Polizeitrupp, der die Brut des Weibchens frisst oder zerstört. Daneben ist die Futterzuteilung ein Weg, um Zwang auszuüben. Wer wenig Nahrung bekommt, wird zu einer mickrigen, schwachen Gesellin und hat nicht mehr die Energie, sich fortzupflanzen. Wer viel zu fressen erhält, steigt dagegen in der sozialen Rangordnung und kann es in manchen Staaten gar selbst zur Königin bringen. War die Überwachung in einem Gemeinwesen ausgeprägter, waren weniger einzelne Tiere geneigt, eigene Eier zu legen.

Gleichen die Strukturen sozialer Insekten also mehr einem Polizeistaat statt einer harmonischen Schwesternschaft emsiger Arbeiterinnen? Oder kooperieren die Insekten – zumindest zu einem nennenswerten Teil – deswegen, weil die Vorteile, die daraus entspringen, einfach überwältigend sind?

Die unlogische Homosexualität

Aus der Sicht des egoistischen Gens sind diese Fragen kaum zu beantworten. Das liegt aber nicht nur an der Schwierigkeit, die entsprechenden Daten zu erheben. Offenbar vermag die Theorie den Wert des Kooperation, oder sagen wir ruhig einmal: der Freundschaft, nicht genügend in ihre nüchterne, auf Kalkül und Vorteilschaft beruhende Rechnung mit einzubeziehen. Und so wie Lorenz' Vorstellung von der Erhaltung der Art ihren Todesstoß durch Berichte erfuhr, die – wir erinnern uns – von einem Kindermord der Serengeti-Löwen erzählten, so existiert auch für das Konzept des Dawkinsschen Gen-Egoismus eine verflixte, eine alles umwerfende Beobachtung, die sich überhaupt nicht in dessen Rahmen fügen lässt. Sie heißt Homosexualität.

Gerade die Tatsache, dass Männer mit Männer oder Frauen mit Frauen Sex haben und daraus keine Kinder entstehen können, diente und dient Wertkonservativen oder Gläubigen sehr häufig als Argument, dass ein solches Verhalten abartig, widernatürlich sei. Lange Zeit galt Homosexualität auch in Deutschland als gesetzeswidrig. Die katholische Kirche grenzt sie bis heute aus. Schwule und Lesben, heißt es, seien ein durch die verderbliche Wirkung der Zivilisation entstandener Sonderfall, ein Zeichen der Degeneriertheit des Menschen – Philosoph Rousseau lässt freundlich grüßen. Die Tiere würden sich dergleichen Verschwendung nicht leisten können. In der Natur komme es darauf an, seine Energie auf die Zeugung und die Aufzucht der Kinder zu verwenden, sonst sei man flugs weg vom Fenster. Ein Verhalten, das den Regeln der Biologie zuwiderlaufe, sei nicht überlebensfähig, würde sich selbst rasch ausrotten.

Nichts dergleichen ist stichhaltig. Weder sind die Serengeti-Löwen abartig noch die Homosexuellen. Und wer dafür Vorbilder in der Natur braucht, dem sei gesagt: Gleichgeschlechtlicher Sex existiert nicht nur beim Menschen und irgendwelchen vermeintlich unbedeutenden Bonobo-Schimpansen im Urwald. Er ist kein Sonderfall einer degenerierten Natur, sondern Teil der biologischen Normalität. Nein, Homosexualität ist sehr weit verbreitet und wurde mittlerweile bei mehr als 300 verschiedenen Arten von Wirbeltieren nachgewiesen. Die Beobachtungen sind in den wichtigsten Fachmagazinen bestens dokumentiert und umfassen Reptilien und Vögel, Säugetiere wie Giraffen, Elefanten, Delfine, Wale, Schafe, Affen und die schon genannten Bonobos. Die Wirklichkeit ist weitaus vielfältiger, als es sich Theoretiker und Ideologen des Egoismus in ihren Studierstuben träumen lassen.

Aber worin besteht ihr Sinn? Wieso haben Bonobo-Weibchen miteinander Sex, wieso umschwärmen sich männliche Delfine? Wie können solche Strategien überleben, wenn sie doch notgedrungen unfruchtbar bleiben müssen? Die Lösung liegt wohl in der biologischen Rolle der Sexualität. Könnte es sein, trauen sich nunmehr einige mutige Biologen zu fragen, dass ihre Funktion *nicht nur* in dem Akt der Befruchtung besteht, also das Ei mit dem Spermium zu verschmelzen?

Sehr wohl, meint etwa Joan Roughgarden von der Stanford University. »Umfassende Homosexualität in der Natur«, erklärt die Evolutionsbiologin, »verträgt sich sehr gut mit der Idee, dass die Rolle der Sexualität zumeist darin besteht, Bindungen zwischen Tieren zu unterstützen, die das soziale System umfassen, innerhalb dessen Nachwuchs großgezogen wird.« Das ist etwas umständlich ausgedrückt, aber exakt, und heißt nichts anderes als: Sex ist nicht nur biologisch, sondern sehr wohl auch sozial zu verstehen – und zwar bei Menschen wie Tieren. Die Intimität verstärkt die Bindung zwischen den Partnern, die ihren Nachwuchs in einer Gruppe aufziehen. Jeder Mensch hat das selbst schon einmal erlebt, jeder spürt das instinktiv. Eigentlich ganz einfach: Sexualität bildet ein Wir heraus. Nur übersah die Theorie vom egoistischen Gen den sozialen Aspekt und tat dergleichen als romantisches Gedöns ab, als Gefühlsduselei.

Überhaupt, meint Roughgarden, seien die Gene keineswegs nur rücksichtslos auf ihren Eigennutz aus. Der Dawkinsschen Metapher hält sie standhaft ihre eigene vom netten, vom freundlichen, vom geselligen Gen entgegen. So nannte die Biologin auch ihr im Jahr 2009 erschienenes Buch *The Genial Gene*. Tiere, verkündet darin die Wissenschaftlerin, gestützt auf eine ungeheure Menge von Daten, seien keine Automaten, keine radikalen Maximierer ihres eigenen Nutzens. Keine Wesen, die nichts im Sinn hätten, als den anderen zu betrügen. Stattdessen sei das soziale Miteinander und Kooperation der Rahmen, in dem die Evolution verstanden werden müsse.

Bahnt sich in der Wissenschaft eine Zeitwende an? Nach Jahrhunderten, in denen der Mensch in der Natur fast ausschließlich seine dunklen, seine aggressiven Seite wiedererkannte, scheint endlich das Wir in den Mittelpunkt zu rücken. Kooperation wird zum entscheidenden Thema – statt Krieg, Kampf und Konkurrenz.

Kapitel 3

Ein Freund, ein guter Freund

Sie hat langes, rotblondes, leicht zur Seite gescheiteltes Haar. Dazu trägt sie eine eng geschnittene, orangefarbene Jacke asiatischen Stils mit applizierten Schriftzeichen, eingenähten Taschen und Stehkragen. Dazu Jeans und helle Turnschuhe. Sie ist groß und nicht gerade zierlich. Aufrecht geht sie, aber nicht ausgreifend, eher ein bisschen tippelnd. Über ihre Schulter baumelt eine Handtasche. Menschen, die ihr auf dem weitläufigen Areal der Biowissenschaften der Universität Stanford unter den gigantischen Palmen begegnen, grüßen sie freundlich. Sie sagen: »Hi, Joan!«, lächeln kurz und gehen weiter. Die Angesprochene erwidert oder nickt und setzt ebenfalls ihren Weg fort.

Welche herrliche Normalität! Für Joan Roughgarden, Jahrgang 1946, meint das ihr Leben als Frau. Denn 52 Lebensjahre lang hieß sie nicht Joan, sondern Jonathan – und sie war ein Mann. Dann, im Jahr 1996, entschloss er sich, die zu werden, die er seinen Gefühlen nach bereits war. Jonathan beantragte ein Urlaubssemester, um seinen Körper umbilden zu lassen. Und nannte sich fortan Joan.

Die Rückkehr an die Universität im Frühjahr 1999 wuchs sich zu einem regelrechten Skandal aus. Die Geschlechtszugehörigkeit zu wechseln stellt die soziale Umwelt offenbar vor erhebliche Probleme. Einige Kollegen kamen mit dem Wechsel von Roughgardens Identität nicht zurecht, und sie wurde, wie sie sagt, diskriminiert. Die Leitung eines renommierten Projektes sollte sie abgeben. Ein männlicher Kollege riet ihr hämisch, doch bitte der Versuchung zu widerstehen, ihre Forschungen auf das geistige Niveau von Frauen herunterzuschrauben. Selbst ihre Stelle als Professorin stand auf dem Spiel, versichert sie. Weggehen und in einem anderen Umfeld, wo sie niemand kannte, neu beginnen, wie so viele andere Transsexuelle, konnte sie nicht. Schließlich verdankte sie ihren exzellenten fachlichen Ruf als Joan den unter Jonathan erfolgten Veröffentlichungen. Also blieb sie, kämpfte – und konnte ihren Job behalten, nachdem sie Condoleezza Rice eingeschaltet hatte. Die nachmalige US-Außenministerin war zu dieser Zeit Verwaltungschefin an der Universität von Stanford.

In ihrer Laufbahn hatte Roughgarden verschiedene Felder beackert. Sie forschte an Rankenfüßern, das sind zumeist festsitzende Krebse wie Seepocken oder Entenmuscheln, sowie an karibischen Eidechsen. Es ging ihr dabei um Fragestellungen der Ökologie und der Evolution. Zu ihrem Erweckungserlebnis wurde eine Teilnahme an einer Schwulenparade in San Francisco kurz vor ihrer Geschlechtsumwandlung. Die schiere Anzahl der Lesben, Schwulen, Bi- und Transsexuellen muss sie überwältigt haben. Da gingen Leute auf die Straße, um für die Akzeptanz ihrer Gefühle und ihre sexuelle Orientierung zu werben. Menschen, die es der Biologie zufolge eigentlich nicht geben durfte, theoretische Zombies, wenn man so will.

»Ich fing an, mir einige bedeutende Fragen zu stellen«, erzählt Roughgarden in ruhigem Tonfall. Und der Mann, der sich anschickte, eine Frau zu werden, stellte die jahrhundertealte Rhetorik von Kampf und Krieg komplett infrage und setzte an ihre Stelle: Kooperation.

Wenn der Sinn der Sexualität darin besteht, sich fortzupflanzen, warum gibt es dann einen solchen Menschenauflauf? Wenn die Evolutionslehre die Homosexualität als eine Anomalie ansieht, eine Abweichung von der Norm, und wenn Erziehung oder eine Entwicklungsstörung diese vermeintliche Fehlorientierung ausgelöst haben, warum hat dann die belebte Natur dies in den

Jahrmillionen ihres Werdens nicht schon längst korrigiert? So lauteten Roughgardens ganz persönliche Fragen, die indes weit über ihre Person hinausreichten. Die Antwort suchte die Wissenschaftlerin auf der Seite der Aktivisten, deren Demonstration sie begleitete – und sie nahm einen entschieden menschenfreundlichen Ausgangspunkt ein:»Wenn eine wissenschaftliche Theorie besagt, dass mit so vielen Menschen etwas nicht stimmt, dann liegt das womöglich an der Theorie, nicht an den Leuten.« Dies war der Startschuss für ihre Arbeit.

Die Lebewesen treiben es wild – manche gar nicht

In ihrem ersten Buch als Frau, *Evolution's Rainbow* (»Der Regenbogen der Evolution«), beschäftigte sich die Biologin mit dem Reichtum der Geschlechter und Geschlechterrollen im Tierreich. Zwischen dem Amazonas-Urwald und dem Südpazifik, an Flussläufen in Nordamerika, in den Bergen des Kaukasus und des Armenischen Hochlandes existieren zahlreiche Tierarten, zumeist Eidechsen, bei denen es die übliche Aufteilung in Mann und Frau nicht gibt, sondern nur Weibchen existieren. Was in unserer durchsexualisierten Gesellschaft von besonderem Interesse sein dürfte: Sie leben völlig asexuell. Bei manchen Arten gibt es drei Geschlechter, nämlich zwei Sorten von Weibchen und ein Männchen. Unter den Damen sind solche zu finden, die sich zum Zweck der Fortpflanzung mit einem Herrn paaren, und solche, die das lassen. Zu Letzteren gehören zum Beispiel manche Grashüpfer, Heuschrecken, Motten, Mücken, Schaben, Fruchtfliegen, Bienen unter den Insekten und Truthennen sowie einige Hühnervögel unter den Wirbeltieren.

Nicht bloß groß, sondern gigantisch ist das, was an sexueller Vielfalt unter der Sonne seinen Platz findet. Unter den Pflanzen sind die meisten Lebewesen Hermaphroditen oder Zwitter, also gleichzeitig Weibchen und Männchen. Nur 6 Prozent weisen zwei klar getrennte Typen auf. Im Tierreich sind die Verhältnisse umgekehrt; mehr als 90 Prozent sind zweigeschlechtlich, wobei die artenreichste Klasse der Insekten fast nur weibliche und männliche Formen kennen. »Was also ist normal?«, fragt Roughgarden lakonisch. In der Natur gibt es kaum Kategorien, nur einen »Regenbogen im Regenbogen im Regenbogen«. Alles andere, meint sie, seien soziale, also von Menschen gemachte Konstrukte. Auch die Form der Partnerbeziehungen ist zügellos, hemmungslos, geradezu orgiastisch. Von der Vielmännerei über die Vielweiberei bis hin zu locker oder streng monogamen Verhältnissen findet sich vieles in der Natur. Da wird es kaum mehr verwundern, dass Homosexualität im Tierreich alles andere als Teufelszeug ist. Oder, wie Evolutionsbiologen vielleicht sagen würden, eine Anomalie. Roughgarden machte bei ihren Recherchen Hunderte von Arten ausfindig, für die gleichgeschlechtlicher Sex nicht nur das Normalste der Welt darstellt, sondern im Gegenteil unabdinglich war für das Funktionieren ihrer Gesellschaft. Die Schwulen und die Lesben unter den Tieren halten den Laden zusammen.

Schwule und lesbische Gemeinden

Zum Beispiel Dickhornschafe. Die Männchen der in Nordamerika heimischen Wiederkäuer leben richtiggehend in homosexuellen Gruppen. Sie lecken sich gegenseitig an den Genitalien und pflegen Analverkehr mit »normalen« Samenergüssen. Dieses Verhalten dient der sozialen Bindung, konstatierte Roughgarden. Männchen, die sich weigern mitzumachen, werden aus der Gemeinschaft ausgeschlossen.

Giraffenbullen halten wahre homosexuelle Orgien ab. Wobei natürlich die Frage auftaucht, ob man solche Tiere als »homosexuell« oder »schwul« bezeichnen darf. Jedenfalls tun es ihnen Delfine, Orcas und Seekühe nach. Japanmakaken dagegen pflegen lesbische Liebesbeziehungen und besteigen sich regelmäßig gegenseitig. Ebenso die Bonobo-Weibchen, die eine gewisse Unersättlichkeit auszeichnet: Im Durchschnitt finden sie sich alle zwei

Stunden zum Geschlechtsverkehr zusammen. Das Gesicht einander zugewandt, umschlingen sie sich mit ihren Armen und Beinen und reiben ihre Genitalien aneinander, die auch anatomisch eine relativ frontale Stellung einnehmen. Das Ganze scheint ihnen Spaß zu machen, denn sie grinsen und kreischen.

Ihre Männchen üben sich derweil in einer Praktik, die lange nur von zwittrigen Schnecken bekannt war: Sie rubbeln ihre Penisse so lange gegeneinander, bis sie zum Orgasmus kommen. Der englische Fachbegriff dafür heißt »Penis Fencing« (»Penisfechten«). Oder sie wetzen ihr Geschlechtsteil in der Po-Spalte eines Partners. Auch die gegenseitige manuelle Massage der Genitalien ist bei ihnen üblich, außerdem Oralverkehr und Zungenküsse. Wüsste man nicht um die Popularität von Swinger-Clubs, Dark Rooms und Bordellen oder ahnte, wie viele Menschen uneingestanden homo- oder transsexuelle Neigungen hegen – man würde denken, der Homo sapiens sei der Biedermann unter den Tieren.

Die Praktiken der Bonobos – die übrigens erst im Jahr 1929 von dem deutschen Zoologen Ernst Schwarz (1889–1962) anhand eines Schädels als eigene Primatenart bestimmt wurden – sind ein alltäglicher Bestandteil ihres Gruppenlebens. Ja, Forscher interpretieren sie gar als eine Art Versöhnungsstrategie. Statt aggressiv um Futter oder die Rangordnung zu streiten, haben sie zunächst einmal freundschaftlich Petting miteinander – die anderen Angelegenheiten regeln sich nachher umso leichter. Dabei handelt es sich aber nicht um einen speziell weiblichen Weg der Konfliktlösung, Männchen machen es nicht unbedingt anders.

Homosexualität stellt mithin nicht eine Art Übung dar, um für den richtigen Geschlechtsakt zu trainieren oder Spaß zu haben, bevor es ernst wird, wie das die Vertreter der konventionellen Evolutionsbiologie dachten (und denken). Entsprechend bezeichnen sie sich homosexuell verhaltende Männchen ausweichend als »verweiblicht«. Nach Roughgardens Ansicht handelt es sich stattdessen um ein grundlegendes Merkmal entwickelter tierischer Gemeinschaften, die vor der Aufgabe stehen, dass eine bunt zusammengewürfelte Truppe irgendwie einen Weg finden muss, um zusammenzuleben. »Je komplexer, je fortschrittlicher eine Gesellschaft ist, desto höher ist die Wahrscheinlichkeit, dass sich darin eine Mischung aus Homo- und Heterosexualität herausbildet«, folgt die Forscherin aus ihren Untersuchungen.

Bei Japanmakaken ist dies beispielhaft zu beobachten. Die Weibchen bilden den Kern der Affengesellschaft; die weitere Gliederung untereinander erfolgt in ausgeprägten Dominanz-Hierarchien. Dabei stellt das lesbische Verhalten, das sich zum Beispiel in tagelangen Kopulationen äußert, den entscheidenden Faktor für den Zusammenhalt der Weibchen-Gemeinde dar. Sex dämpft zum einen Gewalt zwischen den Mitgliedern und führt zum anderen dazu, dass sich die Partner auch auf anderen Gebieten gegenseitig unterstützen – etwa wenn ein Männchen unerwünschte Annäherungen versucht. Wie eine Studie zeigte, zogen Weibchen in neun von zehn Fällen das Liebesspiel mit einem anderen Weibchen demjenigen mit einem Männchen vor. Wer nun denkt, der gleichgeschlechtliche Reigen sei verschwendeter Schweiß und würde die Fruchtbarkeit der Gruppe senken, der irrt. Die Stabilität der Gemeinschaft führt dazu, dass die Tiere reproduktiv genauso erfolgreich sind wie vergleichbare andere Horden. Wäre dem nicht so, die Bonobos wären an den Herausforderungen der Evolution längst gescheitert und ausgestorben. »Homosexualität ist nichts weiter als eine Art und Weise, Intimität herzustellen«, erläutert Roughgarden. »Die Tiere benutzen ihre Genitalien für einen sozial maßgeblichen Zweck.« Sex ist also eine andere Art des Lausens.

Angriff auf Darwin

Jemand, der wie Joan Roughgarden so grundlegend neu über die Bedeutung von Sexualität – und speziell Homosexualität – nachdenkt, kann deren heterosexuelle Ausprägung kaum ausklammern. Und wenn dieser jemand festgestellt hat, dass die einen, das heißt Homosexualität ausübenden Tiere, in einem sozialen

Rahmen handeln, muss sie dann nicht folgerichtig vermuten, dass dies vielleicht auch für die anderen zu gelten hat, für das gewöhnliche, sagen wir, brütende Vogelpaar, das vor der Aufgabe steht, Eltern zu werden?

Roughgarden schreckte vor dieser Schlussfolgerung nicht zurück. Sexualität, meint sie kühn, verbinde zwei oder mehrere grundsätzlich miteinander solidarisch agierende Individuen. Doch dies brachte sie selbst in einen Konflikt – mit Charles Darwin. Der Begründer der Evolutionstheorie hatte den Standpunkt vertreten, dass das Männliche und das Weibliche prinzipiell entzweit seien. Dabei geht es darum, wer wie wenig in den Nachwuchs investiert und den anderen auf diese Weise ausnutzt, seine eigenen Gene zu verbreiten. Wir haben im letzten Kapitel davon gehört. Doch Roughgarden widersprach dem Kirchenvater der Biologen. »Diese Auffassung, dass die Geschlechter miteinander im Krieg stehen, war von Anfang an ein Irrtum«, hält sie dagegen, »Männer und Frauen sind zur Kooperation verdammt.«

In einem Artikel, veröffentlicht im Fachmagazin *Science*, präsentierte Roughgarden ihre Kritik dem internationalen Kollegenkreis. Darwins Idee der sexuellen Auslese sei falsch, argumentierte sie und belegte ihren Ansatz sehr fundiert. An ihre Stelle setzte sie die Theorie der sozialen Auslese. Die beiden Gedankengebäude unterscheiden sich fundamental: Bei Darwin und seinen modernen Anhängern ist ein Elternpaar eine auf Zeit eingegangene Koalition zweier Individuen, die ohne einander nicht können, aber nichts anderes als ihren Eigennutz im Sinn haben. Im alternativen Bild Roughgardens handelt es sich um zwei Individuen, die gemeinsame Interessen besitzen und deswegen gemeinsam auf ein Ziel hinarbeiten – statt zu versuchen, den anderen zu hintergehen oder heimtückisch auszubeuten.

Der Widerspruch war heftig. Noch in der gleichen Ausgabe meldeten sich mehrere Dutzend Kollegen zu Wort, vorwiegend aus Großbritannien, Darwins Mutterland. Sie bemängelten, Roughgarden präsentiere nichts wirklich Neues, sondern nur alten Wein in neuen Schläuchen. Die Substanz der Theorie vom Egoismus und von der sexuellen Auslese bleibe unangetastet und habe weiterhin zu gelten. Bei Roughgardens Kritik, hieß es, handele es sich nur um ein Spiel mit Worten. Auch der Vorwurf wurde erhoben, hier schließe jemand von seiner persönlichen Situation auf die Natur. Man kann das, in Anlehnung an den Philosophen Hume, vielleicht einen humanistischen Fehlschluss nennen statt einen naturalistischen. Die Zwischenfrage sei gestattet: Wie soll denn sonst Erkenntnis erfolgen, wenn nicht ausgehend vom Persönlichen?

Roughgarden lenkte nicht ein. Mit ihrem Buch *The Genial Gene* legte sie nach und schilderte ausführlich die Belege für ihren Standpunkt. Dabei stützte sie sich auf teils wenig beachtete Berichte aus der Feldforschung genauso wie auf die Mathematik der Spieltheorie – wie bereits Dawkins und Maynard Smith. Doch anders als ihre Kontrahenten behandelte sie die Nutzen- und Kosten-Bilanzen der Tiere mit den Werkzeugen der kooperativen Spieltheorie. Ihre Grundlagen stammten von dem Mathematiker und Nobelpreisträger John Nash – sein Leben wurde im Hollywood-Film *A Beautiful Mind* porträtiert.

Mit ihrem Unternehmen vermag Roughgarden durchweg zu überzeugen. Nicht nur in ihrer Argumentation als Wissenschaftlerin, sondern ebenso als einer Autorin, die fesselnd zu schreiben versteht. Weil ihre Gedanken gleichzeitig so neu sind und – die philosophische Zulässigkeit zunächst einmal hintangestellt – folgenreich für das Selbstverständnis des Menschen, lohnt sich die Beschäftigung damit. Roughgarden selbst erklärt freimütig, nichts weniger als den Umsturz im Sinn zu haben. Sie wolle eine Weltsicht infrage stellen, die den Eigennutz und den sexuellen Konflikt naturalisiert, mithin als natürlich erklärt.

Das gesellige Gen

»Wenn Sie morgens den Gesang von zwei Vögeln hören, denken Sie dann, diese würden einander anlügen und darauf abzielen, sich gegenseitig zu belügen und zu bestehlen? Oder könnten Sie sich vorstellen, die beiden koordinieren auf diese Weise die Aktivitäten für die Tagesarbeit?« Schon am einfachen Beispiel des Nestes von zwei Drosseln wird die neue Sichtweise deutlich: Während Dawkins und Kollegen die komplizierte Struktur der Brutstätte als eine Folge des Wirkens egoistischer Gene ansehen, verstehen Roughgarden und ihre Mitstreiter den Bau als Konsequenz der Beziehung, welche die beiden Elternvögel während der Balz aufgebaut haben.

Nach dem einleitenden Flirt steuern beide Individuen Zweige und Arbeit zum Nestbau bei. Falls der eine seine Aufgabe nicht erledigt, hat auch die Leistung des anderen keinen Nutzen. Ein halbes Nest funktioniert nicht halb, sondern gar nicht. Folglich stehen die Gene für den Nestbau für die evolutionäre Überlegenheit der Kooperation gegenüber dem Egoismus. »Der Erfolg der Gene zur Nestbildung in der Drossel ist davon abhängig, wie diese Gene mit den Genen in einer anderen Drossel zusammenarbeiten«, schreibt Roughgarden. Dieser, so die Wissenschaftlerin, sei nicht teilbar, denn ein halbes Nest sei wertlos.

Überhaupt ist es der Wissenschaft bisher nicht gelungen, die Errungenschaften eines Teams als Profit auf die einzelnen Mitglieder zu verteilen. Wem wird es beispielsweise in einer Fußballmannschaft gutgeschrieben, wenn das Team 1:0 gewinnt? Dem Torschützen oder dem Vorlagengeber? Dem Torwart, der die schwierigsten Bälle hält, oder dem Verteidiger, der den gegnerischen Stürmer abschirmt? Oder all den anderen Spieler, die Räume und Passwege zustellen, einander zuarbeiten und den Vorlagengeber sowie den Vorvorlagengeber bedienen? Wie soll ein Sieg in ihrer persönlichen Bilanz verrechnet werden? Wird *nur ein* Spieler vom Schiedsrichter vom Platz gestellt, ist der Erfolg der ganzen Mannschaft gefährdet und die Partie droht verloren zu gehen.

Der Erfolg ist also ausschließlich im kooperierenden Kollektiv realisierbar, in »kooperativer Teamarbeit«. Damit, um es noch einmal klarzustellen, ist nicht der Umstand beschrieben, dass die Interessen von Individuen zufällig übereinstimmen, sich eine hungernde Horde also über eine Beute hermacht, sondern dass sie ein gemeinsames Ziel besitzt, dies akzeptiert und zusammenarbeitet, um es zu erreichen.

Tierische Freundschaften

Soziale Bindungen unter Tieren sind in dieser Perspektive keine Erfindung von Naturromantikern, sondern Realität – wobei nicht gerade viele Studien dazu existieren, Primaten einmal ausgenommen. Umso erstaunlicher ist es, was Verhaltensforscher bei der Beobachtung einer Population von Wildpferden im Gebiet der Kaimanawa-Berge auf der Nordinsel von Neuseeland zutage förderten.

Die Ahnen der Huftiere wurden Anfang des 19. Jahrhunderts von Schafzüchtern oder der Kavallerie frei gelassen oder entliefen ihren Besitzern. Ihre Nachfahren leben dort vergleichsweise unbeeinflusst, und seit dem Jahr 1981 sind die Herden geschützt. Typischerweise bilden die Wildpferde Gruppen, die über Jahre hinweg zusammen bleiben und aus einem oder mehreren nicht verwandten Weibchen sowie ihren Fohlen und einem Hengst bestehen. Werden die Jungtiere erwachsen, verlassen sie die Gemeinschaft, was für die Forscher insofern einen Glücksfall darstellt, als sie so die Beziehungen der Mitglieder untereinander erfassen können, ohne dass dabei die genetische Verwandtschaft eine Rolle spielen würde.

Die Studien zeigten: Die Pferde sind sehr gesellig. Verschiedene Individuen erkennen sich persönlich und pflegen sehr lange während Beziehungen. Dies äußert sich etwa darin, dass die Tiere in Ruhezeiten stets nahe beieinanderstehen oder sich gegenseitig das Fell pflegen. Enge freundschaftliche Bande haben auch auf die Reproduktion einen gewichtigen Einfluss. Solche Stuten, die fest an eine Gruppe gebunden sind, können sich erfolgreicher fortpflanzen als andere. Sie bringen öfter Fohlen zur Welt und vermögen die Jungtiere auch häufiger großzuziehen – und zwar ganz unabhängig vom Alter und von ihrer Stellung in der Rangordnung. Außerdem bildet die Zugehörigkeit zum Freundeskreis der Stuten einen gewissen Schutz vor Belästigungen durch aufdringliche Hengste.

Vögel in Dreiecksbeziehung

Eines von Roughgardens Musterbeispielen ist der Austernfischer, ein Watvogel, der am Uferbereich des Meeres nach Schalentieren sucht. Einige der Tiere verpaaren sich polygyn, was bedeutet, dass ein Männchen mehrere Weibchen hat, in der Regel zwei. Diese Dreieckskonstellation kann zwei unterschiedliche Ausprägungen annehmen: eine kooperative und eine aggressive.

Vertragen sich die Weibchen nicht, beziehen sie zwei Nester und das Männchen verteidigt ein Territorium darum herum. Die Weibchen legen ihre Eier etwa im Abstand von zwei Wochen und bekriegen sich mehrmals täglich, indem sie sich angreifen oder versuchen, die Eiablage der anderen zu stören. Das Männchen verteidigt in der Regel nur die zuerst gelegten Eier, die anderen lässt es dagegen unbewacht. Diese Verhältnisse sind nach den gängigen Darwinschen Vorstellungen auch zu erwarten.

Doch es existiert noch eine zweite Version des Beziehungsdreiecks der Austernfischer. In dieser dominiert das häusliche Glück. Die Weibchen beziehen ein gemeinsames Nest, legen ihre Eier im Abstand von höchstens einem Tag, und zusammen mit dem Männchen verteidigen sie das Gelege gegen Eindringlinge. Die Damen gehen in dieser geselligen Konstellation nicht nur tolerant miteinander um, sondern intim. Sie haben mehrmals am Tag Sex miteinander, fast so oft wie mit dem Männchen, sie sitzen zusammen und putzen sich gegenseitig das Gefieder.

Wie Roughgardens Modellrechnungen zeigen, bringen die Herzlichkeiten handfeste Vorteile mit sich. Paare, die freundlich miteinander verkehren, sind biologisch produktiver, sie befördern mehr Nachwuchs in die nächste Generation. Die gefühlvolle Version kommt deswegen auch zahlenmäßig häufiger vor. Der aggressive Gegenentwurf stellt nur eine Notlösung dar und wird dann umgesetzt, wenn die »sozialen Verhandlungen«, wie Roughgarden sagt, zu keinem Ergebnis kommen. Finden die Tiere trotz aller Anstrengungen nicht zusammen, bricht Streit aus, und alle Parteien haben gravierende Nachteile zu tragen. Das ist daran zu ermessen, dass in diesem Fall ein Weibchen oder manchmal gar beide die Brutsaison beenden müssen, ohne ein einziges Ei gelegt oder ein Küken durchgebracht zu haben.

Was sagt uns die Geschichte der Austernfischer? Wie es scheint, bedeutet Kooperation keine Anstrengung, die den Egoismus zu überwinden hat und dies selten schafft, sondern eine Art Grundzustand. Sie ist ein Verhältnis, das die Tiere zunächst einmal anstreben. Ein Konflikt bricht erst dann aus, wenn das Miteinander nicht zustande kommt. Konfrontation markiert damit nicht den Ausgangspunkt aller sozialen Beziehungen, sondern ist eine mögliche Konsequenz von Fehlentwicklungen, nämlich des Scheiterns der Kooperation. Diese Sichtweise auf das soziale Gefüge hat – aus der Perspektive der Wissenschaft – den Vorteil, eine größere Vielfalt von Verhaltensweisen einzuschließen: jene Vielfalt, die in der Natur zweifellos anzutreffen ist. Außerdem ist mit Roughgardens Theorie von der sozialen Selektion die weit verbreitete Kooperation kein unerklärliches Rätsel mehr.

Aber vom Ziel, vom Wünschenswerten her zu argumentieren ist nicht gestattet. Deswegen ein Blick auf die Details.

Die Genesis von Eiern und Spermien

Der Urkonflikt zwischen dem Weiblichen und dem Männlichen – er fällt spektakulär ins Wasser, weil es ihn von Anfang an nicht gibt. Spermien und Eizellen besitzen nämlich ihre Unterschiedlichkeit in Größe und produzierter Zahl nicht deswegen, weil der eine Partner den anderen betrügt und immer noch weniger investieren will. Diese kriegerische Version pflegt bekanntlich die Theorie der sexuellen Auslese. Stattdessen resultieren die Differenzen bei den Keimzellen von Frauen und Männern aus der beide Geschlechter gleichermaßen betreffenden Notwendigkeit zum Kontakt. Die Unterschiede der Geschlechter sind also in einem kooperativen Kontext zu verstehen und eine Folge des Miteinanders. Entsprechende Berechnungen stellte erstmals Hans Kalmus (1906–1988) im Jahre 1932 an. Der deutsche Zoologe erörterte in einer Forschungsarbeit, dass sich die Keimzellen dann am besten treffen – räumliche Begegnung ist die Grundvoraussetzung für die Befruchtung –, wenn beide Geschlechter möglichst viele Zellen produzieren. Das liegt daran, dass die Menge der Kontakte dem Produkt der Anzahl der beiden Keimzellen entspricht, also Keimzellenzahl A mal Keimzellenzahl B. Diese Menge wäre dann am größten, wenn beide Geschlechter Spermien produzieren würden, also sehr viele bewegliche und kleine Zellen, die wenig Energie enthalten. Diese Situation ist bei einigen Algen tatsächlich realisiert.

In der Praxis hat diese Billigstrategie indes einen gravierenden Nachteil: Träfen zwei »Spermien« aufeinander, um zu einer neuen Zelle, im Fachbegriff Zygote, zu verschmelzen, so wäre in der gemeinsamen Behausung kaum Nahrung vorhanden. Das entstehende Individuum würde wohl nur unter optimalen Umweltbedingungen überleben können, nämlich wenn die Zygote ihre Ernährung aus der Umgebung beziehen könnte. Diese Hürde wird dann überwunden, wenn der weibliche Teil der Geschlechtszellen Nahrungsdepots mitbringt und also eine gewisse Mindestgröße aufweist. Dies macht Keimzellen vom Typ der Eizelle erforderlich: Sie enthalten das Erbmaterial plus Energievorräte.

Die Existenz großer Eizellen und kleiner Spermien ist daher nicht die Folge von Konkurrenz, sondern möglicherweise der Kontaktoptimierung. Die Belege für Kalmus' These und die darauf aufbauenden Arbeiten sind nicht gerade üppig. Doch aktuelle Modellrechnungen und Beobachtungen bei marinen Lebewesen bestätigen die Kontakttheorie. Dagegen fehlen für die Geschichte vom Konflikt zwischen Eizellen und Spermien, so oft sie auch erzählt werden mag, belastbare Befunde völlig. Für Roughgarden ist die Lage eindeutig: »Sexueller Konflikt ist Notzucht in wissenschaftlichem Gewand, eine Erzählung von Männern, die Frauen zum Opfer machen«, empört sie sich. Dabei habe die Natur Männer und Frauen als Alliierte und nicht als Feinde erschaffen. Die Entstehung der Geschlechter habe sich aus der Kooperation und nicht aus dem Kampf heraus gestaltet.

Pfauenglanz neu gedeutet

Mit dem fehlenden Urkonflikt muss auch die Geschichte von der Schönheit der Männchen, die durch die Auslese der Damen bedingt sei, neu geschrieben werden. Der Pfauenhahn, Roughgarden bezeichnet ihn despektierlich als das »ultimative Aushängeschild der sexuellen Selektion«, besitzt sein herrliches Rad nicht etwa deswegen, weil die Weibchen diese nutzlose Beigabe ästhetisch bewerten und dieses Urteil zur Grundlage ihrer Partnerwahl machen. Bei der Entstehung des üppigen Schwanzes spielte die Auswahl der Weibchen überhaupt keine Rolle.

Im Rahmen einer Forschungsarbeit, die Anfang des Jahres 2008 publiziert wurde, beobachteten Biologen eine Wildpopulation des Blauen Pfaus über sieben Jahre hinweg. Dabei gelangten sie zu einem überraschenden, Darwin durch und durch widersprechenden Ergebnis. »Wir fanden keinen Hinweis darauf, dass die Hennen Hähne mit dem kunstvolleren Schweif bevorzugt hätten, was mit anderen Ergebnissen bei Hühnervögeln zusammenpasst, wonach die Weibchen den Federschmuck der Männchen nicht weiter beachten«, schreiben die Feldforscher etwas umständlich, aber doch deutlich. Zusammenfassend hielten sie drei Punkte fest: »Der Pfauenschwanz: 1) ist nicht das Objekt der Weibchenwahl; 2) zeigt nur eine kleine Varianz zwischen den Männchen; 3) spiegelt nicht den Zustand des Männchens wider.« Wir erinnern uns: Im Rahmen der sexuellen Selektion, so die Vertreter dieser Theorie, dient das Ornament dem Weibchen gerade dazu, das genetisch optimal ausgestattete Männchen auszusuchen.

Wenn nicht bedingt durch die Auslese der Damen, wie ist es dann zum Farbreichtum und zur schmückenden Schleppe des Männchens gekommen? Buntheit, geben die Forscher zur Antwort, sei der Urzustand *beider* Geschlechter. Beim Weibchen ist sie jedoch aufgrund einer Anpassung an Fressfeinde unterdrückt. Um sich im offenen Gras besser tarnen und somit verbergen zu können, haben sie ein unauffälliges Federkleid entwickelt. Noch heute werden gut zweimal so viele Männchen wie Weibchen Opfer von Beutegreifern, obwohl in der untersuchten Population ohnehin deutlich mehr Weibchen als Männchen leben. Dass die Unscheinbarkeit der Weibchen den fortentwickelten und die Farbenpracht den primitiveren Zustand darstellt, wird durch ein weiteres Argument unterstützt: Gaben von sehr hohen Dosen des weiblichen Sexualhormons Östrogen vermögen die Bildung des männlichen Schwanzschmuckes zu blockieren. Geschieht keine Östrogenausschüttung, wird ein Pfau bunt.

Auch bei einem Schwalbenschwanz-Schmetterling und 240 Arten von Eidechsen zeigen mittlerweile vergleichende Studien, dass die Verhältnisse so sind wie beim Pfau: ursprünglich bunt, erst später schmucklos. Zu vermuten ist, dass weitere Untersuchungen bei anderen Tierarten zu ähnlichen Ergebnissen kommen. Ursprünglich, erklärt Roughgarden, dienten die Farben der Kommunikation zwischen den Geschlechtern. Erst unter dem Druck von Beutegreifern oder ähnlich prägenden Umwelteinflüssen mussten die Tiere ihre Kommunikation umstellen.

Stellt sich nur die Frage, warum die Pfauenhähne ihren Schmuck zur Tarnung nicht ebenfalls abgelegt haben? Schließlich sind die Tiere als Bodenvögel einem starken Jagddruck ausgesetzt. Nach Roughgarden könnte es sich bei dem Schwanz mit den prächtigen, augenförmigen Mustern um eine Art Eintrittskarte zu einem Männerclub handeln. In diesem machten die Hähne unter sich aus, wer zu den Damen darf und wer nicht. Wer den »Ausweis« besitzt und aufgenommen wird, kann sich fortpflanzen. Ihre Idee – das ist es im Augenblick und nicht mehr – will die Biologin in ihrem Labor durch Experimente überprüfen.

Darwins Aushängeschilder verblassen

Muss also das Dogma fallen, die Schönheit der Männchen sei der Gradmesser für die Weibchen, deren genetische Fitness abzuschätzen? Wer sich Forschungsarbeiten ansieht, welche die Darwinschen Paradebeispiele in der Praxis so unvoreingenommen prüfen, wie sich das für wissenschaftliche Studien gehört, den befallen zumindest massive Zweifel daran. Nicht nur der Pfau schreitet nicht wegen seiner Hennen so herausgeputzt daher, bei einigen anderen sehr bekannten und häufig zitierten Tierarten funktioniert die Weibchenwahl nicht.

Zum Beispiel der Halsbandschnäpper, ein zu der Ordnung der Sperlinge gehörender Singvogel, der in Streuobstwiesen lebt. Das Männchen besitzt einen weißen Fleck auf der Stirn, der sich hervorragend als Merkmal eignet. Die Söhne erben die Größe des Flecks von ihren Vätern und die Weibchen bevorzugen als Paarungspartner jene Kerle, die auf der Stirn etwas zu bieten haben.

So weit die Darwinsche Theorie. So verhält es sich in der Praxis des Experiments aber nicht. Denn auch wenn die Fleckgröße in einem gewissen Sinne erblich bedingt ist, die Fertilität selbst ist nicht erblich. Wie eine Studie zeigte, bringt ein fruchtbares Männchen nicht unbedingt selbst wieder fruchtbare Nachkommen hervor. Und um die Sache noch komplizierter zu machen: Auch die Damen äußern nicht durchgehend eine Vorliebe für große weiße Flecken bei ihren Halsbandschnäppern. Wenn sie es tun, kann es sein, dass sich ihre Töchter sehr wohl wieder für kleinere Stirnflecken bei den Männchen interessieren. Auf den Punkt gebracht lässt sich sagen, dass die Weibchenwahl und die Größe des Stirnflecks nichts miteinander zu tun haben.

Auch die Blaumeise verweigert sich den Erfordernissen der

sexuellen Auslese. Unter ultraviolettem Licht betrachtet, ist das Köpfchen der Männchen schillernd gemustert und soll den Weibchen dazu dienen, den richtigen Erzeuger für den Nachwuchs auszuwählen. Tatsächlich ist die Ornamentik nur schwach erblich und steht mit der genetischen Qualität der Männchen in keinem Zusammenhang.

Die Rauchschwalben versagen ebenfalls als Beleg. Bei den Tieren, die als Glücksbringer gelten und im Flug Insekten jagen, besitzen die Männchen im Durchschnitt längere Schwanzfedern als die Weibchen. Diejenigen der Damen gelten als aerodynamisch optimal; die Herren dagegen sollen mit der Überlänge demonstrieren, dass sie stark genug sind, einen Nachteil in Kauf zu nehmen. Wie sich zeigte, sind die Schwanzfedern der Männchen gegenüber dem aerodynamischen Optimum nur leicht länger, die einzelnen Tiere unterscheiden sich darin jedoch kaum. Es ist daher davon auszugehen, schließen die Wissenschaftler in ihrer Publikation aus dem Jahr 2007, dass die schmückende Verlängerung der Schwanzfedern für die Weibchen bei der Suche nach einem geeigneten Paarungspartner kein Auswahlkriterium darstellt.

Bei der Präirieammer, einem Singvogel der nordamerikanischen Graslandschaften, deren Männchen schwarz-weiß gefärbt sind, ermittelten Forschungsarbeiten vollkommen wechselnde Vorlieben der Weibchen. In einem Jahr waren die Männchen mit dem größten Schnabel interessant, das Folgejahr diejenigen mit den größeren Flügelflecken, danach diejenigen mit mehr Weißanteil in den Flügelflecken, schließlich die Tiere, die am Körper mehr Schwarz aufzuweisen hatten. Mit den Generationen veränderten sich die bevorzugten Eigenschaften sogar ins Gegenteil. Zum Beispiel wuchs die Fleckenfläche zunächst an, um dann wieder abzunehmen. Diese Beobachtung verträgt sich nicht mit der Theorie. »Der männliche Schmuck kann nur dann entstehen, wenn die Auswahl der Weibchen mit Beständigkeit erfolgt«, erklärten die Forscher.

Derartige Befunde und die damit verbundenen Einwände sind ein schwerer Schlag gegen die Vorstellung der Weibchenwahl.

Denn es handelt sich bei den erwähnten Tierarten jeweils um Schulbeispiele der sexuellen Selektion. Wenn diese sich schon nicht so lehrbuchmäßig verhalten, wie manche Wissenschaftler dogmengleich behaupten, was sagt das dann über all die anderen, weniger gut untersuchten Fälle aus? Auch als Ausnahmen einer Theorie, die im Kern die Verhältnisse treffend beschreibt, gehen sie nicht mehr durch. Denn es sind einfach zu viele Ausnahmen – so viele, dass sie die Regel widerlegen.

Das Paradox der Arenabalz

Überhaupt trifft ganz schnell auf einen Widerspruch, meint Roughgarden, wer davon ausgeht, die Damen schielten allesamt nur nach dem Supermann, dem einen, dem einzigen, dem optimalen Männchen. Biologisch funktioniert das nicht, wenn sich die große Schar der Weibchen um wenige Männchen reißt. Denn das Schlechte wäre in diesem Fall flugs aussortiert und die Selektion würde sich ihrer eigenen Grundlage berauben. »Würden die Weibchen kontinuierlich die besten Männchen auswählen, dann wären die nachteiligen Gene in kürzester Zeit eliminiert. Die Männchen wären genetisch äquivalent und die Weibchen müssten sich überhaupt nicht mehr darum scheren, welches Männchen sie heraussuchen sollten.« Ende der Weibchenwahl.

In der Evolutionsforschung ist das Dilemma unter dem Schlagwort »Lek-Paradox« bekannt. Lek bezeichnet den Versammlungsort, an den Männchen kommen, um ihre Qualitäten zu zeigen, ein Balzplatz. Wie sich der Widerspruch auflösen ließe, weiß bisher niemand. Eine raffinierte Erklärung geht davon aus, die Männchen wollten mit ihrer Schönheit nicht ihre eigene Fitness demonstrieren, sondern die Eignung ihrer eigenen Mutter hinsichtlich der Aufzucht des Nachwuchses. »Schau' mal«, würde der Pfauengockel berichten, »ich hatte eine tolle Mama.« Das Weibchen, das einen solchen Bewerber erwählte, würde demnach nicht in die nächste, sondern in die übernächste Generation investieren, indem es dafür sorgt, dass ihre Enkel eine fürsorgliche Mutter bekommen.

Ein netter Kunstgriff, der jedoch das Problem nicht löst, sondern nur in die Zukunft verlagert. Das Gegenargument bleibt das gleiche: Würden die Weibchen, wie von Dawkinsscher Seite postuliert, kontinuierlich auswählen, wären die Gene für eine schlampige Mutterschaft bei den Enkeln schnell eliminiert und es gäbe nichts mehr auszuwählen. Die Frage bleibt ein Rätsel, wie manch andere der sexuellen Selektion. Roughgarden:»Vielleicht kann es nie gelöst werden. Vielleicht ist das Lek-Paradox der fatale Makel der Theorie der sexuellen Auslese.« Anders ausgedrückt: Möglicherweise handelt es sich gar nicht um ein Paradox, sondern ist nur logisch. Woran zu erkennen ist, wie sehr Sprache den Blick auf die Realität verstellen kann.

Vielmehr gehe es bei der Partnerwahl darum, den für einen selbst am besten geeigneten Genossen zu ermitteln. Und anders als ein Evolutionsautomat, der immer nur das vermeintliche Optimum sucht – als solche werden Tiere in der Wissenschaft gedacht –, dürften hierbei individuelle Vorlieben durchaus eine Rolle spielen. Diese können, wie bei der Prärieammer gesehen, wechseln. Möglicherweise beruhen sie aber auch auf Kriterien, die für den Menschen nicht so einfach einsehbar sind. Das wird bei den Tieren nicht anders sein als beim Homo sapiens.

Keine viktorianischen Sitten in der Natur

Frauen sind schüchtern und zieren sich. Die Männer demgegenüber sind leidenschaftlich und lustvoll. Diesen Stereotypen entsprach die Verteilung der Geschlechterrollen im sittenstrengen viktorianischen England – und dergleichen glaubte Darwin als allgemeines Prinzip beobachtet zu haben. »Die Männchen fast aller Tiere besitzen größere Leidenschaften als die Weibchen«, schreibt der Begründer der Evolutionstheorie wiederholt in *Die Entstehung der Arten*, und:»Das Weibchen ist mit den seltensten Ausnahmen schüchtern.« Derartige Festschreibungen der Norm mögen für das viktorianischen England gültig gewesen sein. Sie entsprangen aber einer kulturellen Defintion und fußten nicht auf einer biologischen Regel. Denn es gibt durchaus einige Tierarten, bei denen die Weibchen die aktiven sind, sprich den sexuellen Kontakt einleiten. Vor allem in solchen Spezies ist dies der Fall, in denen die beiden Geschlechter sich äußerlich nicht unterscheiden.

Ein Beispiel dafür ist die Alpenbraunelle, ein im Hochgebirge lebender Sperlingsvogel. Bei einer Population aus den französischen Pyrenäen stellten Forscher fest, dass die Weibchen alles andere als schüchtern waren, sondern leidenschaftlich. In Zahlen: Während der Brutsaison forderten sie die Männchen durchschnittlich alle achteinhalb Minuten zum Geschlechtsverkehr. In der Summe wurden 93 Prozent aller sexuellen Kontakte von ihr angebahnt, nur 7 Prozent von ihm. Auch beim Tordalk ist das Weibchen sexuell aktiv, es initiiert Kopulationen mit ihrem Partner, aber auch mit anderen Artgenossen. (Die Männchen machen es ebenso, und in 41 Prozent der Fälle verkehren sie sexuell auch mit Männchen, aber das wird nun niemanden mehr überraschen.)

Darwins Theorie nach sollten die Damen – schüchtern und wählerisch, wie sie seien – überhaupt nicht fremdgehen. Dafür, dass sie es doch tun, und in der Realität tun sie es regelmäßig – der englische Fachbegriff beschreibt den Umstand als *Extra-Pair Paternity*, also Elternschaft außerhalb der Paarbeziehung –, fand die sexuelle Selektion eine plausibel erscheinende Erklärung: Womöglich haben sie nicht den Supermann abbekommen, also das männliche Wesen mit den besten Genen, sondern nur ein weniger gut ausgestattetes Individuum. Damit geben sich die Weibchen aber nicht zufrieden. Stattdessen versuchen sie durch ihre Untreue für ihren Nachwuchs ein paar gute Erbanlagen einzuheimsen. In der Sprache des Jetsets würde man von einem Upgrade reden. Die Weibchen erschleichen und ergaunern sich, so formuliert es die Lehrbuchvorstellung, durch die Hochstufung genetische Vorteile, die ihnen sonst verschlossen blieben.

Doch auch dieses Gedankenkonstrukt ist experimentell nicht ohne Weiteres haltbar. Das ergab die zusammenfassende Analyse von mehr als 100 Studien, die sich mit dem Fremdgehen bei Tieren beschäftigten. Die Ergebnisse dieser Studien, die über 50 verschiedene Arten umfassen, waren einfach uneinheitlich: Die Frauenzimmer richteten sich in 50 Prozent der Fälle nach sekundären Geschlechtsmerkmalen, wie etwa einem Fleck oder auffälligen Schwanzfedern. In 50 Prozent der Fälle interessierte sie das entsprechende Erkennungszeichen aber überhaupt nicht. Im Durchschnitt unterschieden sich die Nebenbuhler in jenen Wesenszügen, die eine genetische Qualität anzeigen sollten, nicht von ihrem Partner – beispielsweise der Färbung der Federn oder der Kunstfertigkeit ihres Gesangs. Schließlich kam zutage, dass der bei den Seitensprüngen gezeugte Nachwuchs keine höhere Überlebensrate aufwies als die »regulären«, den Paarbeziehungen entstammenden Abkömmlinge. »Die Statistik kann so verstanden werden, dass genetische Vorteile bei der Wahl der Weibchen absolut irrelevant sind«, erklärt Roughgarden nach den Analysen ihres früheren Mitarbeiters Erol Akçay genauso nüchtern wie vernichtend.

Bilder beschreiben die Welt

In diesem Muster fährt die begabte Biologin fort. Mosaikstein um Mosaikstein dreht sie um, sortiert neu und lässt auf diese Weise ein anderes Bild der Evolution entstehen. Ihre Argumente überzeugen und es sind ihrer sehr viele. Wo einst Kampf war sowie das Prinzip von »Zähne und Klauen blutig rot«, wie der Dichter Alfred Tennyson schrieb, wo Eigennutz, Egoismus und Betrug triumphierten, weil sie den vermeintlichen unhintergehbaren Grundzustand des Systems darstellen, steht nun der Wert der Kooperation. »Ich glaube gezeigt zu haben, dass die überwältigende Masse an Daten erkennen lässt, dass das Bild vom egoistischen Gen die biologische Natur nicht zutreffend und wahrheitsgemäß beschreibt«, erklärt Roughgarden.

Denn dass es sich dabei um ein Bild handelt, eine Metapher, eine Erzählung, daran lässt sie nie einen Zweifel. Ob nun die sexuelle Auswahl von Dawkins und seinen Mitstreitern oder der Gegenentwurf der Gruppe um Roughgarden – immer ist eine Perspektive gemeint, die einen Bericht von der Welt zum Inhalt hat. Die Wissenschaft ist eine Form, von dieser Welt zu erzählen, ihre Zusammenhänge zu deuten. Wissenschaftler als Personen sind eben auch, vielleicht sogar an erster Stelle, erzählende Wesen, wie die gesamte Spezies Mensch. Und welche treffenden Beispiele dafür Charles Darwin selbst, Konrad Lorenz oder Richard Dawkins abgeben, welchen Einfluss die intuitive Glaubhaftigkeit ihrer Metaphern auf die Verbreitung ihrer Theorien hatte, das ist in den bisherigen Abschnitten klar geworden. Einen endgültigen Beweis der Richtigkeit der einen oder der anderen Variante wird es wohl nie geben – auch das beinhaltet das Bild von der Rhetorik –, nur eine höhere oder geringere Plausibilität. Dies sollte vom besseren Argument abhängen, nicht aber vom mächtigeren, Karrieren fördernden oder sie bremsenden Dogma.

Dies soll auf der anderen Seite nicht heißen, dass Roughgarden ihren faktischen, ihren wissenschaftlichen Anspruch aufgibt. Sie fasst ihn nur realistisch und entsprechend weiter. Und gegen den möglichen Einwand, ihr Theoriengebäude nur deswegen errichtet zu haben, weil Freundschaft netter sei als Krieg, oder gar, weil sie sich persönlich darin wohler fühle, verwahrt sie sich ausdrücklich. »Der Punkt ist nicht, ob eine durch Kategorien wie Selbstsucht, Betrug und genetische Hierarchien beschriebene biologische Natur angenehm oder abstoßend ist im Vergleich zu einer Natur, die auf der Basis von Zusammenarbeit, Ehrlichkeit und allgemeiner Gleichheit beschrieben wird. Die Frage ist, welche dieser Sichtweisen die richtige ist.« Dies betont sie an mehreren Stellen in ihrem Buch vom freundschaftlichen Gen. Es geht Roughgarden also nicht darum, Dawkins' Vorstellungen vom Eigennutz zurückzuweisen, weil es sich um eine biologische Begründung für Kapitalismus, Individualismus und Ausbeutung der Natur handelt, also für soziale Konstrukte, die man durchaus kritisieren darf. Sie widersetzt sich der Auffassung vom egoistischen Gen, weil diese die Welt falsch beschreibt.

Was die Versöhnung der beiden kontroversen Vorstellungen angeht, so könnte es in meinen Augen eine elegante Lösung geben: Wäre es nicht denkbar, dass Dawkins' »egoistisches Gen« das Verhalten von Bakterien, Pilzen, Fruchtfliegen oder Pflanzen recht treffend beschreibt, dass aber die Theorie vom kooperativen Gen besser dafür geeignet ist, sobald es um höhere Tiere mit einem stärker entwickelten Gehirn geht, also Vögel, Säugetiere und den Menschen? *Wie* der Übergang vom einen Status zum anderen erfolgte, wäre dann die entscheidende, für die Biologen zu knackende Nuss. Anzunehmen ist indes, dass die Vorteile, sich in immer größeren Gruppe zusammenzuschließen und zu kooperieren, so immens waren, dass der Egoismus an den Rand gedrängt werden *musste* und kein Motiv oder Vorbild mehr für alle darstellen konnte. Beim Menschen, das werden wir in den folgenden Kapiteln sehen, gibt es viele und gute Indizien, dass die Entwicklung so verlief.

Die Revolution der Freundschaft

Diese wissenschaftlichen Betrachtungen müssen andererseits niemanden davon abhalten, sich um die gesellschaftliche Bedeutung der Befunde vom geselligen Gen zu kümmern. Denn natürlich macht es einen Unterschied aus, ob Biologen denken, Egoismus sei der Grundzustand der Natur – oder aber die Kooperation. Die Menschen besitzen zweifellos die Begabung zu und das Bedürfnis nach Liebe und Miteinander, dies machen sie im Alltag immer wieder deutlich. Sie verhalten sich dabei aber nicht ungewöhnlich oder weichen von den Notwendigkeiten ab. Wie Roughgarden und ihre Mitarbeiter zeigen konnten, stellt Freundschaft einen eigenen Wert dar und ist keineswegs nur hohles Getue, das in Wirklichkeit vor den erbarmungslosen Gesetzen des Stärkeren kapitulieren muss. Gemeinschaftlichkeit und Miteinander – darin liegt das wahrhaft Revolutionäre an der Sicht der sozialen Auswahl – kann in die Zukunft tragen. Die Rhetorik vom Konflikt dagegen ist eine Ideologie ohne wissenschaftliche Grundlage.

Diese Einsicht besitzt gesellschaftliche Bedeutung. Denn es ist ja nicht so, dass Theorien nur Einbildungen sind, die den Menschen fernstehen. Sie tendieren dazu, sich so zu verhalten, wie sie beschrieben werden – auch in den oft abstrakten Vorstellungen der Wissenschaft.

Soziale Werte lassen sich besser umsetzen, wenn das naturalistische Scheinargument wegfällt, wer selbstsüchtig sei, setze nur um, was das biologische Erbe ihm gleichsam vorgegeben habe. Und dass die globalen Herausforderungen mehr denn je zuvor ein Überwinden der auf Individualismus bauenden sozialen Ordnung sowie des auf puren Eigennutz einiger weniger setzenden kapitalistischen Gewinnstrebens erforderlich machen – das kann kaum jemand ernsthaft in Zweifel ziehen. Wer den Klimaschutz befördern will, muss die Nationen dieser Welt in ein Boot holen. Und das ist keine bloße Wohlfühlrhetorik.

Kapitel 4

Die Intelligenz der anderen

Der engere Familienkreis des Menschen in der Natur ist äußerst klein. Er besteht aus ihm selbst, daneben dem Schimpansen und dem Bonobo. Alle drei Arten stehen sich untereinander deutlich näher als dem nächsten Verwandten in der Stammesgalerie, dem Gorilla. Schimpansen und Bonobo mögen also ein Fell besitzen und wild im afrikanischen Urwald hausen. Aber der Homo sapiens ist ihr Bruder. Und sie sind unsere Brüder, die »älteren Brüder« vielleicht, um mit dem Dichter und Geschichtsphilosophen Johann Gottfried Herder (1744–1803) zu sprechen. So, wie Ratte und Maus Brüder sind, Löwe und Tiger oder Pferd und Zebra, so stehen wir zu den Schimpansen. Der Gorilla ist unser Cousin.

Wer wir drei sind? Ganz einfach: haarig, gewalttätig, sexbesessen, liebevoll und internetsüchtig. Doch was die Gensequenzen angeht, so stimmen 98,73 Prozent bei uns dreien überein. Oder anders ausgedrückt: Unter 100 Basenpaaren auf dem DNA-Strang des Erbgutes sind im Durchschnitt nur 1,27 Unterschiede zu verzeichnen. Zwischen dem Bonobo, dessen wissenschaftlicher Name Pan paniscus lautet, und dem Gemeinen Schimpansen, Pan troglodytes, konnten die Genforscher nur eine 0,3-prozentige Abweichung ausmachen. Und gleich groß ist der Abstand zwischen den beiden Pan-Zwillingen zum Gorilla sowie dem Menschen zum Gorilla, nämlich 1,7 Prozent. Der Orang-Utan steht noch ein Stückchen weiter weg und ist, sagen wir, ein Großcousin.

Zahlen können trennen und sie können integrieren. Diese hier verbinden eher. Denn wenn man sich den Planeten der Affen anschaut, stellt man viele Gemeinsamkeiten fest. Die Mitglieder der Familie fertigen allesamt Werkzeuge und benutzen sie. Wir sind mental besonders entwickelt, können strategisch denken. Wir erkennen uns selbst im Spiegel. Wir sind ausgebuffte Akteure in der sozialen Gemeinschaft und verstehen uns darauf, andere für unsere Ziele zu gewinnen. Wir können uns nach einem Streit wieder versöhnen, uns zu Koalitionen zusammenschließen und ein gemeinsames Ziel verfolgen. Ebenso können wir eine Vorstellung darüber entwickeln, was andere möglicherweise gerade im Schilde führen. Wir sind lernfähig, etwa indem wir selbst Lösungen für ein Problem finden, aber genauso, indem wir uns von anderen zeigen lassen, wie man eine schwierige Nuss knackt. Und wir besitzen diese dunkle Seite, führen ausgedehnte Kriegszüge, auf denen wir unsere Feinde gnadenlos und unbarmherzig zerfleischen – auch die Schimpansen tun das, jene Wesen, von denen Konrad Lorenz noch angenommen hatte, sie besäßen gar nicht die körperlichen Mittel, um anderen Leid zuzufügen.

Vor vielleicht sechs bis acht Millionen Jahren trennten sich die beiden Linien, Pan und Homo gingen getrennte Wege in Afrika. Auf diesen Zeitpunkt lassen die Funde von Fossilien schließen. Genetische Untersuchungen belegen indessen die Aufspaltung von unseren Brüdern erst vor 4,8 bis sieben Millionen Jahren. Der etwas spätere Termin ist interessant, denn er könnte darauf hindeuten, dass sich die Pan-Vorfahren und die Homo-Vorfahren im Körperbau bereits getrennt hatten, körperlich aber noch miteinander verkehrten. Wenn sie genetisches Material austauschten, also Sex hatten, würde dies in den Erbanalysen derart zutage treten, dass die Forscher annehmen müssten, die Trennung sei noch nicht vollzogen worden. Da die ältesten Fossilien der (schon) Hominiden oder (noch) Affen bereits die Fähigkeit zum aufrechten Gang erkennen lassen, würde dies bedeuten, dass diese anatomische Besonderheit des Menschen ganz am Anfang entstanden war, schon vor oder noch während der Trennung der beiden Linien.

Natürlich, unsere Brüder sind kleiner, besitzen noch so etwas wie eine Schnauze, Wülste über den Augen, eine flache Stirn und ein fliehendes Kinn. Sie laufen auch nicht stolz auf zwei Beinen, zumindest nicht immer, ziehen sich etwas Hübsches an oder leben in Siedlungen mit klimatisierten Häusern. Sondern sie hangeln äußerst behände in den Bäumen herum. Aber dies sind nicht die entscheidenden Unterschiede. Genauso wenig ist primär und ursprünglich die kognitive Intelligenz, die Vernunft für die Andersartigkeit des Homo zu nennen, die ihn von seinen Geschwistern im Tierreich trennt. Derartige Interpretationen herrschten noch in den frühen Jahren der Verhaltensforschung vor. Heute würden die meisten Wissenschaftler das Sozialleben an die erste Stelle der alles entscheidenden Unterschiede setzen. Nicht die Fähigkeit, Computer, Weltraumfahrzeuge und Wolkenkratzer konstruieren zu können, zeichnet den Menschen aus, sondern seine Freundlichkeit Fremden gegenüber. So überraschend das sein mag für ein Wesen, das in sich selbst immer nur seinen schlimmsten Feind zu erkennen glaubte: Alles andere entstand erst daraus.

Affen ins Flugzeug gesetzt

Wer nachvollziehen will, wie das soziale Verhalten die drei Brüder und Schwestern charakterisiert, lässt sich am besten auf ein Gedankenexperiment ein. In seinen Grundzügen hat es sich die Evolutionsbiologin Sarah Blaffer Hrdy ausgedacht. Was würde wohl passieren, fragen wir, steckte man wechselweise 150 Schimpansen, 150 Bonobos oder 150 Menschen in ein Flugzeug?

Bei Letzteren ist die Vorstellung ja Realität. Weltweit fliegen 1,6 Milliarden Menschen jährlich um den Globus, mal in kleinen Maschinen mit zwei oder vier Passagieren, mal im riesigen Airbus A380 mit 555 Personen an Bord. Für manchen mag es belastend sein, auf so engem Raum mit so vielen anderen über Stunden hinweg zusammengepfercht zu sein. Doch verläuft die Situation immer so problemlos und routiniert, dass es sich fast verbietet, von einem Experiment zu sprechen. Der Mensch besitzt sehr viele Mittel und Wege, die für das soziale Miteinander so anspruchsvolle Konstellation zu meistern.

Man grüßt, nickt sich kurz zu, lächelt sich an, winkt jemanden nach vorne oder entschuldigt sich, wenn man mit dem Mantel oder einem sperrigen Stück Handgepäck einen sitzenden Passagier belästigt. Schreit ein Baby, ignorieren das die meisten; diejenigen, die in der Nähe sitzend, vor allem Frauen, drücken durch eine freundliche Reaktion ihr Verständnis aus oder offerieren Mutter und Kind gar Hilfe. Ein junger Mann wird nicht nur der hübschen Frau helfen, ein Gepäckstück in die Ablage über dem Kopf zu wuchten, er wird diese Hilfe auch einer älteren Dame anbieten. Kurzum: Die Passagiere geben Zeichen eines grundsätzlichen Einvernehmens in der Gruppe, des Mitgefühls, des Sich-Hineinversetzens in die Situation des anderen. Und es überrascht überhaupt nicht, wenn sich Menschen, die zwar nicht die gleiche Sprache sprechen und ganz unterschiedlichen Kulturen und Weltanschauungen entstammen, aber auf dem Flug zufällig Sitznachbarn sind, sich mit einem Kopfhörer, einem Taschentuch oder einer Schmerztablette gegenseitig aushelfen.

Und die Bonobo-Brüder und -Schwestern im Flugzeug? Vermutlich könnte die Maschine nur verzögert starten, wenn überhaupt. Denn die pelzigen Passagiere hätten zunächst einmal nur eines im Kopf: Sex. Ist ein bisschen stickig hier, würden sie wohl denken und sich gegenseitig etwas trösten. Frauen würden sich mit Frauen verlustieren, Männer mit Männern und dann wäre wohl Partnertausch angesagt. Alle wären friedlich und zufrieden miteinander, und dem wehrlosen Baby würde nichts passieren. Die Primaten verwenden, wie wir schon im letzten Kapitel hörten, Sexualität, um Spannungen und Streit in der Gruppe zu entschärfen. Fraglich ist nur, ob das auch bei einer 150 Köpfe zählenden Gemeinschaft wie hier erdacht funktionieren würde. Wenn nicht, hätte man mit Gewalt zu rechnen.

Die 150 Schimpansen in ein Flugzeug zu sperren und von A nach B zu transportieren käme von vornherein einer Katastrophe gleich. Auch ein Mensch unter ihnen müsste froh sein, das Gefährt mit allen Fingern und Zehen und lebend verlassen zu können. Auf dem engen Raum würden Aggressionen und Gewalttätigkeit ein grausames Regiment führen. Das Baby, so ist anzunehmen, würde verstümmelt, auf den Gängen lägen blutige Ohrmuscheln, Genitalien oder andere Körperteile herum, womöglich gäbe es sogar Totschlag unter den Erwachsenen. »So viele hoch impulsive und sich fremde Individuen auf einem so engen Raum zusammenzubringen wäre gerade die richtige Rezeptur für Chaos und Selbstverstümmelung«, erläutert Sarah Hrdy.

Das soziale Gehirn

Das Verhalten im Miteinander ist es, das die drei Gen-Brüder so deutlich voneinander abhebt. Wer sich auf die Suche nach den Ursachen macht, wird unter anderem beim Denkapparat landen. Zwischen 400 und 500 Kubikzentimeter oder Milliliter umfasst das Gehirn von Schimpanse oder Bonobo im Durchschnitt. Das ist sehr viel im Vergleich zu anderen Säugetieren und auch Affen. Aber es ist doch wenig im Vergleich zum Menschen. Seine Nervenmasse im Kopf benötigt statistisch einen Raum von 1300 Kubikzentimetern. Genetisch sind sich der Homo sapiens und seine nächsten Verwandten zwar extrem ähnlich, doch sein Gehirn ist fast dreimal so groß.

Die Verhältnisse sind umso erstaunlicher, als ein aktives Nervengewebe enorme Unterhaltskosten aufweist und dauerhaft mit Stoffwechselenergie versorgt sein will. Beim Menschen etwa verschlingt das Gehirn 20 Prozent der benötigten Gesamtenergie, macht aber nur 2 Prozent der Körpermasse aus. So kostspielig, wie er ist, sollte es für den stattlichen Kopf also einen guten Grund geben.

Aber welchen? Verbesserte kognitive Fähigkeiten gehören dazu nicht unbedingt. Denn das Lösen einer mathematischen Gleichung ist nur wenig bis gar nicht nützlich fürs Überleben. Geht es um ein hervorragendes Gedächtnis oder die Fähigkeit zur Kommunikation, so sind diese auch mit einem kleinen Gehirn zu realisieren. Bienen beweisen es. Und in dem winzigen Taubenkopf zum Beispiel hat ein hervorragender Kompass zur Orientierung Platz. Auch ökologische Ursachen sind nicht unbedingt für das Riesenhirn verantwortlich zu machen. Denn die Erklärung, es sei für die Suche nach reifen und essbaren Früchten in einem undurchsichtigen und weiträumigen Streifgebiet erforderlich, greift zu kurz. Ein Hund, eine Katze und selbst ein Schimpanse besitzen Hirn genug, um sich in ihrer Umwelt erfolgreich zu bewegen. Das heißt: Feinde zu vermeiden, genug Nahrung sowie Sexualpartner zur Fortpflanzung und einen geschützten Platz zum Ausruhen zu finden.

Was also könnte – evolutionär gesprochen – das Gehirn des Menschen so aufgeblasen haben? Der Mensch selbst, gab der US-Psychiater Leslie Brothers Anfang der 1990er Jahre zur Antwort. Es sei die soziale Umgebung gewesen, meinte er, indem er Gedanken des US-Anthropologen Loren Eiseley (1907–1977) aufnahm und ausarbeitete, und nicht unbedingt die externen Lebensbedingungen, die das Denken des Homo sapiens entscheidend beförderte. Ihn interessiert nicht nur, was wo wächst und läuft, sondern wie der andere über ihn denkt, ob er sein Freund ist oder Feind. Unter den Wissenschaftlern fungiert Brothers' Idee unter dem Begriff »das soziale Gehirn«. Ihre Musterbeispiele sind die Primaten insgesamt und der Mensch im Besonderen.

Der Gedanke hat einiges für sich. Für ein Lebewesen, das sich in einer Gemeinschaft mit anderen arrangieren muss, rangieren die Informationen, die andere Mitglieder der Gruppe beschreiben, an oberster Stelle. Es gilt zu wissen, um wen es sich bei dem Gegenüber handelt, Mann, Frau, Kind, Verwandter oder Fremder. Doch lediglich das Erkennen dieser grundlegenden Kategorien genügt kaum – das gesellschaftliche Parkett ist bekanntermaßen rutschig und dürfte es immer schon gewesen sein. Es gilt, einzelne Personen unterscheiden zu können, also zu wissen, ob man mit ihm oder ihr schon einmal zu tun hatte und was dabei passierte. Welche Besonderheiten weist er oder sie auf, wie hat sie sich in der Vergangenheit benommen oder welche Stellung in der Rangordnung hat er inne? Aufschlussreich dürfte weiter auch die Kenntnis des aktuellen Zustands sein, in dem sich das Gegenüber gerade befindet. Voller Freude oder ängstlich erregt? Beschämt oder angewidert? Aggressiv oder besänftigend? Humorvoll oder provokativ-herausfordernd? Müde oder verletzt im Stolz? Es existiert eine Vielzahl von menschlichen Emotionen, die in der Regel einen sozialen, also kommunikativen Zweck erfüllen.

Selbst Emotionen sind aber noch nicht für ein geschmiertes Gruppenleben ausreichend. Ebenso relevant wird es sein, die Situation zu berücksichtigen, in der eine Begegnung stattfindet. Öffentlich, unter wenigen Vertrauten oder intim? Von einer Menge beachtet oder als Teilnehmer darin? Und wer Erfolg haben will unter dem vielen Wünschen und Wollen, der wird gut daran tun einzuschätzen, was der andere oder die andere demnächst vorhat, wie er oder sie über einen selbst womöglich denkt. Damit immer noch nicht genug der Anforderungen, denn denkbar ist es ja, dass man das, was der Mitmensch signalisiert, falsch verstanden hat oder dass er gemeiner- oder ironischerweise es gar nicht so gemeint hat, wie zuvor von ihm signalisiert. Vielleicht sucht er etwas zu verbergen, hegt ganz andere Pläne, ist von Emotionen geleitet, die er nicht offenbaren will.

Was soll man davon halten? Und noch schwieriger: wie reagieren, was tun? Am Ende wird die eigene Position in dem Gefüge zu beachten sein und welche Handlungsoptionen daraus erwachsen können. Muss ich berücksichtigen, was er oder sie vorschlägt oder anordnet oder vorgibt, vorzuschlagen oder anzuordnen? Oder kann ich vorgeben, etwas zu tun, etwas zu meinen, etwas zu fühlen? Oder gelingt es mir, einfach darüber hinwegzugehen, so zu tun, als würde ich nicht verstehen? Vielleicht verstehe ich ja wirklich nicht. Wir sind doch alle Freunde, nicht wahr!?

Die Aufgaben in der Gemeinschaft

Die Probleme und Fragen des Clanlebens beschäftigen das Gehirn ganz anders, viel differenzierter und komplexer, als das etwa die Aufgabe tut, eine reife Frucht auf einem Baum zu finden und von einer unreifen oder giftigen zu unterscheiden. Die Gemeinschaft fordert das Gehirn umfänglich. Etwa die Wahrnehmung, die das Erkennen von Gesichtern und Emotionen leisten muss. Dazu die verschiedenen Formen des Gedächtnisses, die das Zuordnen und Abwägen von Fakten und Geschehnissen umfassen sollte. Ein Wesen wird sich selbst geistig in die Situation der vielen anderen versetzen müssen und seine eigene Position darin abschätzen sowie die seines unmittelbaren Gegenübers. Ständig ist ein Individuum mit solchen Aufgaben konfrontiert, weil es andere nicht nur einmal im Jahr zur Fortpflanzung, sondern praktisch immer trifft. Es wird Vorteile haben, wer Fähigkeiten besitzt, die Neurowissenschaftler und Philosophen als »Theory of Mind« bezeichnen. Dies bedeutet, eine Vorstellung oder eine Theorie darüber zu entwickeln, wie die Perspektive oder die Gedankenwelt des anderen aussieht. Im Deutschen wird der Zusammenhang häufig mit dem aus der Psychologie stammenden Begriff der Mentalisierung bezeichnet.

Gefordert sind aber auch die Zentren des Gehirns, die sich mit der Ausübung einer Handlung und deren Kontrolle beschäftigen. Soll ich vor den Unwägbarkeiten wirklich flüchten, soll ich mich in die Gruppe wirklich hineinstürzen, dem ersten Impuls folgen, ist das richtig? Schließlich ist da die gesprochene oder geschriebene Sprache, die der Organisation des Miteinanders dient. Über all den Pflichten steht das Gehirn unter dem Gebot der Schnelligkeit. Die Berechnungen, Analysen und Abschätzungen haben rasch zu erfolgen, um sich mit dem Wesentlichen zu beschäftigen. Unwichtiges in den Mittelpunkt zu rücken, wie das in hitzigen öffentlichen Debatten häufig ist, ist nicht besonders förderlich.

Wie man sieht, scheinen derartige Anforderungen durchaus für die Hypothese vom sozialen Gehirn des Menschen zu sprechen. Der Kontakt mit dem Gegenüber kann zum Gefährlichsten gehören, das einem im Leben widerfahren mag, aber gleichzeitig auch zum Lohnendsten oder Lustigsten. Schaut man sich die Daten jedoch genau an, stützen sie die Behauptung ganz und gar nicht. Menschen haben nämlich mit ihrem bis zu rund 1,4 Kilogramm schweren Denkapparat nicht das größte Gehirn im bekannten Universum: Meeressäuger wie der Pottwal mit 8,5 oder Landsäuger wie der Elefant mit 5 Kilogramm belegen ein gutes Stück höhere Plätze. Immerhin verweist der Homo sapiens das Pferd mit dessen Pfundsorgan (590 Gramm) klar auf die Plätze.

Beleibte Tiere haben viel Gehirnmasse

Die Verhältnisse werden nicht automatisch schmeichelhafter, rechnet man das Körpergewicht heraus – schließlich könnte es ja sein, dass der Wal nur deswegen das größere Gehirn besitzt, weil er mehr Fett und sonstige Masse auf den Rippen trägt als der Mensch. In diesem Fall wären dann die kleinen Nagetiere wie Mäuse, Ratten und andere im Vorteil. Ihr Gehirn kann bis zu 10 Prozent der Körpermasse ausmachen. Beim Mensch, sind es, wie gesagt, nur 2 Prozent. Sieht man sich die Honigbiene an, fällt der Zusammenhang Gehirngröße und Leistungsfähigkeit gänzlich zusammen. Die Insekten besitzen hervorragende Sinne, sind motorisch raffiniert, extrem lernfähig und haben ein ausgezeichnetes Gedächtnis, um etwa zur Wiese mit dem Nektar und zurück zum Stock zu finden. Allerdings lebt auch die Biene in komplizierten Gemeinschaften und warum soll sie nicht ebenfalls ein soziales Gehirn besitzen?

Tatsächlich ist das Körpergewicht der wichtigste Einflussfaktor für die Gehirngröße. Dies ergibt der umfangreiche Vergleich von 1168 Säugetieren. Berechnet man den natürlichen Logarithmus ihres Körpergewichtes und trägt diesen auf der horizontalen Achse eines Koordinatensystems ein, tut man dasselbe mit dem natürlichen Logarithmus des Gehirngewichts auf der vertikalen Achse, so lässt sich durch die gewonnene Wolke von Punkten eine fast perfekte Gerade ziehen. Diese besitzt eine Steigung von 0,768, was bedeutet, dass die großen Tiere etwas kleinere Gehirne aufweisen, als es aufgrund ihres Körpergewichtes zu erwarten wäre. Beleibte Tiere haben viel Gehirnmasse, so einfach ist das. Intelligenter sind sie deswegen aber nicht unbedingt. Angesichts der Menge der Daten kann man hier durchaus von einem evolutionären Trend sprechen. Der Mensch findet sich in dem Bild als größter Ausreißer nach oben, die Primaten liegen unter ihm, aber immer noch oberhalb der Geraden.

Und wo steckt nun das soziale Gehirn? Berücksichtigt man nur das Ausmaß der Großhirnrinde, also jener auch Kortex genannten Struktur, in der die vermeintlich höheren Denkprozesse stattfinden, werden die Verhältnisse auch nicht klarer. Ein Delfin liegt bei 6000 Quadratzentimetern (77 mal 77 cm), ein Wal bei 10 000 (100 mal 100 cm), der Elefant bei 8000 (89 mal 89 cm) und der Mensch bei 1800 (42 mal 42 cm). Daraus zu folgern, dass die riesigen Meeressäuger und der Elefant auch geistige Riesen seien, ist sicherlich nicht verkehrt. Vögel dagegen, die keinen (Neo-)Kortex besitzen, aber dennoch, denkt man an die raffinierten Raben, nicht zu den Dümmsten im Tierreich zählen, sprengen den Vergleich gänzlich.

Handelt es sich beim sozialen Gehirn einmal mehr um eine Metapher, die genauso einprägsam wie einleuchtend ist und hauptsächlich deswegen kritiklos akzeptiert wird?

Die beste anatomische Stütze für die These liefert das Gehirnwachstum über evolutionäre Zeiträume hinweg. Wie Vergleiche ergaben, legte das Denkorgan bei den fossilen Vertretern der Homo-Linie – also jener, die zum Menschen führte – um den Exponenten 1,73 zu, das ist mehr als für das Körpergewicht. Unter den Australopithecinen, die nicht zu unseren unmittelbaren Vorfahren zählen, beträgt der Wert des Exponenten nur 0,33. Diese ältesten Vertreter unserer fossilen Vorfahren besaßen mithin noch Gehirne wie Schimpansen oder Bonobos.

Außerdem gilt die individuelle Gehirnentwicklung als absolut typisch für den Menschen. Bei Halbaffen ist das Oberstübchen zwei Jahre nach der Geburt voll ausgereift und die Tiere haben als erwachsen zu gelten. Bei Affen und nicht menschlichen Primaten ist das nach sechs bis sieben Jahren der Fall, beim Menschen jedoch erst im Alter von rund 20 Jahren. Die Biologie räumt ihm viel Zeit ein, um die komplizierten sozialen Verhaltensweisen in der Gemeinschaft erlernen zu können. Angesichts der eigenen jugendlichen Dummheiten scheint das durchaus sinnvoll zu sein.

Ein starkes Argument stellen ferner die für den Menschen typischen Geisteskrankheiten dar, die häufig das Sozialverhalten betreffen. Die unter den übergreifenden Begriff der Schizophrenie fallenden Leiden etwa sind mit Störungen des Gefühlslebens verbunden. Betroffene können oft Emotionen im Gesicht anderer nicht zutreffend erkennen, sie zeigen eine nur eingeschränkte Hilfsbereitschaft oder wenig Mitgefühl in den entsprechenden Situationen. Andererseits besitzen sie markante Fehlfunktionen in ihrer Mentalisierung, leiden an Illusionen der Fremdkontrolle, des Misstrauens oder der Verschwörung, Fachleute sagen Paranoia dazu. Der Autismus und verwandte Erkrankungen dagegen sind durch ein angeborenes und weitgehendes Desinteresse an sozialem Umgang gekennzeichnet. Dagegen steht eine besondere Sensibilität gegenüber dem Einhalten von Regeln. Weniger Menschen und ihr Tun, sondern Änderungen, und seien sie noch so geringfügig, dieser sachlichen Ordnung vermögen Autisten hochgradig zu erregen. Freundschaften oder menschlicher Nähe stehen die Patienten geradezu desinteressiert gegenüber.

Vor allem der Kortex wächst mit der Gruppe

Auf den entscheidenden Zusammenhang stieß schließlich der britische Anthropologe Robin Dunbar von der Universität Oxford. Er setzte die typische Größe der Primatensippen, also zum Beispiel der von Schimpansen, Orang-Utans oder Pavianen, mit den Ausmaßen ihres Großhirns in Bezug. (Um der Genauigkeit Genüge zu tun: Es handelt sich um das Verhältnis des Großhirns oder Kortex zu der Größe des restlichen Gehirns. Bei Primaten beträgt es 0,5 bis 0,8 oder 50 bis 80 Prozent.) Dabei kam zutage: Je mehr Mitglieder die Affengemeinschaft umfasste, umso ausgedehnter zeigte sich auch das Neuronengewebe. Das Hirn wächst also, je mehr Artgenossen sich um ein Wesen tummeln und umgekehrt. Auch dieser Zusammenhang war recht gut mit einer Linie zu beschreiben.

Bei Schimpansen umfasst die eigene Sippe, die im Kern von einigen Männchen gebildet wird, kaum einmal mehr als zwischen 50 und 60 Mitglieder. Damit passen sie gut in die ermittelte Linie hinein. Werden es mehr, trennt sich die Horde in zwei kleinere auf und jede geht eigener Wege. Warum das so ist, ist eine interessante Frage. Die Gruppengröße hängt sicher mit der Verfügbarkeit von Nahrung zusammen oder anderen Umweltfaktoren, wie dem Druck durch Fressfeinde. In der Realität variieren die Gruppengrößen je nach Lebensraum. Auf der anderen Seite sind sie aber doch auch typisch für jede Spezies. Verantwortlich dafür ist, laut Dunbar, das Gehirn, speziell das Großhirn oder der Kortex. Er hat die Aufgabe, die komplizierte Beziehungsstruktur der Gruppenmitglieder zu organisieren. Man unterhält Verbindungen miteinander, kennt sich, bildet Koalitionen oder rivalisierende Fronten und memoriert nicht nur die eigenen Verhältnisse, sondern auch, wer es in der Gruppe mit wem hält. Es geht, kurz gesagt, darum, sich die anderen ein Stück weit vom Leib zu halten, aber sie nicht zu sehr zu verschrecken, sodass sie in der Nähe bleiben.

Soziale Gemeinschaften verkörpern bekanntlich eine delikate Angelegenheit. Einerseits braucht man sich gegenseitig, weil man in der Menge besser aufgehoben ist, etwa zum Schutz vor Fressfeinden oder zur Überbrückung von Engpässen bei der Nahrung. Andererseits intensiviert der ständige und enge Kontakt mit den Artgenossen die Konkurrenz und befördert den Stress. Als Ausweg aus dem Dilemma setzen die Primaten auf Besänftigung und Verständigung. Man tut sich gegenseitig Gutes, wozu das entscheidende Mittel die Fellpflege ist. Zwei setzen sich zusammen, der eine durchsucht den Pelz des anderen auf Parasiten, danach werden die Rollen getauscht, und darüber werden die beiden mehr oder weniger gut Freund miteinander. Nimmt die Gruppengröße jedoch zu, genügt plötzlich die bisher eingesetzte Zeit für derlei intensive Freundschaftspflege nicht mehr. Die Spannungen können nicht länger abgebaut werden, sie nehmen überhand und die Gruppe zerfällt in kleinere Einheiten, in der sich die Mitglieder wiederum stärker einander widmen und sich wohlfühlen.

Die Zeit, die man füreinander aufbringt, stellt also den begrenzenden Faktor dar. Eine einfache Rechnung verdeutlicht die Schwierigkeit der Laus-Verhältnisse. Altweltaffen, zu denen auch die Schimpansen gehören, verbringen nie mehr als 20 Prozent ihrer Zeit mit der Fellpflege. Würde ihre Gruppengröße auf 150 Mitglieder anwachsen, müsste jeder Einzelne bereits 43 Prozent seiner täglichen Aktivität auf die soziale Integration verwenden. Für eine aufs Lausen gegründete Gemeinschaft hieße das, dass immer mehr Zeit für die Pflege der internen, der sozialen Beziehungen erforderlich wäre. Bei 200 Individuen wäre ihr Anteil bereits auf 57 Prozent gestiegen. Sozial gesehen ginge es den Tieren dabei noch gut. Für die Futtersuche, das Fressen und all die anderen Aktivitäten eines Affentages bliebe aber nicht mehr genug Zeit und die Bande würde alsbald vor Hunger sterben. Auch die mentalen Anforderungen würden ungeheuerlich steigen. Eine Gruppe aus 50 Köpfen kann 1225 Zweierbeziehungen umfassen, die Forscher sprechen von dyadischen Kontakten (von griechisch *dýas* = Zweiheit). Bei einem Kollektiv aus 150 sind es bereits 11175 Dyaden – deutlich zu viel für Schimpansen, zumal im Flugzeug.

Zählt die goldene Menschengesellschaft 150 Köpfe?

Dunbar hat, wie leicht zu verstehen ist, ein wichtiges Prinzip formuliert, genau besehen sogar mehrere. Nämlich: Die soziale Kommunikation ist für den Zusammenhalt einer Gruppe von besonderer Bedeutung. Die Art und Weise, wie sie gestaltet werden kann, beeinflusst die maximale Gruppengröße. Und: Die Kapazität des Großhirns ist dabei ein entscheidender Einflussfaktor.

Für den Menschen lieferten seine Überlegungen eine weitere aufregende Erkenntnis. Denn der Anthropologe musste in seine Darstellung mit der Geraden aus Gruppengröße und Hirngröße nur den entsprechenden Wert des Homo sapiens eintragen und konnte so die für uns typische, die archaische Mannschaftsstärke ermitteln. Sie lag bei 150 Köpfen. In der Forschung ist sie als Dunbar-Zahl bekannt.

Ob es sich damit um eine Art goldene Einheit handelt? Ein elementares Maß für das soziale Leben des Menschen? Eine anthropologische Konstante, in denen sich alle Personen bewegen, egal ob es sich um die weit verteilten Bekanntschaften eines Stadtmenschen handelt, um die begrenzten Verhältnisse in einem kleinen Dorf oder gar in den globalen sozialen Netzwerken des Internets? Ist die Gesellschaft aus miteinander überlappenden 150er-Waben aufgebaut?

Dunbar bemühte sich, Argumente für eine solche Sicht zu sammeln. 150 Personen, führte er aus, das liege irgendwo in der Mitte zwischen der 30 bis 50 Köpfe umfassenden Sprengelstärke, in der etwa jagdtreibende Völker ein vorübergehendes Nachtlager beziehen, und auf der anderen Seite den 1500 bis 2000 Angehörigen eines typischen Jäger- und Sammlerstammes. Das Beziehungsnetz eines Menschen besteht, seiner Ansicht nach, aus drei Gruppen: fünf enge Vertraute, 15 gute Freunde und 150 Bekannte, mit denen man immer noch gerne in Kontakt steht. 150 Menschen, das umfasse in etwa jene Menge, mit der ein Einzelner noch persönliche Beziehungen unterhalten kann, über die er recht gut Bescheid weiß, was Vorlieben, Charakterzüge, Einzelheiten der familiären oder beruflichen Geschichte oder aktuelle Geschehnisse angeht. Diese Gruppe sei äquivalent mit jenen Sympathisanten, die man um einen Gefallen bitten kann, der mit einer gewissen Sicherheit gewährt wird. Vorindustrielle Dorfgemeinschaften, gibt Dunbar an, wiesen typischerweise um die 150 Angehörige auf. Die militärische Einheit Kompanie besteht aus 130 bis 150 Soldaten. Ein Unternehmen wird sich womöglich hierarchisch anders organisieren, wenn es mehr als 200 Mitarbeiter aufweist als unter 100. Die Grenze könnte gerade die Zahl 150 darstellen.

Eipo wie Facebook: jeder kennt 500 und mehr

Aber hierin eine Art natürlich fundierte und doch geheimnisvolle Grenze zu erkennen, jenseits derer das sich noch in der Steinzeit befindliche Seelenleben des heutigen Menschen Schaden leidet, wie das immer mal wieder passiert, das erscheint ziemlich unsinnig. Soziale Konflikte sind nicht unvermeidlich, nur weil der Erdenbürger tagtäglich vielen anderen begegnet, die nicht Teil jener 150 sind, die er persönlich und mit Namen kennt. Der Mensch vermag durchaus weitere soziale Netzwerke zu unterhalten. Wäre das nicht so, die Flugzeughersteller Airbus oder Boeing würden nicht immer noch größere Fahrzeuge bauen, in denen mehrere hundert Menschen Platz finden und dabei zufrieden sind. Die Stärke vieler Sportmannschaften wiederum liegt deutlich darunter, bei zehn etwa. Und Busse transportieren 50 Menschen oder weniger in einem Raum und keiner fühlt sich dabei allein gelassen.

In eine ähnliche Richtung deuten auch Befunde bei sogenannten steinzeitlichen Völkern. Die Eipo in West-Neuguinea können Gruppen von mehreren hundert Angehörigen inklusive Verstorbener mentalisieren. Sie selbst bezeichnen sich als »Eipodumanang«, das heißt als diejenigen, die am Ufer des Eipo, einem gleichnamigen Fluss in einem schwer zugänglichen Hochtal, leben. Zusammen mit ihren Nachbarn umfasst das Volk mehrere tausend Individuen, doch ein Dorf besteht typischerweise aus 40 bis 200 Bewohnern. Es handelt sich dabei, wie Ethnologen sagen, um eine klassische Angesicht-zu-Angesicht-Gesellschaft. Dies bedeutet: Alle, selbst die Kinder, kennen alle.

Doch wie sich zeigte, umfassen die Netzwerke weit mehr Personen als nur die bekannten 150 und schließen sehr umfangreiche Informationen ein. Eipo kennen zum Beispiel die einzelnen Namen der Stammesmitglieder, ihre Familienverhältnisse sowie teils deren Abstammungsgeschichten. Zum Teil besitzen sie diese Kenntnisse auch über die anderen Dorfbewohner in der Nachbarschaft. In der Summe handelt es sich um etwa 600 Personen und mehr. Einige ihrer im In-Tal im Westen lebenden »Erbfeinde« sind ihnen ebenso namentlich bekannt wie die befreundeten Bewohner des Hei-Tales, mit denen die Eipo Handel treiben und bei denen sie Heiratspartner finden. »Jeder der Eipo kennt mindestens 500 andere persönlich«, schätzt Wulf Schiefenhövel von der Forschungsgruppe Humanethologie des Max-Planck-Instituts für Ornithologie in Andechs. Der Verhaltensforscher erstellte im Rahmen seiner Forschungsarbeiten ein Wörterbuch der Eipo-Sprache. Wie er feststellte, betreffen die Kenntnisse nicht nur Personen der Gegenwart, sondern reichen bis zu fünf Generationen zurück in die Vergangenheit.

Internet und Sprache: Nichts als Lausen mit Hilfsmitteln

Schaut man sich die sozialen Netzwerke im Internet an, ist die 500 durchaus eine Zahl, die dem tatsächlichen Umfang des Bekanntenkreises eines Menschen näherzukommen scheint. Mehrere 100 oder gar 1000 virtuelle Kontakte sind bei den einschlägigen Seiten wie Facebook oder StudiVZ durchaus noch als gewöhnlich anzusehen. Nach oben scheint in dem globalen Dorf ohnehin keine Grenze zu existieren. Interessant ist jedoch, dass mit den virtuellen Hilfsmitteln, wie es aussieht, vor allem Dunbars dritte Gruppe aufgebläht wird, nämlich jener äußere Kreis der Bekannten, mit denen man noch gerne umgeht. Bei den fünf engen Vertrauten sowie den 15 guten Freunden – wollen wir die absoluten Zahlen nicht allzu wörtlich nehmen – sind persönliche Kontakte weiterhin die Regel und unersetzlich. Der Mensch nutzt mithin seine technischen Möglichkeiten, um seine vor allem sozialen

Bedürfnisse zu befriedigen. Um es in der Jahrmillionen alten Primatensprache auszudrücken: Das Internet ist nichts anderes als Kraulen über immer größere Entfernungen hinweg und mit technisch-kultureller Hilfe.

Die Entstehung der Sprache könnte einst diesen Gesetzen der Vereinfachung, der Rationalisierung gefolgt sein, wie Dunbar vermutet. Plausibel erscheint der Gedanke. Sprache ist demnach nichts anderes als verbales Lausen. Wie Messungen bei sieben verschiedenen Bevölkerungsgruppen ergaben, verwendet der Mensch genau jene 20 Prozent seines Alltags darauf, mit seinen Mitmenschen Konversation zu betreiben, die auch Altweltaffen maximal fürs Kraulen investieren.

Dunbars Vorstellung nach besitzen die akustischen Serviceleistungen gegenüber den realen einige Vorteile: In einer Zusammenkunft von Menschen (egal ob geplant oder sich ergebend) können sie mehreren oder gar sehr vielen, manchmal auch der gesamten versammelten Menge zugleich zuteilwerden. Dies ist eine Art Vervielfältigung. Sprechend »zu kraulen« spart zudem Zeit, weil man nebenher etwas ganz anderes erledigen kann, etwa gehen, arbeiten oder Junge füttern. Drittens steckt in der verbalen Kommunikation ein Gehalt, den der heutige Mensch versucht ist, als ihren Hauptzweck anzusehen, den sie in diesem Bild ursprünglich aber nicht hatte: Information. Sprache dient dem Austausch von Kenntnissen, Einschätzungen und Geschehnissen, die außerhalb des eigenen Erlebens des Gesprächspartners liegen. Was Tiere nicht mit eigenen Augen sehen, von dem wissen sie nichts, Primaten geht es hierbei nicht anders. Menschen jedoch sind durch das Mittel der Sprache in der Lage, auch Kenntnisse zu erwerben, die außerhalb ihres eigenen Erlebens stattfanden. Dies hilft ihnen, auch in größeren sozialen Netzwerken den Überblick zu behalten. So wird verständlich, warum Informationen über andere Menschen für den Homo sapiens eine solche Bedeutung besitzen. Klatsch und Tratsch hält die Gruppe zusammen.

Soziale Netzwerke tragen in der Not

All dies führt dazu, dass sich der Umfang der Gemeinschaften immer weiter ausdehnen konnte. Und Größe bringt enorme Vorteile mit sich, weil die Menge zum Beispiel das Risiko des Hungers oder gar Verhungerns verringert. Eine durchschnittliche Familie der Ache, eines Jägervolks in Paraguay, würde fast jeden dritten Tag zu wenig zu essen bekommen, wenn sie allein auf das Jagdglück ihres Versorgers angewiesen wäre. Kann sie jedoch etwa vom Nachbarn abbekommen, wenn der gerade das Glück hatte, Beute zu machen, oder erhalten alle beide von einer dritten Familie ein Stück, um es später wieder zurückzugeben, so sinkt das Risiko. In diesem Fall ist statistisch nur noch rund jeder 30. Tag mit einer Unterversorgung zu rechnen.

Auch die weiträumigen sozialen Netzwerke dienen der Absicherung in Notfällen, wie Pauline Wiessner von der University of Utah in Salt Lake City dokumentieren konnte. Die Anthropologin fand heraus, dass die in Botswana und Namibia lebenden Ju/'hoansi beziehungsweise !Kung ausgedehnte Leistungs-, Tausch- und Geschenkverhältnisse pflegen. So gehören etwa 69 Prozent der Güter, die ein Buschmann täglich benutzt – Messer, Pfeile, Perlen, Kleidung –, ihm nicht dauerhaft selbst, sondern nur vorübergehend. Die Gegenstände sind Teil des Tauschkarussells namens *hxaro* und werden nach einer gewissen Zeit weitergereicht. Wer Eigentum hingegen sammeln würde, wäre damit sozial geächtet. »Der Umlauf der Geschenke vermittelt den Partnern den Eindruck, dass sie einander im Herzen tragen und in Zeiten der Not gerufen werden können«, erläutert Wiessner.

Der typische erwachsene Buschmann unterhielt – so Wiessners Erkenntnisse – zwischen zwei und 42 Tauschverhältnisse, *hxaro*, durchschnittlich 16. Die Partner waren bunt gemischt, Männer und Frauen jeden Alters waren darunter, mit verschiedenen Begabungen und weit übers Land verteilt. 18 Prozent der *hxaro* unterhielt ein Buschmann im eigenen Lager, 21 Prozent in einem mindestens 16 Kilometer entfernten Camp und 33 Prozent in einem zwischen 51 und 200 Kilometer fern liegenden Übernachtungsplatz. Die *hxaro* wurden ein ganzes Leben lang aufgebaut und im Falle des Todes von Eltern auf die Kinder vererbt. In Notzeiten kann das weit verzweigte und aktive soziale Netz aktiviert werden und dient den Ju/'hoansi zum Überleben.

Dies beinhaltet eine starke narrative Komponente, wie Wiessner beobachten konnte. Als, wie in einem Fall, heftige Regenfälle das Siedlungsgebiet heimsuchten, begannen die Menschen damit, sich Geschichten über ihre entfernten Freunde zu erzählen und wie sehr sie diese vermissten. Dann machten sie sich daran, Geschenke zu fertigen. Und als es hart auf hart kam, machten sich 150 !Kung auf den Weg, um die Notzeit bei ihren Freunden zu überbrücken. Wie Wiessner feststellte, waren diese Besuche nicht die Ausnahme, sondern dreimal im Jahr die Regel und sicherten das Überleben der Jäger und Sammler. Gefragt, was eine industrielle Entsprechung der !Kung-Netzwerke wäre, antwortet Wiessner: »Facebook. Die Menschen, die es benutzen, sagen, es hält die Erinnerungen an entfernt lebende Freunde lebendig und bringt einem längst verloren gegangene Beziehungen wieder nahe.«

Das magische Viereck

Der Mensch ist also, als typischer Primat nicht überraschend, den Weg gegangen, sein Gehirn zu vergrößern. Aus heutiger Sicht mag dies als die edle, die vernünftige, die gleichsam automatische Variante erscheinen, die ihn über alle anderen Tiere erhob. In der Evolution war es alles andere als das. Denn indem es ganz auf Denkleistung setzt, handelt sich ein Wesen eine Reihe von biologischen Problemen ein. Diese sind eng mit der Energieversorgung der Neuronenmasse verknüpft. Wir haben gehört, dass der Kopf 20 Prozent der aus der Nahrung gewonnenen Kraft abzieht. Problematisch daran ist aber nicht allein die schiere Menge. Leber und Herz verbrauchen genauso viel, die Nieren sogar fast doppelt so viel. Doch anders als die inneren Organe lässt sich das Gehirn nicht vorübergehend auf Sparflamme setzen, um so etwa Zeiten der Not zu überbrücken. Es will immer seinen Anteil haben, und das kann bedeuten, dass ein Individuum mit großem Gehirn stirbt, wenn die Versorgung schlecht ist. Noch empfindlicher kann sich ein Verpflegungsengpass bei Jungtieren auswirken. Fehlende Nahrung während der Entwicklung kann leicht zu dauerhaften Schädigungen und kognitiven Defiziten führen – und all die schönen Vorteile, all die herrlichen Talente fürs Gruppenleben, sie wären dahin.

Die Folgen erläutert der Anthropologe Carel van Schaik von der Universität Zürich: »Ein mit einem großen Gehirn ausgestattetes Lebewesen muss deshalb ständig in der Lage sein, einen genügenden Energiezufluss für sein Gehirn zu gewährleisten oder aber Energie zu speichern, um die unvermeidliche Fluktuation in der Nahrungszufuhr auszugleichen.« 13 Millionen Kalorien sind zum Beispiel erforderlich, um ein Baby von seiner Geburt bis zum 18. Lebensjahr zu versorgen. Anzunehmen ist daher, dass jede Tierart jeweils das größte Gehirn hat, das es sich energetisch gerade noch leisten kann.

Auf das Wörtchen »ständig« kommt es in der obigen Aussage besonders an. Es ist in einem evolutionären Zusammenhang zu verstehen und bedeutet, dass eine biologische Spezies ihr Leben, ihr Verhalten, ihre gesamten Erwerbs- und Reproduktionsstrategien so einzurichten hat, dass die Energieversorgung ausnahmslos gesichert ist. Dies hat nichts weniger zur Folge, als eine grundlegende Änderung einzuleiten. Die Menschenaffen reagierten auf die neue Anforderung, indem sie die Zahl der gleichzeitig zu versorgenden Jungtiere reduzierten. Schimpansen zum Beispiel bringen immer nur ein Baby zur Welt. Dieses bleibt relativ lange, nämlich vier bis sieben Jahre, von der Mutter abhängig. Bei Gorillas oder Orang-Utans ist die Stillzeit ebenso lange. Lieber nur ein Kind, sich um dieses dafür aber gut kümmern, scheint die dahinterstehende Strategie zu lauten.

Das Zugeständnis erfordert aber eine Korrektur an anderer Stelle. Ein Nachkomme pro Weibchen genügt nicht, um in der Wildnis die eigene Art überleben zu lassen. Krankheiten, Unfälle, der Druck von Feinden oder gar Infantizide aus der eigenen Gruppe fordern Opfer unter den Kleinen. Falls jeder Zweite die ersten Jahre überleben sollte, wäre das schon ein extrem guter Wert. Der Nachwuchs kann aber nicht gleichzeitig aufgezogen werden, sondern eben nur nacheinander. Und wenn ein Kind alleine schon Jahre benötigt, um selbstständig zu werden, vermag die Reihenproduktion nur zu funktionieren, wenn sich gleichzeitig die Lebensspanne der Weibchen erhöht. Es genügt nicht mehr, wenn sie zehn oder 15 Jahre leben, erst 20 oder 40 Jahre erhalten die Population.

Die Lebensdauer von Tieren mit einem großen Gehirn – wir reden von Säugetieren insgesamt, insbesondere von Primaten – wird folglich ansteigen, um die gesamte Bilanz der Fruchtbarkeit zu erhalten. Die Arten leben langsamer, wenn man so will, und schaffen es so, über einen vergleichsweise langen Zeitraum von mehreren Jahrzehnten Nachwuchs zur Welt zu bringen. Dieser Strategie sollte biologisch nichts im Weg stehen, denn wer einen großen Denkapparat hat, wird spätestens als erwachsenes Tier höhere Überlebensraten aufweisen. Am gegenüberliegenden Ende dieser Skala finden wir das Modell der kleinen Säuger. Sie produzieren viele Junge gleichzeitig und nacheinander, wachsen schnell und werden nicht alt. Zu diesen Arten zählen Mäuse oder Ratten. Sie stehen für eine Strategie der Quantität statt jener der Qualität.

Energiekosten, Gehirngröße, Lebensverlauf und Fruchtbarkeit bilden also eine Art magisches Viereck. Und es ist, wie oben gesehen, unmöglich, an der einen Stellschraube ein Stückchen zu drehen, ohne damit das ganze Gebilde aus dem Gleichgewicht zu bringen und an andere Stelle nachjustieren zu müssen. Die Evolution ist wie ein Tisch mit vier Beinen, dessen Platte waagrecht stehen soll: Wer sein Gehirn vergrößert, handelt sich Energieschulden ein und muss den Lebenslauf verlangsamen. Soll die Fruchtbarkeit in etwa gleich bleiben, was ohnehin die Grundvoraussetzung ist, muss die Lebenszeit erhöht werden. Vergleichende Studien von Carel van Schaik und seiner Mitarbeiterin Karin Isler an Säugetieren konnten die gegenseitige Abhängigkeit der vier Faktoren und die Gültigkeit dieses, wie sie sagen, »energetischen Ansatzes« empirisch sehr gut bestätigen.

Menschenaffen führen eine Grenzexistenz

In der Praxis ist das Dilemma noch etwas ausgeprägter als auf dem Papier. Denn wie es aussieht, vermögen die getroffenen Gegenmaßnahmen das Ruder nicht ganz herumzureißen. Die Fruchtbarkeit der Tiere mit großem Gehirn bleibt ein kleines Stück geringer als bei vergleichbaren Säugetieren. »Die Kompensation der reduzierten Fortpflanzungsrate durch ein verlängertes Leben reicht nicht aus, und relativ großhirnige Arten weisen dennoch ein vermindertes Reproduktionspotenzial auf«, erklärt van Schaik.

Das ist bei den großen Menschenaffen festzustellen, besonders bei Orang-Utans, Gorillas und Schimpansen. Sie besitzen, vom Menschen abgesehen, die relativ größten Gehirne, und sie weisen ein sehr geringes Bevölkerungswachstum auf. Dezimierte Populationen erholen sich selbst unter optimalen Bedingungen nur sehr langsam. Die Zerstörung der afrikanischen und indonesischen Urwälder sowie der Klimawandel, beides vom Menschen verursacht, gefährden daher das Überleben der Tiere besonders stark. Biologisch standen sie ohnehin auf der Kippe. »Sie sind gewissermaßen Extremfälle, die gerade noch existenzfähig, aber auch sehr verwundbar sind«, weiß van Schaik.

Diese Feststellung hat ebenfalls weitreichende Folgen – so scheint das in der Evolution immer zu sein. Kein Schritt kann folgenlos bleiben. Über lange Zeiträume hinweg tendieren die Arten, die auf die Strategie der Gehirnvergrößerung setzten, dazu auszusterben. Ihr Defizit auf der Seite der Fruchtbarkeit kann sich in Notzeiten fatal auswirken, sie erholen sich zu langsam. Außerdem existiert eine Art Grenze oder »gläserne Decke«, wie van Schaik sagt, jenseits derer der Denkapparat nicht noch mehr wachsen kann. Es ist besser, darunter zu bleiben, andernfalls würde sich die Art zu viele Schulden einhandeln – wiederum in Bezug auf die Fruchtbarkeit. Die Menschenaffen sind ein lehrreiches Beispiel dafür.

Doch an dieser Stelle taucht unweigerlich ein Widerspruch in der bis hierher so schönen Geschichte auf: Was ist mit dem Menschen? Wieso hat er es dann geschafft, sein Gehirn auf 1300 Kubikzentimeter auszuweiten, fast dreimal mehr als die biologische Familie, zu der er gehört? Was verhalf dem Homo sapiens dazu, die »gläserne Decke« durchstoßen zu können – und zwar nicht unmerklich, sondern mit ziemlicher Wucht?

Die gläserne Decke durchstoßen

Beim Menschen begleiteten, wie bei den anderen Primaten, die typischen Änderungen der Lebensgewohnheiten die extreme Vergrößerung des Gehirns. Was seine lange Lebensdauer angeht, die umfangreiche Zeit, die Kindheit und Jugend in Anspruch nehmen – alle diese Parameter fügen sich sehr gut in den Rahmen des biologisch-theoretisch Erwartbaren. In zweierlei Hinsicht jedoch bildet der Mensch im Vergleich zu seinen Verwandten eine Ausnahme: Er besitzt eine weitaus größere Geburtenrate als etwa der Gorilla oder der Schimpanse. Frauen können bereits zwei bis drei Monate nach der Geburt eines Kindes erneut schwanger werden, und sie tun dies – auch heute gar nicht so selten. In vorindustrieller Zeit war eine derart rasche Geburtenfolge die Regel. Dies ist umso überraschender, als das Wachstum und die Reifung eines Menschenbabys gegenüber etwa einem Schimpansenjungen noch einmal so extrem verlangsamt sind, dass es nicht ganz zwei Jahrzehnte benötigt, um als Erwachsener zu gelten. Daneben sind Frauen die einzigen weiblichen Wesen in der Primatenriege, die überleben, selbst wenn sie nicht mehr fruchtbar sind. Ermöglichte die Menopause der Frauen die erhöhte Fruchtbarkeit und damit die Vergrößerung des Gehirns jenseits der »gläsernen Decke« der Primaten – und damit die Erfindung der Zivilisation?

Wie es scheint, ja. Indem sie die Versorgung der Kinder nicht länger nur selbst leisteten, sondern auf noch nicht oder nicht mehr reproduzierende Helferinnen verteilten, sprich die Großmutter, und schließlich auf die gesamte Gruppe, gelang es den Menschen – gemeint sind alle zusammen, jung, alt, Männer, Frauen –, ihre Fruchtbarkeit zu steigern. So lautet zumindest die Theorie von der Erfindung der Großmutter. Die faszinierenden Befunde dazu liefert Kristen Hawkes, Anthropologin an der Universität von Utah in Salt Lake City.

Zusammen mit einigen Kollegen führte Hawkes verschiedene Feldstudien durch. Bei den Hazda oder Hadzabe, einem in Tansania in der Gegend des Eyasisees lebenden Volk von Jägern und Sammlern, erfassten sie beispielsweise, wie viel welche Gruppenmitglieder zum täglichen Nahrungserwerb beitrugen. Die Forscher begleiteten jeden Mann, jede Frau und jedes Kind und wogen akribisch aus, was ein Hazda an Essbarem nach Hause brachte. Dazu gehörten Beeren, Nüsse, Wurzeln, Pilze oder stärkehaltige Knollen, die mit einem Stock eigens ausgegraben wurden. Auch die Jäger verfolgten die Wissenschaftler, die auszogen, der Elenantilope nachzustellen, einem pflanzenfressenden Koloss, der eine halbe Tonne auf die Waage bringt. Die Jagd des Huftiers gilt bei den Hazda als besonders ehrenhaft, womöglich gerade weil es selten ist und kaum einmal erlegt werden kann. Das Volk lebt mithin nicht so sehr von dem, was die Männer an Trophäen nach Hause bringen – beziehungsweise versäumen nach Hause zu bringen –, sondern von dem, was die Frauen tagsüber in mühevoller Kleinarbeit sammeln.

Die emsigen Großmütter

Wie Hawkes und ihre Kollegen entdeckten, waren die eifrigsten Sammlerinnen, das heißt jene, die als Erste morgens das Lager verließen und als Letzte abends zurückkehrten, nicht etwa die jungen Frauen und auch nicht die Mütter, die ein Kind zu versorgen hatten. Es waren die Frauen, die selbst zu alt waren, um Kinder zu bekommen, die Großmütter und Großtanten, die sich am meisten anstrengten und den größten Teil der Lebensmittel nach Hause schleppten. Sie waren nicht für sie selbst gedacht: Die Helfer fütterten damit ihre Enkel und Großneffen. Keineswegs also nahmen sie das Wort vom Ruhestand wörtlich und genossen ihre Zeit, sondern sie arbeiteten mehr denn je.

Anders als Schimpansenkinder, denen ihre Mütter noch während der Pflegezeit die Nahrungsteilung verweigern und die sich daher selbst um ihr Essen kümmern müssen, sind abgestillte Menschenkinder sehr lange davon abhängig, von einem anderen versorgt zu werden. Dafür ist die typische menschliche Nahrung einfach zu schwierig zu bekommen. Wenn die Mutter sich nicht selbst um den Unterhalt kümmern muss, sondern die Großmütter oder ältere Frauen, die kräftig und gesund sind, aber selbst keine Kinder mehr aufzuziehen haben, dies übernehmen, dann hat die noch fruchtbare Frau eine Hand wieder frei. Sie kann sich ihrem nächsten Sprössling widmen, dem Neugeborenen, das sie auf dem Arm mit sich herumtragen muss, weil es extrem abhängig ist. Hawkes konnte genauestens nachweisen, dass die Hazda-Kinder, die von einem älteren Familienmitglied unterstützt wurden, schneller groß wurden. Gerade in Notzeiten wirkte sich die Hilfe positiv aus, die Sprösslinge überlebten dann mit einer größeren Wahrscheinlichkeit.

Untersuchungen der Bevölkerung auf dem Ifalik-Atoll, das zu der Inselgruppe der Karolinen im Pazifik gehört, haben in den 1980er Jahren gezeigt, dass es nicht unbedingt eine ältere Nesthelferin sein muss, um die Fruchtbarkeit zu verbessern. Die Anthropologen dort entdeckten, dass es für Paare vorteilhaft war, wenn sie zunächst eine Tochter bekommen hatten. In diesem Fall gelang es ihnen, mehr Kinder aufzuziehen, als wenn ein Sohn das Erstgeborene war. Vermutlich deswegen, weil sich ältere Schwestern mehr um jüngere Geschwister kümmern als ältere Brüder.

In die gleiche Richtung deuteten Studien mit karibischen Dorfbewohnern auf der Insel Trinidad. Ein Helfer am Herd, egal ob männlich oder weiblich, egal ob zur Familie gehörig oder nicht, verbesserte die Fertilität, also jene Anzahl jener Kinder, die es selbst ins reproduktive Alter schafften. Auch Daten einer finnischen und einer kanadischen Bevölkerungsgruppe aus dem 18. und 19. Jahrhundert bestätigen die Großmutter-Hypothese. Dort zeigte sich, dass sowohl Söhne als auch Töchter, deren Mütter über die Menopause hinaus lebten, früher ein eigenes Kind bekamen und außerdem mehr Kinder insgesamt als Vergleichsgruppen. Zudem gelang es ihnen mithilfe ihrer Eltern, mehr Kinder bis ins Erwachsenenalter großzuziehen. Der positive Effekt war umso ausgeprägter, je länger die Eltern lebten. Und umgekehrt wirkte es sich bereits negativ aus, wenn die Großmutter auch nur im nächsten Dorf wohnte und so nicht täglich verfügbar war. Der Einfluss der Helfer war im Übrigen ganz unabhängig vom sozialen Status oder Reichtum der Familien.

»Menschen müssen als kooperative Brüter entstanden sein – wie Vögel und Säugetiere«, folgert Sarah Hrdy in ihrem wunderbaren Buch *Mütter und andere*. Und wir erinnern uns für einen Augenblick an die Arbeiten der Evolutionsbiologin Joan Roughgarden aus dem letzten Kapitel. Sie präsentierte viele unterstützende Belege für die Auffassung des kooperativen Brütens aus der Vogelwelt und zeigte auch theoretisch, dass dies den Tieren Vorteile bringt.

Menopause statt Tod

Der Unterschied zu den anderen Primaten ist mehr als augenfällig, betrachtet man den Verlauf der natürlichen Fruchtbarkeit von Frauen über die Lebensspanne hinweg. Bei Menschen bleibt der Wert zunächst lange sehr niedrig, steigt im Alter von 15 Jahren an, um zwischen 25 und 30 einen Höhepunkt zu erreichen. Danach sinkt die Fruchtbarkeit rasch auf null zurück. Die Grenze von 40 Jahren gilt in der Regel als das Alter der letzten Geburt, die Menopause wird bei 50 angesetzt, kleinere individuelle Abweichungen sind möglich.

Entsprechende Daten von frei lebenden Schimpansen sind schwer zu ermitteln. Aber sie existieren, wenngleich nur auf der Basis von 300 Individuen. An den Zahlen ist zu erkennen, dass die maximale Fruchtbarkeit des Pan nur gut zwei Drittel derjenigen des Homo erreicht, also deutlich niedriger liegt. Dafür setzt aber die Zeit der Fortpflanzung früher ein und bleibt etwa bis zum Alter von 45 Jahren auf einem konstant hohen Niveau. Das Ende der Fruchtbarkeit der Schimpansinnen markiert fast immer zugleich den Tod der Tiere. Nur ein kleiner Anteil von 3 Prozent ist älter als 45 Jahre. Überleben Einzelne bis in ihre späten 30er oder gar 40er Jahre hinein, weil es sich vielleicht um besonders robuste Individuen handelt, werden sie weiterhin Kinder bekommen. Schimpansinnen haben noch im hohen und im höchsten Alter, man kann sagen als Greisin, Nachwuchs. Allein eine solche Vorstellung wird den meisten Frauen Unbehagen bereiten.

Wer nun denkt, die hohe Lebensspanne des Menschen sei eine relativ neue Errungenschaft, der irrt. Die moderne Medizin, dazu immer mehr und bessere Heilmittel gegen Infektionen sowie Therapieverfahren gegen zuvor unheilbare Krankheiten mögen die Lebenserwartung während und nach der industriellen Revolution zwar massiv haben ansteigen lassen. Aber das besagt nichts weiter, als dass die Zahl der Menschen sich vermehrt hat, die über ihre 40er, 50er oder 60er hinaus noch leben. Die Lebenserwartung ist eine rein statistische Zahl, und es gab diese langlebigen Individuen schon immer, wie Daten von drei Jäger- und Sammlergesellschaften offenbaren. Bei den Ju/'hoansi-(!Kung) in Südafrika, den Ache in Ostparaguay und den Hazda in Ostafrika liegt die durchschnittliche Lebenserwartung bei unter 40 Jahren, also etwa um den Zeitpunkt der letzten Geburt herum. Gleichzeitig wird jedoch etwa jede dritte Frau älter als 45 und erfreut sich bei bester Gesundheit einer mittleren Lebenserwartung von 20 weiteren Jahren. Im Grundsatz kann man wohl davon ausgehen, dass solche Völker als beispielhaft für das menschliche Leben während der Steinzeit gelten dürfen. Wobei stets zu beachten ist, dass es nicht nur einen modellhaften Entwurf von Jägern und Sammlern gibt, sondern im Gegenteil immens viele, die kulturelle Besonderheiten aufweisen.

Nebenbei bemerkt: Diese Zusammenhänge gelten auch für einige Vögel, Säugetiere und Neuweltaffen – wie der Name sagt, handelt es sich dabei um Primaten der amerikanischen Kontinente, zum Beispiel Tamarine, Marmosetten oder Brüllaffen. Manche von ihnen haben eine gemeinschaftliche Jungenfürsorge entwickelt und damit die »gläserne Decke« der Gehirngröße durchstoßen. Nirgendwo aber zeigen sich die Auswirkungen so drastisch wie beim Homo sapiens.

Traditionell fließt die Hilfe also nicht von den Jungen zu den Alten. Nicht die Pflege und die Fürsorge haben den Anstieg der Lebenserwartung verursacht. Das Umgekehrte trifft zu: Die älteren Helfer sind für die hohe Lebensspanne und den extrem verlangsamten Lebenslauf des Homo sapiens verantwortlich, der ansonsten für sein großes Gehirn den Preis des Aussterbens zahlen müsste. Die Unterstützung der Älteren erhöht die Fruchtbarkeit. Die Zuarbeiter aus der Gruppe sind die stillen und emsigen Garanten für den Erfolg ihres Stammes, ja vermutlich der gesamten Menschheit.

Das erste echte Paar

Dass Menschen die Pflege ihrer Kleinen in die Obhut der Gesellschaft legen, ist daher keine neue Errungenschaft, sondern stand am Ursprung ihres Weges. Kinderhorte, Tagesstätten und bezahlte Pädagogen sind nichts weiter als die moderne Institutionalisierung einer Arbeitsteilung, die vor Urzeiten ihren Ausgang nahm und einen Überlebensvorteil darstellte. Leider liegt es im Dunkel der Vorgeschichte verborgen, wann die Entwicklung des Menschen zum kooperativen Brüter eingesetzt hat und was der unmittelbare Auslöser dafür war. Doch immerhin liefern die in Afrika gefundenen Fossilien der menschlichen Vorfahren einige kleinere Hinweise.

So weist ein Urahn, der erst im Herbst 2009 der Öffentlichkeit präsentiert wurde, für das Sozialleben äußerst aufschlussreiche Merkmale auf. Sein Gehirn lag mit 300 Kubikzentimetern in der Größenordnung der Schimpansen. Doch die Eckzähne dieses Vormenschen, der vor 4,4 Millionen Jahren im heutigen Äthiopien lebte, waren nicht mehr so groß wie bei Schimpansen oder Gorillas, sondern deutlich verkleinert. Anthropologen werten dies als Zeichen dafür, dass dieser 50 Kilogramm schwere, 1,20 Meter große und behände aufrecht gehende Vorfahr mit dem Namen Ardipithecus ramidus solide Paarbeziehungen zwischen Männern und Frauen entwickelt hatte.

Wenn sich Primaten um ein Weibchen streiten, drohen sie gewöhnlich, indem sie ihre Eckzähne zur Schau stellen. Ist die Konkurrenz zwischen den Männern indes nicht mehr so ausgeprägt, verliert die Gebärde an Bedeutung, mächtige Zähne werden überflüssig und verkleinern sich. Zwei weitere Kriterien am Skelett von Ardipithecus deuten darauf hin, dass die Rückbildung kein Zufall war. So wuchsen die beiden Geschlechter in etwa zur gleichen Körpergröße heran. Außerdem besaß Ardipithecus relativ breite Wangenknochen, was die Forscher als ein von den Frauen geschätztes Schönheitsmerkmal deuten.

Neben den kleinen Eckzähnen weisen diese beiden Indizien in die Richtung, dass die Konkurrenz zwischen den Männern verringert war. Die Ardipithecus-Frau suchte sich einen Partner, der gewillt war, bei ihr zu bleiben und sich fürsorglich um die gemeinsamen Kinder zu kümmern. »Den Weibchen ging es offenbar mehr um Attraktivität und weniger um Aggressivität«, erklärt der Paläanthropologe Friedemann Schrenk von der Universität Frankfurt. Die Entscheidung, ob es sich um Weibchen oder Frauen handelte, bleibt jedem selbst überlassen. Trifft die Argumentation zu, haben wir ein Datum für die Paarbindung unter den Menschen: 4,4 Millionen Jahre.

Dieser Zeitpunkt liegt auffallend weit vor der Gegenwart und relativ nahe an der Trennung der Pan- und der Homo-Linie, die vor sechs bis acht Millionen Jahren erfolgte. Außerdem ist überraschend, dass rund eine Million Jahre später Vormenschen belegt sind, die wieder einen deutlichen Sexualdimorphismus aufweisen. So lautet der Fachbegriff für Unterschiede hinsichtlich von Körpermerkmalen der Geschlechter, in diesem Fall die unterschiedliche Körpergröße. Die mit dem berühmten, 3,2 Millionen Jahre alten Fossil namens Lucy verbundenen Relikte lassen stärkere körperliche Unterschiede zwischen Männer und Frauen erkennen. Die treibenden Kräfte dieser Entwicklung sind unbekannt, ebenso, ob es sich bei Ardi und Lucy um eine gemeinsame oder eine in Verbindung stehende Linie der Evolution handelt und wer letztlich den eigentlichen Zweig darstellte, aus dem der Homo sapiens hervorging. Unzweifelhaft ist aber bei den Vorfahren, die zur Gattung Homo zählen und vor spätestens zwei Millionen Jahren auftauchen, der Sexualdimorphismus erneut reduziert. Seine Bereitschaft zur Kooperation hat sich als Merkmal fest im Körperbau des Homo verankert. Dazu genügt ein kontrollierender Blick in den Spiegel und auf die eigenen Eckzähne. Sie sind klein, oder? Das zeugt von Freundlichkeit.

Emotionen betreten die Weltbühne

Für Kinder ist es daher nicht unbedingt etwas Ungewöhnliches, von anderen Personen als ihrer eigenen Mutter aufgezogen zu werden. Diese Tradition reicht, wie oben beschrieben, womöglich 4,4 Millionen Jahre in der Zeit zurück. Von Frauen zu verlangen, sie müssten sich wieder mehr auf ihre angestammten Aufgaben konzentrieren, nämlich ihre Sprösslinge aufzuziehen, ist daher wenig fundiert oder zeugt von Unkenntnis. Kinder nehmen keinen Schaden, wenn sie ab einem bestimmten Alter nicht fortwährend engen Kontakt mit ihrer leiblichen Mutter haben. Sie sind bestens daran angepasst, sich mit weiter entfernt stehenden Versorgern oder Bezugspersonen auseinanderzusetzen. Deswegen, weil gerade das kooperative Brüten, das Übertragen der Aufgaben der Fürsorge auf die soziale Gemeinschaft den evolutionären Erfolg des Menschen begründete. Selbst bei indigenen Völkern tragen die Frauen ihre Kinder nicht ständig mit sich herum – hier haben Ethnologen im 20. Jahrhundert offenbar für Fehlinformationen gesorgt.

Man kann, ja man muss den Menschen aber auch aus der umgekehrten Perspektive verstehen: Der mutmaßliche Verlauf der Evolution hatte weitreichende Folgen für den gesamten psychischen Apparat und gestaltete ihn um. Wenn zwei elterliche Partner helfend miteinander umgehen, kann dies sehr wohl zu einer Art Keimzelle der Kooperation werden. Gut möglich also, dass die Zweierbeziehung einen gewissen Kern der Gesellschaft darstellte und zumindest anfangs ein umfassendes unterstützendes Miteinander in der sozialen Gemeinschaft etablierte. Die Folge wird das gewesen sein, was man als Gemeinsinn bezeichnet, also eine grundsätzliche, eine nicht andauernd hinterfragende (und hinterfragte) Solidarität.

Wenn Mütter auf gemeinschaftliche Kinderfürsorge bauen können, ist das Geben und Nehmen plötzlich nicht länger als ein Tauschgeschäft zu begreifen. Als solches, daran sei kurz erinnert, verstehen die Vertreter des Konzeptes vom egoistischen Gens die Kooperation ausschließlich. Ich gebe dir, und du oder ein dritter gibt mir später eine vergleichbare Leistung zurück. So bilanzierend und berechnend wird die Kooperation nun nicht mehr sein können. Sie wird keine ausgewählte Handlung mehr bleiben, die auf die Gegenleistung wartet. Stattdessen wird die Fürsorge um die Kinder der Sippe zu einem Instinkt fürs Kümmern und Sorgen um den anderen generell werden. Die Rücksichtnahme wird, davon ist auszugehen, zu einem eigenen, die gesamte Gemeinschaft umfassenden Wert – und wird mit Alten und unheilbar Kranken bald auch Individuen umfassen, die aus der Sicht des egoistischen Gens völlig wertlos sind. Und die neue Intensität des Miteinanders wird Fähigkeiten wie das Erkennen der Gefühle anderer, das Einräumen von Vertrauen oder Mitgefühl, Empathie, besonders befördern – weil sie im magischen Viereck die Fruchtbarkeit erhöhen und sich damit biologisch durchsetzen werden.

Das Soziale ist die Plattform für Sprache und Kultur

»Die menschliche Gemeinschaft stellte die adaptive Umgebung dar, in der sich die menschliche Kognition phylogenetisch entwickelte«, erklärt Michael Tomasello, Direktor am Max-Planck-Institut für evolutionäre Anthropologie in Leipzig. Mit Menschen, die nunmehr an dem Gefühlsleben der anderen interessiert sind, ja sein müssen, die wissen wollen, was der andere wollen könnte, betreten gänzlich neue, mächtige Akteure die Bühne: die Emotionen. Man kann nunmehr mit einiger Berechtigung von emotional modernen Menschen sprechen, wie das Sarah Hrdy tut, und in deren Fähigkeit zum gefühlten Erleben den Unterschied zu ihren Vorgängern sowie den Primaten festmachen. Der moderne Mensch definiert sich mithin zunächst nicht durch seine aufrechte Fortbewegung, die Sprache oder die Kultur, sondern durch die Bedeutung, die Emotionen für ihn haben. Dies ist die Voraussetzung für alles, was danach kommt.

Die Konsequenzen des funktionierenden Gruppenlebens sind weitreichend und kaum zu unterschätzen. Die soziale Stärke des Menschen stellt gleichsam eine »Plattform« dar, wie Anthropologe van Schaik sich ausdrückt, auf der eine kulturelle Weiterentwicklung überhaupt nur fußen konnte. Nehmen wir als Beispiel die Erfindung des Kochens. Um Speisen zuzubereiten, genügt es nicht, das Feuer zu beherrschen oder einfache Behältnisse herzustellen. Primär ist eine soziale Ordnung die Grundvoraussetzung für die Entwicklung von derlei aufwändigen und langwierigen

Tätigkeiten. Kein Mensch wird die Zeit und die Anstrengung der Zubereitung auf sich nehmen, wenn die Gefahr besteht, dass anschließend einige Plünderer daherkommen könnten und sich einfach alles einverleiben.

Was aber für das Kochen gilt, wird für alle Arten kultureller Techniken gleichermaßen wichtig sein, ob nun die Herstellung von Steinwerkzeugen oder der Ackerbau. Wer Todkranke pflegt, für den ist der Gedanke an medizinische Heilmittel nicht weit. Die Beispiele ließen sich beliebig fortsetzen. Erst in einem Klima von Verlässlichkeit und Vertrauen kann sich Wissen etablieren und über die Generationen hinweg weitergegeben und verfeinert werden. Mit der Zunahme der sozialen Toleranz werden Vorbilder entstehen, der eine wird vom anderen lernen und die Wissensvermittlung, die Fortentwicklung der Kultur weiter befördern.

Kapitel 5

Wir sind, also denke ich

Wer auf der Suche ist nach dem Typischen im Menschen, kann es bekanntlich auch darin finden, was wilde Tiere *nicht* besitzen oder tun. Gewiss, die Sprache, mitunter das Fell oder die Fortbewegung auf vier Beinen trennen uns von jenen. Doch es gibt noch ein weiteres Merkmal, das auf des Pudels Kern verweist: Tiere können nicht zeigen. Und das liegt nicht am fehlenden Zeigefinger.

Die Probe ist leicht gemacht. Unternehmen Sie einen Ausflug in den Zoo oder unterziehen Sie Ihre Katze oder Ihren Wellensittich einem aufschlussreichen Experiment. Versuchen Sie, Ihrem gefiederten oder behaarten Freunden den Futternapf zu zeigen, den Behälter mit Wasser oder ein Spielzeug. Die Wahl der Mittel ist frei. Deuten Sie mit Ihrem Zeigefinger darauf, sagen sie laut »Dort!«, »Da!« oder »Schau mal!«. Pfeifen Sie, nicken Sie mit dem Kopf oder schauen Sie penetrant in die betreffende Richtung. Rudern Sie mit dem Arm oder rufen Sie Ihren Liebling bei seinem Namen. Tun Sie, was immer Ihnen angemessen erscheint. Und?

Das Ergebnis wird enttäuschend sein. Sie werden vermutlich die Aufmerksamkeit des Tieres erwecken können. Aber es wird Ihnen nicht gelingen, ihm etwas zu zeigen. Auch nicht nach vielen gemeinschaftlich in Ihrer Gesellschaft verbrachten Jahren. Als Mensch kann man den Tieren keinen Hinweis geben. Damit wir uns nicht falsch verstehen: Mit einem Beutel Körner oder dem Napf herumzuwedeln ist etwas anderes, als einen Wink zu geben.

Das Anzeigen bedeutet ja gerade, dass es sich bei dem, worum es geht, also dem eigentlichen Objekt, dem geplanten Vorgang oder Gedanken, und dem Fingerzeig um zwei verschiedene Kategorien handelt. Das eine ist so etwas wie ein Stellvertreter des anderen. Der Hinweis steht für das Eigentliche.

Natürlich können Sie Ihr Glück auch im Zoo versuchen und sehen, ob Sie dort auf Resonanz stoßen. Vermutlich werden Sie vorhaben, schnurstracks zum Primatenhaus zu marschieren und zu sehen, ob etwa Gorillas oder Schimpansen Sie verstehen, wenn Sie auf eine Banane, einen Spatzen oder den Pfleger deuten. »Schau mal!« Nichts anderes unternahm Josep Call, Direktor des Wolfgang-Köhler-Primatenforschungszentrums in Leipzig. Der Psychologe und seine Mitarbeiter versteckten in dem Gehege von Menschenaffen Obststücke. Anschließend versuchten sie den Primaten eine Andeutung darauf zu geben. Doch die Fingerzeige, auch die mehr als deutlichen, funktionierten nicht. Der Affe versteht den Menschen nicht – oder sieht er womöglich einfach keine Veranlassung dazu?

Kluger Hund, guter Hund

Beim besten Freund des Jägers und Sammlers verhält sich das anders. Der Hund ist schnell mit von der Partie, aufmerksam und stets willig. Und er kann das, was Schimpansen offenbar versagt ist: auf Zeigegesten reagieren. Hundehalter werden das Talent zur gestischen Kommunikation des Vierbeiners mit dem Menschen bestätigen. Und auch in der Wissenschaft ist es nicht unbekannt, seitdem Verhaltensforscher des Max-Planck-Instituts für evolutionäre Anthropologie in Leipzig die Tiere mit einem Test eingehend prüften.

Dazu präsentierten sie den Hausfreunden zwei umgedrehte Becher, wobei unter einem ein Stückchen geruchloses Futter versteckt war. Unter welchem, das bedeutete die menschliche Versuchsleiterin anschließend mit ihrem Zeigefinger, durch Kopfnicken oder Hinschauen. Und siehe da, vor die Wahl gestellt, entschieden sich die Hunde für den richtigen Behälter, das heißt, sie berührten ihn mit der Schnauze oder der Pfote. Zur Belohnung bekamen sie das Leckerli.

Ist der Hund mithin klüger als der Schimpanse und andere Primaten? Dies dürfte kaum die treffende Erklärung sein. Vielmehr hat sich der Haus- und Hof-Wolf seit seiner Domestizierung und genetischen Trennung vom wilden Canis lupus – vor 10 000 bis 15 000 Jahren – einfach nur an seine menschliche Umgebung perfekt angepasst. Kann also sein, dass er Befehlen folgt, kann auch sein, dass er die Hinweise verstehen gelernt hat. In der sozialen Umwelt des Homo sapiens spielen Referenzen auf anderes, spielen Gedachtes, Absichten oder Zeigegesten eine sehr wichtige Rolle. Der Wolf ist nicht dazu fähig, die Gesten zu deuten. Für den Hund dagegen stellten sie ein entscheidendes Kriterium seiner Domestizierung dar, denn das Talent, Gesten zu folgen, schrieb sich sogar in seinen Genen fest. Als die Leipziger Wissenschaftler Welpen verschiedenen Alters vor ganz ähnliche Aufgaben stellten, ermittelten sie deutliche Hinweise darauf, dass ein grundsätzliches Verständnis für die Bedeutung von Gesten angeboren ist. Hunde müssen nicht mit dem Menschen aufgewachsen sein, um sich nach dessen Verhalten richten zu können.

Genau besehen sind die Vierbeiner ziemliche Spezialisten, was die mentalen Ansprüche ihres Herrn angeht; und wer ihre Talente betrachtet, der erfährt sehr viel über den Menschen selbst. Das »Menschliche« im Hund ist über die soziale Gemeinschaft entstanden, man kann wohl sagen, der Hund besteht aus der Verbindung zum Menschen. Legen Forscher Futter in eine Kiste und verschließen sie, wird der Wolf versuchen, die Kiste zu öffnen. Der Hund wird durch intensive Blickwechsel zwischen Kiste und Beobachter versuchen, ihn auf die versteckte Nahrung aufmerksam zu machen. Wohl wissend, dass er auf Verständnis hoffen darf oder dass der Zweibeiner seine Mittel und Wege haben könnte, die Kiste zu öffnen. Solches Verhalten bleibt jedoch auf die Beziehung zum Menschen beschränkt. Die Gesten sind nicht zu einem Teil der Kommunikation der Tiere untereinander geworden.

Ebenfalls verbrieft ist mittlerweile, dass sich Hunde in die Perspektive des Menschen hineinversetzen können. Die Leipziger Wissenschaftler konfrontierten die Tiere mit zwei Objekten, die vor einem kleinen Schirm lagen. Dahinter saß der Mensch und gab die Anweisung »Bring's«, also eines der beiden zu apportieren. Der für die Hunde verwirrende Kniff bestand darin, dass sie zwei »Dinge« sahen, der Mensch hingegen nur eines. Einer der Schirme bestand aus einer Holzplatte, der Experimentator konnte das dahinter liegende Objekt also nicht wahrnehmen – oder zumindest musste der Hunde dies annehmen. Der andere Schirm war eine transparente Scheibe aus Plexiglas, und beide, Mensch wie Hund, hatten Sicht auf das dort liegende Objekt. Welches Ding würde der Hund also bringen? Auf den Befehl hin apportierte der Vierbeiner immer nur das für den Menschen sichtbare Spielzeug, nicht das verborgene hinter der Holzplatte. Warum auch nicht, mag er sich gedacht haben, das andere kann der Zweibeiner ja nicht sehen.

Der »Kluger-Hans-Effekt«

Für jeden von uns ist es im Alltag selbstverständlich, eine geistige Perspektive einzunehmen, sich in andere hineinzuversetzen. Sich eine Theorie über die anderen zu bilden verläuft so anstrengungslos, dass wir dies fast schon als banal empfinden. Welche geistige Leistung jedoch dahintersteckt, wie viele Informationen ein Individuum gleichzeitig verarbeiten muss, bemerkt man spätestens dann, wenn man die verschiedenen Perspektiven eines Beobachters mit denen seiner Partner bei einer Interaktion beschreiben soll. Wir sahen gerade Beispiel dafür: Was sieht der Hund, was sieht der Mensch? Ähnlich schwierig ist es für die Wissenschaftler, sich Versuche auszudenken, die eine solche Mentalisierung oder »Theory of Mind«, wie es im Fachbegriff heißt, zweifelsfrei belegen. Nicht immer gelingt das. Dann belegen die Ergebnisse nicht das, was nachzuweisen war – und die Wissenschaftler finden sich rückblickend nicht als neutrale Verfasser des Experiments wieder, sondern als dessen Teil.

Robin Dunbar von der University of Oxford, wir kennen ihn aus dem letzten Kapitel, verdanken wir die Schilderung eines solchen missglückt-geglückten Versuchs mit Delfinen. Der Anthropologe und seine Mitarbeiter hegten die Vorstellung, dass die Meeressäuger angesichts der Größe ihres Gehirns und der intensiven sozialen Gemeinschaften, in denen sie leben, ebenfalls Fähigkeiten der Mentalisierung aufweisen. Also machten sie eine Reihe von Tests mit südafrikanischen Delfinen, mit deren Hilfe sie prüften, ob die Delfine Zeigegesten eines menschlichen Beobachters verstanden. Konkret ging das so vor sich: Versteckt hinter einer Abschirmung verpackte ein Experimentator einen Fisch in eine von zwei Kisten. Ein zweiter Experimentator nahm, wie der Delfin sehen konnte, den Vorgang wahr und wusste, wo sich der Köder befand. Nun wurde der Sichtschutz entfernt und der Beobachter zeigte auf die Kiste mit dem Fisch.

Die Ergebnisse waren »spektakulär«, freute sich Dunbar. Nach acht bis zehn Probeläufen hatten sie das Konzept der Aufgabe verstanden, Schimpansen benötigen allein für diesen Lernvorgang oft 80 Versuche. Außerdem offenbarten die Tiere eine erstaunliche Fähigkeit, auf den Hinweis des Beobachters die richtige Kiste auszuwählen. Als die Wissenschaftler die Versuche noch einmal auf Video analysierten, fiel die Sensation jedoch ins Wasser, und zwar buchstäblich. Dunbar: »Wie sich herausstellte, erwiesen sich die Delfine als super-smart, aber nicht in dem Sinne, dass sie den mentalen Zustand des Beobachters kannten und beachteten.«

Die Tiere hatten vielmehr bemerkt, dass dann, wenn der Experimentator hinter dem Schirm die Kisten mit dem Köder bestückte, er stets die Hand benutzte, die der ausgewählten Kiste am nächsten war. Die rechte Hand für die rechte Kiste und entsprechend die linke Hand für die linke Kiste. »Und während der Experimentator den Fischköder in seine Kiste verpackte, senkte er die dazugehörige Schulter ein wenig ab.« Das, so Dunbar, erkannten die Delfine und richteten sich danach – und nicht etwa nach den Zeigegesten des »Beobachters«. Unvoreingenommene Zuseher, die sich die Aufnahmen angesehen hatten und nicht mit dem Versuchsaufbau vertraut waren, waren mittels des »Schultertricks« ebenfalls in der Lage, die richtige Kiste zu erkennen. Schließlich ergaben Kontrollversuche mit anderen Delfinen, dass auch die Meeressäuger die Fingerzeige des Menschen nicht verstehen.

Derartige Verirrungen gelten unter den Forschern als »Kluger-Hans-Effekt«. Die Bezeichnung geht auf den Namen eines Pferdes zurück, das kurz nach 1900 auf den Jahrmärkten berühmt war, weil es vermeintlich rechnen konnte. Auch eine Kommission der Preußischen Akademie der Wissenschaften kam dem »Trick« des Tieres nicht auf die Spur, bis ein Student bemerkte, dass der Kluge Hans nicht im Rechnen fähig war, sondern in der Deutung von unmerklichen sozialen Signalen seines menschlichen Fragestellers. Wann immer dieser, zum Beispiel durch die An- oder Entspannung seines Körpers, unbewusst zu erkennen gab, dass die korrekte Zahl der Hufschläge erreicht sein könnte, hielt das Pferd ein – und lag damit richtig. Wusste der Fragesteller die Antwort selbst nicht, versagte auch das Pferd Hans.

Humanisten gegen Universalisten

Das Problem ist ein weit verbreitetes, weiß Dunbar. »Wir werden viel häufiger, als wir zugeben, durch Ergebnisse von Experimenten in die Irre geleitet, von denen wir dachten, dass sie unserer Kontrolle unterliegen. Viele Tiere – vor allem, wenn sie über ein großes Gehirn verfügen – sind ausgesprochen clever. Sie sind oft sogar smarter als wir, was aber nicht bedeutet, dass sie dieselbe soziale Raffinesse wie wir entwickelt haben.« Trifft ein Wissenschaftler eine derartige Aussage, ist das, als würde er mit dem Finger auf einen tiefen Graben zeigen – jenen, der die Experten im Streit trennt. Experimente, welche die einen als deutliche Belege für die mentale Begabung der Tiere deuten, diskreditieren die anderen als einen lapidaren »Kluger-Hans-Effekt«.

Auf der einen Seite sind die sogenannten Humanisten zu finden, welche die eigentlich wenig »humane« Meinung vertreten, nur der Mensch könne höhere Geistesleistungen vollbringen. Ihnen gegenüber stehen die Universalisten, die von graduellen Unterschieden zwischen Mensch und Tier ausgehen. Streitpunkt ist vor allem, ob andere außer dem Menschen zu Kulturleistungen oder einer Mentalisierung fähig sind. Der Humanist Daniel Povinelli von der University of Louisiana in Lafayette bezweifelt, dass Schimpansen Selbstbewusstsein besitzen. Er wiederholte Versuche von Anfang der 1970er Jahre, in denen Forscher den Primaten einen Fleck ins Gesicht malten und ihnen anschließend einen Spiegel vor die Nase hielten. Damals hatten die Menschenaffen versucht, die Markierung zu berühren und sie zu inspizieren. Povinelli meinte dagegen herausgefunden zu haben, dass die Schimpansen auch ohne den Spiegel den Klecks anfassten, wenn auch nur fünfmal stündlich statt achtmal mit Spiegel.

In einem anderen Versuch wollte der Kognitionsforscher nachgewiesen haben, dass Schimpansen nicht erkennen können, ob Menschen sie wahrnehmen oder nicht. Von zwei Experimentatoren trug einer beispielsweise eine Binde um die Augen, der andere um die Stirn. Ungeachtet dessen wurden beide von den Urwaldbewohnern in Gefangenschaft genauso häufig um Futter angebettelt. Bei weiteren Durchgängen hatte einer der Durchführenden einen Eimer über den Kopf gestülpt oder hielt sich mit den Händen die Augen zu. Wieder wurden beide gleich häufig angebettelt. Povinelli wollte darin einen Beleg erkennen, dass die Tiere sich nicht in die Perspektive des Menschen versetzen können. Die einfachere Erklärung des Ergebnisses besteht womöglich darin, dass die Affen den Sinn dieses seltsamen Blinde-Kuh-Spiels nicht so recht einsahen, sondern vielmehr ahnten, dass der Mensch, ob nun mit umgelegter Binde oder Händen vor den Augen oder freier

Sicht, sehr wohl von dem Futter wusste und ihnen etwas hätte abgeben können, wenn er nur gewollt hätte.

Tierische Kulturen

Unsere Herderschen Brüder sind im Erreichen ihrer Ziele äußerst gewieft. Speziell bei Schimpansen ist das extrem gut erforscht, sie stellen so etwas wie das Paradevergleichstier zum Menschen dar. Selbst Werkzeuge benutzen die Tiere und stellen diese her. Und sie entwickelten dabei durchaus regional unterschiedliche Kulturen und Traditionen. Für Humanisten mögen solche Aussagen ein Gräuel sein, weil sie mit ihrem zentralen Dogma brechen. Doch die Berichte der Feldforscher sind in dieser Hinsicht völlig unzweideutig.

Orang-Utans in Asien etwa bauen sich Regenschirme aus Pflanzen, sie decken ihre Körper bei Niederschlägen mit Blättern ab. Aber das machen nur manche. Auch beim Angeln mit Stöckchen herrschen lokale Unterschiede. Die Tiere, die auf der einen Seite eines unüberwindbaren Flusses leben, im Singkil-Sumpf, fischen mit einem Holzstab im Mund die fettreichen Samen aus den aufgeplatzten Früchten des Neesia-Baumes heraus. Am anderen Ufer, im Batu-Batu-Sumpf, wo die Bäume ebenfalls wachsen, benutzen sie keine Werkzeuge.

Wie sich Verhaltensweisen in Lebensgemeinschaften etablieren und weitergegeben werden, dafür sind Japanmakaken auf der Insel Koshima zu einem geradezu legendären Beispiel geworden. Forscher gaben den Tieren seit den 1950er Jahren Süßkartoffeln zu fressen, die sie einfach am Strand abluden. Doch mit dem daran klebenden Sand ist das Früchteessen bekanntlich unangenehm, er knirscht zwischen den Zähnen. So kam eines Tages im Jahr 1953 ein Weibchen namens Imo auf die Idee, die Kartoffeln ein paar Schritte weiterzutragen und im Meer zu waschen. Kurze Zeit später machten Imos engste Gefährtinnen ihr Verhalten nach und drei Jahre danach waren es schon 40 Prozent der Gruppenmitglieder. Wieder einige Jahre dauerte es, bis alle Tiere in der Kolonie ihre Kartoffeln vor dem Verspeisen säuberten. Und selbst heute noch ist unter ihnen das Kartoffelwaschen im Salzwasser Brauch, obwohl von der damaligen Makakenpopulation kein einziger Affe mehr am Leben ist. Der eine hat es dem anderen einfach nachgemacht, ihn imitiert. Hier nicht von einer Kultur oder einer Tradition zu sprechen würde von Blindheit zeugen.

Es gäbe viele, viele weitere Beispiele zu berichten. Besonders beeindruckend sind die Kulturleistungen der Schimpansen. Manche gehen gerne ins Wasser, andere meiden es wie die Pest. Einen Stock, den die Tiere benutzen, um etwa Ameisen aus ihrem Bau zu angeln, ziehen die Schimpansen in dem einen Gebiet regelmäßig zwischen die Lippen, um die Insekten abzulesen. Andere benutzen dazu Daumen und Zeigefinger und schieben sich die Beute anschließend in den Mund. Wie Beobachtungen ergaben, hängt das Verhalten mit der Wehrhaftigkeit der Insekten zusammen. Wenn sie eher beißen, ziehen die Schimpansen es vor, sie zunächst mit den Fingern zu sammeln und erst dann in den Mund zu stecken.

Berühmt sind mittlerweile die regelrechten Nussknackertraditionen, die eine Arbeitsgruppe um Christophe Boesch vom Max-Planck-Institut für evolutionäre Anthropologie intensiv erforschte. Auf der einen Uferseite eines Flusses im Tai-Regenwald, Elfenbeinküste, werden die harten Schalen der energiereichen Panda-Nuss mit Hammer und Amboss zertrümmert, auf der anderen Seite ist diese Praktik unbekannt. Boesch und seine Mitarbeiter beobachteten, wie die Mütter die Technik an ihre Kinder weitergeben und diese zunächst viel probieren und lernen müssen. Erst im Alter von zehn Jahren ist ein Anfänger in dem Handwerk des Nussknackens selbst zu einem beschlagenen Meister geworden. Denn die Nüsse sind hart und unförmig und die Steine schwer. Und wer unter den Knacklehrlingen denkt, ohne Amboss auskommen zu können, erreicht nichts anderes, als die Nuss in den weichen Boden zu rammen.

Wie archäologische Ausgrabungen im Urwald ergaben, ist die

Tradition Jahrtausende alt und reicht bis in die – nach menschlichen Maßstäben bezeichnete – Grenze zwischen der Jungstein-
zeit und der Bronzezeit zurück: Bereits vor 4300 Jahren haben die
Affen Steinwerkzeuge benutzt. Um den Vergleich fortzusetzen: Als
die alten Ägypter im Nordosten Afrikas ihre Pyramiden errichte-
ten, hatten es die Schimpansen im Urwald zu einer Werkzeugkultur gebracht und klopften in der heutigen Elfenbeinküste Nüsse.
Dieses beachtenswert hohe Alter der Tai-Kultur ist im Übrigen ein
Beleg dafür, dass der Schimpanse den Menschen nicht einfach
imitierte, indem er etwa von frühen Expediteuren am Lagerfeuer
abschaute, was diese so taten, denn die Region war zu diesem Zeitpunkt noch gar nicht besiedelt.

Boesch und der Verhaltensforscher Andrew Whiten, der an der
schottischen University of St. Andrews lehrt, stellten nach einer
Umfrage unter ihren im Feld forschenden Kollegen – darunter
die beiden weltberühmten Pioniere Jane Goodall und Toshisada
Nishida von der Kyoto University in Japan – eine Art Katalog der
Schimpansenkultur zusammen. Darin beschrieben sie im Detail die wesentlichen Charakteristika der Pan-Populationen, vom
Werkzeuggebrauch bis hin zu den unterschiedlichen Formen der
Körperpflege, der Kommunikation oder der sozialen Gepflogenheiten. In der Summe umfasst die Zusammenstellung insgesamt
151 Beobachtungsjahre und 39 Verhaltensmuster. Eine Gruppe der
Tiere vor Augen, wäre es den Wissenschaftlern ein Leichtes, sie
eindeutig der Tai-, Mahale-, Gombe-, Kibale- oder Budongo-Kultur
zuzuordnen – benannt nach den jeweiligen Regionen in Uganda,
Tansania oder der Elfenbeinküste. Gerade so, wie Einheimische
in Italien oder Spanien amerikanische, japanische oder deutsche
Touristen sofort erkennen.

Laborforscher in der Herrenrolle

Wenn die Humanisten dennoch eine goldene Barriere zwischen
Mensch und Tier aufbauen, so gründet dies mehr in ihrer eigenen,

von Vorurteilen geprägten Perspektive als in der Wirklichkeit. Diese Einschätzung unterstreicht auch Volker Sommer, Primatologe am University College in London. »Laborforscher begegnen ihren Studienobjekten in einer Herrenrolle, da sie ihre technologische Überlegenheit zwar nicht unbedingt bewusst ausspielen, aber doch tagtäglich als Schlüsselgewalt erfahren.« Für Freilandforscher, meint Sommer, sehe die Erfahrung anders aus.

»Als ich begann, im Regenwald Nigerias Schimpansen hinterherzusteigen, erfuhr ich zunächst, was ich nicht kann.« Zum Beispiel genießbare von ungenießbaren Pflanzen unterscheiden, Tierstimmen, Gerüche und Geräusche deuten oder das hügelige Gelände mit seinen Klippen, Wildbächen, Wasserfällen, Astlabyrinthen und Dickichten so effizient wie die Menschenaffen bewältigen. »Im Regenwald werde ich stets unbeholfen bleiben, im Gegensatz zu meinen haarigen Verwandten«, erklärt der Verhaltensforscher. Sein Fazit: »Bei Laboruntersuchungen werden Forscher konstant mit den Grenzen der Menschenaffen konfrontiert, während Freilandforscher eigene Limits erfahren.« Tiere sind also äußerst clever, vor allem, wenn es darum geht, Probleme zu lösen, die in ihrem Lebensraum eine Rolle spielen.

Daneben besteht wissenschaftlich überhaupt keine Notwendigkeit für eine Sonderrolle des Menschen – sodass der Verdacht aufkommt, religiöse oder philosophische Motive stecken eigentlich hinter der beharrlichen Forderung nach einer goldenen Barriere. Betrachtet man sich die Darstellung des Verhältnisses von Hirngröße und Körpergröße (wie im letzten Kapitel diskutiert), so lässt sich mit dem Ergebnis gut arbeiten: Der Homo sapiens fügt sich im Grundsatz problemlos in die entstandene Gerade. Gleichzeitig ragt er eben doch ein wenig nach oben heraus, sein Gehirn ist etwas größer, als zu erwarten wäre. Doch dies gilt – in etwas geringerem Ausmaß – für alle Primaten. Fazit: Der Mensch passt biologisch in seine Familie und ist doch ein Ausreißer.

Darüber hinaus ist es zunächst einmal nur eine Binsenweisheit, festzustellen, dass er eben weitaus potentere Fähigkeiten zur Men-

talisierung besitzt, die Begabung zu gesprochener und geschrie-
bener Sprache, und dass er diese Fähigkeiten dazu einsetzt, ganze
Berge von Kulturgütern aufzuschichten – sei es nun in Form einer
Wohnung mit regenerativer Energieversorgung oder von Internet
und Raumfahrt. Nichts dergleichen ist bei Tieren zu finden, nicht
dem Umfang nach und auch nicht der Qualität nach. Die Fähigkeit, soziale Gemeinschaften zu bilden, sowie Kultur und den Besitz einer sehr hohen Intelligenz darf man ihnen aber grundsätzlich schon zutrauen. Doch was verursacht die Andersartigkeit?

So viel ist klar geworden: Statt mit plakativen Beschreibungen
zu hantieren, bedarf es des sehr genauen Blickes, um heraus-
zuarbeiten, was die Kluft zwischen dem Menschen und seinen
Primaten-Brüdern entstehen lässt. Nur wem es gelingt, die Ober-
flächlichkeit und Schablonenhaftigkeit, die mit dem Tier-Mensch-
Vergleich oft einhergeht, zu überwinden, kann zu einer Erkenntnis
dessen gelangen, was den Homo sapiens ausmacht. So stellt sich
wohl nicht mehr die Frage, ob Schimpansen etwa Selbstbewusstsein besitzen oder nicht, sondern in welchem Grade sie dies tun
und wie sie dieses benutzen. Wie, zum Beispiel, verstehen sie es,
sich in die Perspektive eines Sippenmitglieds hineinzuversetzen,
und wozu dient ihnen das?

Eine goldene Barriere wird Luft

Eine solche neugierige, differenzierte Haltung ist neuerdings auch
unter den Wissenschaftlern immer häufiger anzutreffen – wie
sich an Michael Tomasello vom Max-Planck-Institut für evolutionäre Anthropologie in Leipzig beispielhaft festmachen lässt.
Der Direktorenkollege von »Feldforscher« Christophe Boesch ist
ein »Laborforscher« (im obigen, kritischen Sinne). Vor nicht allzu
langer Zeit hätte er als lupenreiner »Humanist« gelten können,
wie übrigens auch sein Kollege Josep Call, der eine scharfe Grenze
zwischen Mensch und Tier zieht. Unterdessen – wohl besonders
in der Auseinandersetzung mit Boesch – hat der Psychologe indes

die Überzeugung gewonnen, dass die Dinge nicht so »schwarz und
weiß« sind, wie sie in manchen Fachzirkeln und in der Öffentlichkeit gerne diskutiert werden. Der gebürtige Amerikaner meint,
die Forschung sei mittlerweile so weit, ein Bild vom Menschen
und von seinen Brüdern in Farbe verfassen zu können – und präsentiert sich selbst als einer seiner talentiertesten Zeichner. Mit
ebenso ausgefeilten Experimenten wie scharfsinnigen Analysen
vermochte Tomasello das durch und durch kooperative, aufs Miteinander ausgerichtete Denken des Menschen als Grundlage seiner Existenz zu identifizieren.

In einem großen Versuch sondierte Tomasello zusammen mit
einigen Kollegen, wodurch sich etwa die psychischen Fähigkeiten
von Primaten und menschlichen Kindern unterscheiden, und
stellte fest: nicht so sehr auf technischem Gebiet, sondern ausschließlich auf sozialem. Die Forscher unterwarfen eine Gruppe
von Probanden umfangreichen psychologischen Test, den Intel-
ligenztests durchaus vergleichbar. Zu den Versuchsteilnehmern
zählten 105 Kleinkinder im durchschnittlichen Alter von 2,5 Jahren aus einer mittelgroßen deutschen Stadt, 106 Schimpansen im
Alter von zehn Jahren aus verschiedenen afrikanischen Tierasy-
len und 32 Orang-Utans mit einem Durchschnittsalter von sechs
Jahren, die in einem Auffanglager in Indonesien lebten. Die Affen
waren mithin nicht wild, sondern allesamt in engem Kontakt mit
dem Menschen aufgewachsen, der sie fütterte und sich um sie
kümmerte – wie es wohl bezeichnend ist für einen kooperativen
Brüter.

In dem Experiment hatte jeder der aus drei Kontinenten zusam-
mengeholten Gruppe ausführliche, standardisierte Testreihen zu
absolvieren. Dabei erfassten die Wissenschaftler etwa das räumliche Gedächtnis, indem sie die Versuchsteilnehmer vor die Aufgabe stellten, die Lage eines Objektes zu memorieren oder es zu
erkennen, nachdem es gedreht worden war. Die Prüflinge sollten
zudem Mengen abschätzen oder einfache Additionen beurteilen.
Die Forscher kontrollierten, ob sie die Eigenschaften von einfa-

chen Werkzeugen verstanden oder einen Stock einzusetzen wussten, um sich eine Belohnung zu holen, etwa ein bisschen Futter im Fall der Primaten.

Diesen die physikalischen Eigenschaften der Welt betreffenden Aufgaben standen soziale gegenüber, die etwa das Lernen von Vorbildern oder die Fähigkeit, sich in andere hineinzuversetzen, sondierten. Nun ging es darum, ob die Probanden ein Problem lösen konnten, nachdem ein Artgenosse vorgemacht hatte, wie es geht. Oder, ob es ihnen gelang, mithilfe eines Fingerzeigs oder eines Nickens verstecktes Futter (bzw. eine Belohnung) zu finden. Schließlich, ob sie dem Blick eines Experimentators zu folgen vermochten oder dahinterkamen, was dieser eigentlich zu tun vorhatte, auch wenn er dabei andauernd scheiterte.

Die Ergebnisse waren frappierend. In den physikalischen Disziplinen, also Gedächtnis oder Raumorientierung, lagen die zweieinhalb Jahre alten Kinder und die Schimpansen mit dem relativen Wert von etwa 70 Prozent gleichauf, die Orang-Utans geringfügig dahinter. In den sozialen Teilgebieten jedoch waren die kleinen Menschen, gleichwohl sie sich noch in der Entwicklung befanden, den beiden Primaten bereits haushoch überlegen. Sie erreichten einen Wert von rund 80 Prozent, die tierischen Brüder kamen bei etwa 40 Prozent zu liegen und unterschieden sich gegenseitig kaum.

Die Folgerung ist sehr eindeutig. Es ist eben gerade nicht die »allgemeine Intelligenz«, welche die Menschen – und zwar bereits sehr kleine – vornehmlich vor ihren tierischen Brüdern auszeichnet. Vielmehr ist dafür deren soziale Form zu nennen; die Wissenschaftler bezeichnen sie als »kulturelle Intelligenz«. Die damit verbundenen Fähigkeiten sind entstanden, »um die besonders komplexen Formen gemeinschaftlicher Aktivitäten zu unterstützen, wie sie die Jagd oder Versammlungen darstellen«, erklärt die Forschergruppe. Daneben, vielleicht sogar noch davor, ist die Reproduktion als zentrales Motiv zu nennen, wie wir nach der Lektüre des letzten Kapitels wissen. Wer sich in der Gruppe gemeinsam um die Aufzucht der Kinder kümmert, der genießt nicht nur Vorteile in Bezug auf seine Fruchtbarkeit, er wird dazu auch besondere Talente im Zwischenmenschlichen gebrauchen können.

Für Tomasello ist der Mensch daher nicht nur einfach sozial, er ist vielmehr »ultra-sozial«. Seine wichtigste Eigenschaft besteht darin, beim täglichen Handeln und selbst bei der Wahrnehmung wie selbstverständlich eine enge Gemeinschaftlichkeit mit anderen Gruppenmitgliedern herzustellen. »Wir schlagen vor, dass der entscheidende Unterschied zwischen der menschlichen Kognition und derjenigen der anderen Arten in der Fähigkeit besteht, mit anderen an gemeinschaftlichen Aktivitäten teilzunehmen und sich dabei die Ziele und Absichten zu teilen«, erklärt der Wissenschaftler. Wie kein anderes Lebewesen bringt der Mensch im Umgang mit anderen eine vorbehaltlose Bereitschaft zur Verständigung mit.

Die Chronologie der Erkenntnis

Die soziale Grundausrichtung haben schon Neugeborene gleichsam als Startprogramm eingebaut, sie ist ein fester Teil ihres Wesens. Mit dem ersten Atemzug zeigen Babys zum Beispiel eine Vorliebe für alles, was von anderen Menschen kommt. Sie unterscheiden menschliche Gesichter und Stimmen von unbelebten Klängen oder Objekten. Sie wenden sich den Signalen ihrer eigenen sozialen Gruppe zu. Nach wenigen Tagen haben sie dann den Unterschied zwischen einem inneren Kreis und weiter entfernt stehenden Personen ausgemacht. Sie erkennen vertraute Gesichter, Stimmen oder Gerüche wieder und zeigen eine deutliche Vorliebe für solche Reize.

Auch das Lernen läuft beim Homo sapiens auf sozialer Basis ab – und seine Mitmenschen ganz primitiv zu imitieren gehört zu den ersten Lektionen in der Baby-Schule. Versuche von Entwicklungspsychologen führten zu der frappierenden Erkenntnis, dass bereits wenige Minuten alte Kinder andere nachmachen. Sie streckten ihre Zunge heraus, wenn ihnen selbst die Zunge gezeigt wurde, sie spitzten ihre Lippen oder öffneten die Mündchen zu einem O, wenn ihnen Forscher derartige Grimassen vorspielten. Aufgrund der Befunde liegt die Annahme nahe, dass das Lernen von Vorbildern genetisch festgelegt ist. Denn woher sollten es die kleinen »Schüler« zu dieser frühen Lebenszeit sonst haben?

Über lange Jahre hinweg herrschte in der Entwicklungspsychologie die Mutmaßung, dass Kleinkinder während ihrer ersten Lebensmonate gleichsam auf einer Stufe wie Gemüse stehen: ein Bündel, das mit Schreien, Essen und dem Verunreinigen der Windeln beschäftigt ist und wenig Denkleistung vollbringt. So unbeholfen und bedürftig nach Fürsorge die Kleinen auch wirken mögen (und sind), in ihrem Köpfchen läuft doch vom ersten Tag an eine Art Programm ab, das sie die wichtigsten physikalischen und sozialen Konzepte der Welt erfassen lässt. Ihr geistiges Erwachen folgt in der Regel einer festen zeitlichen Abfolge – auch wenn diese natürlich nicht auf den Tag und die Woche genau festgelegt ist und Schwankungen unterliegt.

Schon mit sechs Monaten erfassen Babys erstmals, ob die Mama eine Vase auf dem Tisch unabsichtlich zur Seite schiebt oder ob sie damit ein Ziel verfolgte. Mit sieben Monaten wissen sie, dass sich ein Lebewesen aus sich selbst heraus bewegt – im Gegensatz zu einem Objekt. Mit neun Monaten identifizieren sie in einer Stimme so verschiedene Emotionen wie Freude, Traurigkeit oder Zorn. Sie vermögen zudem schon zuzuordnen, welcher Gesichtsausdruck mit welchen stimmlichen Ausdrücken einhergeht. Einen Monat später haben sie Kenntnis von einfachen physikalischen Gesetzen. Wenn ein Objekt auf einer Schiene auf ein anderes zufährt, das zweite aber in Bewegung gerät, ohne dass es einen Kontakt zum ersten gegeben hat, finden sie das seltsam und offenbar erklärungsbedürftig. Das zeigt sich daran, dass ihr Blick lange an einer solchen surrealistischen Situation haften bleibt.

Mit 18 Monaten gelangen die Kinder zu der äußerst wichtigen Einsicht, dass ihre eigenen Gefühle und Wünsche von denen ihrer

Mitmenschen abweichen können. Solche Erkenntnisse gewinnen Forscher nicht etwa dadurch, dass sie den Kleinen Fragen stellen, sondern indem sie genauso ausgeklügelte wie simple Versuche anstellen. Da verspeist zum Beispiel eine Studentin wechselweise Kekse oder Brokkoli aus zwei Schalen und gibt deutlich zu erkennen, wie es schmeckt. Bei der Süßigkeit verzieht sie ablehnend ihr Gesicht, beim Gemüse dagegen äußert sie einen deutlichen Gesichtsausdruck des Wohlgefallens. Wenn man weiß, wie alle Eltern, dass die Kinder Kekse lieben und Brokkoli hassen, was werden sie anschließend der Studentin reichen, wenn diese die Hand aufhält, um so deutlich zu machen, dass sie gerne »etwas« hätte, und dabei offenlässt, aus welcher Schale? Es hängt vom Alter der Kinder ab. Mit 14 Monaten sind sie noch der Überzeugung, alle müssten Kekse lieben. Ab 18 Monaten offerieren sie großherzig das Kohlgemüse. Sie wissen nun, dass der andere etwas anderes mögen kann.

Ein weiteres Jahr dauert es, bis sich ihr Verständnis des Ich so weit verfestigt hat, dass die Kinder durchschauen, dass andere eine von ihnen selbst abweichende Gedankenwelt besitzen. Sie verstehen es, sich in deren Perspektive hineinzuversetzen und die entsprechenden Schlüsse daraus zu ziehen. Diese Befähigung offenbart ein einfacher Spielzeugtest, in der kleine Probanden eine Abfolge von Bildern sehen. Unter Experten ist das Verfahren als Sally-Ann-Aufgabe bekannt, benannt nach den beiden Kindern, die bei bestimmten Handlungen gezeigt werden.

Sally besitzt einen Kinderwagen und Ann eine Kiste. Nun legt Sally ein Spielzeug, etwa einen Teddy, in den Kinderwagen und verlässt die Bühne. Im vierten Bild geht Ann zu dem Kinderwagen, nimmt das Spielzeug heraus und steckt es in ihre Kiste. Anschließend kommt Sally zurück. Das zu untersuchende Kind bekommt nun eine Frage gestellt, nämlich: »Wo wird Sally den Knuddelbär suchen?«

Wieder ist die Antwort des Kindes von seinem Alter abhängig. Bis deutlich vor 2,5 Jahren gehen die Probanden eher davon aus,

Sally werde umgehend in der Kiste nachsehen. Es kann sich in diesem Alter noch nicht vorstellen, dass Sally eine andere Gedankenwelt besitzt, etwas anderes wissen könnte als es selbst. Ist der Nachwuchs jedoch älter als zweieinhalb, wird er wissen, dass sie nicht wissen kann, dass sich der Teddybär nicht mehr an der alten Stelle befindet, nämlich im Kinderwagen. Er verfügt nun über die Befähigung, die Gedankenwelt Sallys zu mentalisieren, sich diese vorzustellen und nicht länger mit seiner eigenen zu verwechseln. »Sie sieht im Kinderwagen nach«, wird seine Antwort lauten.

Derartige Befähigungen unterliegen einem ungeheuer festen Entwicklungsprogramm. Ab dem relevanten Alter können es die Kinder, vorher nicht. Und es scheint sich dabei gleichsam um eine menschliche Konstante zu handeln. Denn Sprösslinge, die nicht aus dem westlichen Kulturkreis stammen, zeigen den gleichen Zusammenhang zwischen ihrer Fähigkeit zur Mentalisierung und ihrem Alter. Dies belegten etwa Untersuchungen an Kindern der Baka, einem Volk von Jägern und Sammlern in Kamerun.

Hilfsbereitschaft in die Wiege gelegt

Die Perspektive eines anderen berücksichtigen zu können scheint zu genügen, um Menschenaffen geistig ein gutes Stück voraus zu sein – wir erinnern uns an die Tests Tomasellos und seiner Mitarbeiter, die sie ebenfalls mit zweieinhalbjährigen Kindern durchführten. Doch es ist nicht eigentlich die schiere Frühreife in Sachen der Mentalisierung, die Kinder weit vor einer Schulausbildung über selbst die besonders entwickelten Tiere triumphieren lässt. Es lässt sich eine andere Qualität im Denken feststellen, wie Tomasello überzeugt ist. Menschen begegnen einander grundsätzlich hilfsbereit, vermittelnd, konstruktiv und verstehend. »Kommunikativ« wäre ein weiteres Wort dafür, doch das wollen wir erst später ins Spiel bringen.

Die soziale Güte zeigt sich beim Menschen bereits im zarten Alter von sechs Monaten – sie wird also kaum externen Vorbildern oder einer sozialen Norm entspringen, vielmehr einer inneren, einer eigenständigen Motivation. Niemand muss den Säuglingen sagen, dass sie anderen helfen sollen, sie tun es spontan. In einem Test zeigten Psychologen ihnen die Zeichnung eines kleinen Mondgesichtes, mit zwei weißen und schwarzen Kreisen als Augen darin. Das Wesen versuchte mehrmals einen steilen Berg hinaufzurollen, fiel aber ein bisschen wie Sisyphos immer wieder ins Tal zurück. In einer zweiten Szene stellte sich dem Gesicht ein Blockierer in den Weg und hinderte es zusätzlich am Aufstieg. In einem dritten Bild bekam die Kreisfigur Unterstützung von einem Helfer – in Form eines Dreiecks und ebenfalls mit Augen ausgestattet –, der sie anschob. Von zwölf sechs Monate alten Babys bevorzugten zwölf das Bild mit dem Helfer. Sie erkannten offenbar nicht nur, was die Figur vorhatte, sie fanden die unterstützende Situation weitaus sympathischer als die Blockade. Von den 16 zehn Monate alten Babys schlossen sich dieser Haltung immer noch 14 an.

Anschließend wiederholten die Psychologen die Versuche, entfernten aber die Augen von den Figuren. Die Babys verloren dadurch ihre eindeutigen Präferenzen und entschieden sich zufällig für eine der beiden Alternativen. Diese bedeutet, dass es ihnen um die soziale Einbettung der Situation, sagen wir: das menschliche Miteinander, ging und nicht etwa eine jeweilige Vorliebe für parallel oder gegeneinander laufende Bewegungen vorlag.

Menschen im jüngsten Alter erkennen also die Ziele, die Intentionen eines agierenden Wesens. Sie entscheiden sich daneben spontan, freiwillig, ohne Aufforderung und ohne Belohnung dafür, dass dieser Wille der Unterstützung wert ist. Sie wollen nicht blockieren, sondern sie schieben mit an. Und wer jemals in seinem geparkten Auto saß und es wollte nicht anspringen, der weiß, dass dies in der Menschenwelt kein Problem sein muss. Selbst Säuglinge würden mit anschieben, wenn sie denn körperlich dazu in der Lage wären.

Zusammen mit seinem Kollegen Felix Warneken führte Tomasello ebenfalls eine Versuchsreihe zur Hilfsbereitschaft von Kleinkindern durch, allerdings waren diese mit 18 Monaten deutlich älter. Die beiden Forscher wollten wissen, von welchen Umständen der Beistand der Kleinen abhängig war. Ergebnis: Sie reichten einem Erwachsenen einen Markerstift, eine Papierkugel, eine Wäscheklammer oder eine Mütze – aber nur, wenn dieser die Gegenstände nicht selbst erreichen konnte und diese nicht absichtlich weggeworfen hatte. Sie schichteten Bücher zu einem Stapel auf, aber nur dann, wenn der Empfänger der Hilfeleistung mit seinem eigenen Turm sichtlich unzufrieden oder gar gescheitert war. Sie öffneten die Tür zu einer Vitrine, wenn der Experimentator beide Hände voll hatte und gegen das Möbel gerannt war – ganz ähnlich, wie es im Alltag in jedem Büro, in jedem Geschäft üblich ist, wenn jemand voll bepackt vor einer Tür oder dem Auto steht. Ebenso holten sie einen Löffel, der weggerutscht war, durch eine seitlich gelegene Klappe aus einem Behälter, die der Erwachsene selbst nicht sehen konnte. Die Hilfe erfolgte spontan, freiwillig, ohne Gegenleistung und innerhalb weniger Sekunden. Die Aufnahme eines Sichtkontakts oder gar eine mündliche Äußerung, wie etwa »Ach, meine Wäscheklammer!« oder »Blödes Buch!«, waren dazu nicht erforderlich.

Auch Affen kümmern sich

Und Schimpansen? Über das Ausmaß ihrer Hilfsbereitschaft gibt es erwartungsgemäß unterschiedliche Angaben – und Ansichten. Eine Arbeitsgruppe um Daniel Povinelli – wir haben ihn ein Stück weiter oben als »Humanisten« kennengelernt – kam bei ihren Untersuchungen zu dem Ergebnis, dass die Tiere ihren Mitgeschöpfen gegenüber angeblich weitgehend gleichgültig seien. Die Forscher setzten zwei Tiere einander gegenüber, in je einem geschlossenen Gehäuse. Eines der beiden hatte die Möglichkeit, zwei verschiedene Hebel zu ziehen. Bei einem Griff öffnete sich ein kleines Tablett mit Futter ausschließlich für diesen Akteur selbst. Zog er am anderen Hebel, ging für ihn und für seinen

Artgenossen gegenüber die Klappe mit Nahrung auf, und beide bekamen zu fressen.

Ein Mensch hätte wohl, ohne weiter nachzudenken, diesen »Kooperationshebel« gewählt. Die Schimpansen kümmerte es überhaupt nicht, ob der andere etwas abbekam oder nicht. Auch wenn es sie selbst, was der Clou bei dem Experiment war, nichts kostete, sie also nichts von ihrem Anteil abgeben mussten, bedienten sie beide Hebel ziemlich genau gleich häufig. Einzelne Ausreißer registrierten die Forscher nicht, was auf eine unterstützende, freundschaftliche Beziehung zwischen einigen Individuen hingedeutet hätte. Die Tiere hatten schließlich jahrelang in den Gehegen zusammengelebt. An der verbreiteten Gleichgültigkeit gegenüber dem anderen änderte sich selbst dann nichts, wenn ein drittes Tier die Szenerie beobachtete. Beim Menschen erhöht sich durch eine derartige soziale Kontrolle die Bereitschaft zur Zusammenarbeit deutlich – wir kommen später darauf zurück.

Zu ganz anderen Ergebnissen kamen Tomasello und seine Mitarbeiter. Sie stießen bei ihren Untersuchungen durchaus auf altruistisches Verhalten bei den Schimpansen – zunächst gegenüber einem sehr vertrauten menschlichen Pfleger und später ebenso gegenüber Artgenossen. Ging es darum, einem Experimentator wiederum eine Wäscheklammer oder einen Stift außerhalb dessen Reichweite zurückzugeben, waren die Tiere – mit einem Alter zwischen drei und 4,5 Jahren handelte es sich noch um Kinder – durchaus verlässlich. Ein akustische Aufforderung oder eine Belohnung war dazu nicht notwendig. Allerdings machten sie nicht mit, als es, wie oben, darum ging, für den Menschen eine Türe zu öffnen oder dessen Bücherstapel zu vervollständigen. Dem muss man aber nicht unbedingt eine große Bedeutung beimessen. Womöglich handelte es sich dabei um Aufgaben, die zwar die Bedürfnisse der Menschen-, aber nicht der Affenwelt repräsentierten.

In einem weiteren Versuch mit Individuen aus einer Auffangstation für Tierwaisen auf der Ngamba-Insel im Viktoriasee in Uganda schien es der Gruppe um Tomasello schließlich zu gelingen, sich über die Hilfsbereitschaft der Schimpansen mehr Klarheit zu verschaffen. In dem einzigartigen Heim finden Individuen Asyl, die von Fleischjägern oder Haustierhändlern konfisziert werden und sich auf 39 der 40 Hektar großen Insel weitgehend frei bewegen können, also nahezu wild leben. Die Tiere suchen die Station vornehmlich dazu auf, um nachts zu schlafen und sich Nahrung zu holen.

Wie die Tests zeigten, brachten die Ngamba-Primaten dem Menschen Gegenstände verlässlich und spontan zurück, selbst wenn sie dabei längere Wege zurücklegen und Hindernisse überwinden müssen. Eine Belohnung war für diese Zuwendung völlig unwichtig, hierin war überhaupt kein Unterschied zum Homo sapiens auszumachen. Und selbst untereinander stehen sich die Schimpansen bei – sogar, wenn es nicht um für sie wertlose Wäscheklammern, sondern um Futter geht, wie eine weitere Versuchsreihe offenbarte.

Morgens, bevor sie wieder in den Wald zogen und ihren Tag begannen, durften 36 Tiere mit den Psychologen aus Deutschland etwas spielen. »Dürfen« und »spielen« deswegen, weil die Teilnahme an den Versuchen freiwillig war und jedes der Affenwaisen jederzeit abbrechen konnte, wenn es keine Lust mehr dazu verspürte. Die Forscher hatten für den Test eine spezielle Anordnung mehrerer durch Gitter abgetrennte Räume bauen lassen. In einem saß ein Tier als Beobachter, in einem anderen als Empfänger und in einem dritten lag eine Banane oder eine Wassermelone auf dem Boden. Die Tür zu diesem Futterraum war für den Empfänger jedoch durch eine Kette versperrt, deren Ende in den Raum des Beobachters reichte und dort mit einem einfachen Zapfen fixiert war. Der Beobachter hatte selbst ebenfalls keinen Zugang zum Futterraum, konnte aber die Verriegelung lösen und den Zutritt für den Empfänger freigeben, wenn er denn die Handhabung vorher im Grundsatz gelernt hatte. Würde er also helfen wollen, ohne einen eigenen Vorteil daraus zu ziehen, würde er dem Empfänger Eintritt gewähren, nachdem dieser begonnen hatte, an der Tür zum Futterraum zu rütteln? Die Tiere machten es, und zwar durchschnittlich in rund acht von zehn Fällen, also relativ verlässlich.

Toleranz ist für die Kooperation entscheidend

Wie sich herausstellte, ist die Sache aber nicht immer so eindeutig. Es scheint, dass die Kooperation bei Schimpansen in einem hohen Maß davon abhängt, ob der richtige Partner dazu verfügbar ist. In weiteren Versuchen, ebenfalls auf Ngamba, bekamen zwei Tiere je ein Ende eines Seiles in den Käfig gelegt. Nur wenn sie beide daran zogen, konnten sie zwei Futternäpfe zu sich heranziehen, die sich auf einem Brett in einem Zwinger nebenan befanden. War ein Alpha-Tier darunter, klappte die Kooperation nicht besonders gut, denn der im Rang Höherstehende musste offenbar dem anderen regelmäßig durch Angriffe und Herumgeschreie demonstrieren, wer der Chef ist. Das Paar konnte aber auch daran scheitern, dass einer der Partner zu ängstlich war und sich nicht mitzumachen traute.

Duos, die eine hohe gegenseitige Toleranz zeigten, meisterten indes die Aufgaben in der Regel sehr gut. Allerdings nur, solange zwei Schüsseln mit Bananen auf dem Brett verfügbar waren. Bei nur einem Napf brach die Kooperation zusammen, weil das Teilen ein Problem darstellte. Eines der Tiere verschaffte sich meist einen Vorteil, indem es vorübergehend am Seil zog, dann die sich nähernde Schüssel ergriff und sich anschließend weigerte, dem anderen etwas abzugeben. »Schimpansen sind zu erstaunlichen Leistungen fähig, wenn sie mit einem toleranten Partner zusammenarbeiten«, meint Verhaltensforscher Brian Hare, einst Tomasellos Kollege in Leipzig und jetzt an der Duke University in Durham im US-Bundesstaat South Carolina.

Bonobos sind in dieser Hinsicht, wie es scheint, ein großes Stück sozialer. Dies konnte Hare in seinen Testreihen belegen und damit die notorische Fixierung der Wissenschaftler auf den Schimpansen als das alleinige Vergleichsmodell zum Menschen aufbrechen.

Bei Versuchen im Tierasyl Lola Ya nahe Kinshasa im Kongo, die früh morgens stattfanden, als die Tiere wirklich hungrig waren, zeigte sich: Der Bonobo teilt auch dann, wenn er gar nicht müsste. Bekam ein Tier in einem Käfig Futter, so entriegelte es freiwillig die Tür zu einem Nebenraum, sodass der sich dort wartende Artgenosse hereinkommen und an dem Frühstück teilhaben konnte. »Bonobo lieben es einfach zu teilen«, erklärt Hare.

Ist der homosexuelle und leidenschaftliche Pan paniscus also der wahre, der eigentliche Altruist und das selbstlose Gutwesen in der zusammen mit Pan troglodytes und Homo sapiens bestehenden Bruderschaft? Für eine solche Glorifizierung besteht keinerlei Anlass. Zum einen, weil die Natur keine Moral kennt. Zum anderen wurden Bonobos erst kürzlich dabei beobachtet, wie auch sie Kindstötung begehen – genauso wie Schimpansen. Die Ursache der sehr grundlegenden Bereitschaft der Bonobos zur Kooperation zu ergründen ist für die Wissenschaftler indes ein Rätsel, das sie wohl erst in der Zukunft werden lösen können. Bis dahin ist eines klar, wie Brian Hare herausstellt: »Wer nur Schimpansen untersucht, der bekommt nur die Hälfte des Bildes zu sehen.«

Männerfreundschaften in der Wildnis

Für Forscher im Freiland und solche, die Verhalten außerhalb einer konkreten Testsituation beobachten, stellen Hilfeleistungen von Säugetieren und Primaten – einseitige wie auch gegenseitige – so etwas wie den natürlichen Normalfall dar. Wer in einer Gruppe lebt, bezieht schon allein daraus Vorteile, und oft genug wird dieser Schutz nicht nur passiv erlebt, sondern aktiv hergestellt. In einer Herde von Elefanten bilden die anführenden älteren Kühe einen Kordon um die Kälber und nehmen sie bei Gefahr in ihre Mitte. Ähnliche Räume der Zuflucht schaffen Meeressäuger ihrem Nachwuchs bei Bedrohung. Meerkatzen schließen sich zu Fronten zusammen, um weitaus größere Angreifer zu verjagen.

Bei Pavianen kommt es vor, dass Weibchen vor einem aggres-

siven Männchen Schutz suchen und finden, indem sie sich hinter
dem Rücken eines offenbar befreundeten Männchens verstecken.
Besonders skurrile Fälle, die Nahrung zu teilen, registrierte der uns
schon im zweiten Kapitel begegnete Verhaltensforscher Frans de
Waal vom Yerkes Primatenzentrum in Atlanta bei Schimpansen.
Tiere, die sich gerade in psychologischen Tests befanden – und womöglich schon satt waren, weil sie alles richtig gemacht hatten –,
reichten Futter durch ein kleines Fenster an die Mitglieder ihrer
Sippe heraus. Bei einer anderen Gelegenheit schob eine erwachsene Schimpansenfrau einem nicht mit ihr verwandten Jugendlichen ein Stück Zuckerrohr in den Mund. Allerdings teilen die
Tiere, wie de Waal bemerkte, nur in der Hälfte der möglichen Fälle
bei Interaktionen Futter mit einem Artgenossen.

Bekannt und berüchtigt sind darüber hinaus Koalitionen bei
Menschenaffen. Einzelne Tiere, meist Männchen, tun sich zum
Tandem oder zur kleinen Fraktion zusammen, um größere Tiere
zu verjagen, sich den Zugang zu Weibchen zu sichern oder gar den
obersten Platz in der Rangordnung gegen Rivalen zu besetzen. Ein
in der Wissenschaft berühmtes solches Paar waren zwei Schimpansen, der starke Nikkie und der etwas ältere Yeroen aus dem Zoo
in Arnheim in den Niederlanden. Frans de Waal beobachtete die
Tiere während seiner Forschungsarbeiten und konnte festhalten,
wie die ungleiche Koalition mehr als drei Jahre ihre Kolonie be-
herrschte. Als ein drittes starkes Männchen, er hieß Luit, den
Bund sprengen wollte und die Führerschaft eine Zeit lang übernahm und auch verteidigen konnte, kam es über Wochen hinweg
vermehrt zu Spannungen. Eines Nachts schließlich war der Kampf
entschieden worden: Pfleger fanden Luit mit abgebissenem Ho-
densack und tödlichen Verletzungen in dem gemeinsamen, mit
Blut verschmiertem Schlafstall der drei. Nikkie und Yeroen, die
beiden Koalitionäre, waren weitgehend unverletzt geblieben.

Derartige Bündnisse sind auch bei wild lebenden Tieren ausführlich dokumentiert. Einzelne Trupps von Männchen gehen
auf Streife, um die Grenzen ihres Territoriums zu kontrollieren.

Schimpansen leben nicht nur einfach in einem Gebiet, in dem sie regellos vagabundieren, immer auf der Suche nach Futter. Sie besetzen als Sippschaft ein festes Territorium, etwa mit produktiven Fruchtbäumen. Darin halten sie sich in größeren und kleineren Grüppchen auf, die sich spontan zusammenfinden und ebenso ungeniert wieder auseinandergehen. Die Wissenschaftler sprechen hierbei in englischen Begriffen von einer Fission-Fusion-Struktur. Oben im Rang steht ein einzelnes oder einige Männchen. Weibliche Tiere dagegen verlassen ihre Sippe, wenn sie geschlechtsreif sind, und schließen sich einer anderen an.

Manchmal unternehmen Banden von Männchen auch Beutezüge in ein fremdes Gebiet. Treffen sie auf ein Weibchen, wird es geschlagen oder entführt, ihr Nachwuchs umgebracht. Stoßen sie auf ein einzelnes Männchen, wird dieses ebenfalls umgebracht oder tödlich verletzt. Droht eine Begegnung mit einem überlegenen Feind, begeben sich die Banden klammheimlich und mucksmäuschenstill auf den Rückzug. Strategische Überlegungen sind für die Tiere also an der Tagesordnung. Daneben erfordern derartige Aktivitäten zweifellos ein hohes Maß an gegenseitiger Unterstützung, ebenso wie ein Verständnis dessen, was ein Gegner ist und wie stark er wohl auftreten könnte.

Im Tai-Regenwald an der afrikanischen Elfenbeinküste ist die Jagd auf Stummelaffen eine Aktivität, die ein hohes Maß an Kooperation erfordert – zumindest sieht es so aus. Denn die Beute lebt hoch oben in den Kronen der Bäume des Urwalds. Die Schimpansen schlüpfen bei der Hatz, wie die Feldforscher um Christophe Boesch mitteilten, in verschiedene Rollen: Zunächst lokalisieren Kundschafter die Beute, während sich andere in einen Hinterhalt legen. Wie bei einer Treibjagd übernehmen manche, die sogenannten Treiber, die Aufgabe, die Stummelaffen vor sich herzujagen, während andere, die Blockierer, darauf achten, dass sie die richtige Richtung einschlagen und nicht etwa seitlich abhauen können. Hat einer der Jäger ein Äffchen ergriffen, oben in den Kronen oder am Boden, reißt er es brutal in Stücke und frisst es teils bei lebendigem Leib. Kommen andere hinzu, holen sie sich ebenfalls ihren Teil. Grundsätzlich erhalten oder nehmen sich alle an der Jagd beteiligten Tiere Fleisch – und zwar immer mehr als solche Individuen, die bei der Hatz nicht mitgemacht haben und erst später hinzugestoßen sind.

Liebevolle Adoptivväter unter Schimpansen

Die Männchen sind aber nicht nur furchterregende Kämpfer, die sich mit nichts anderem beschäftigen als mit blutiger Jagd, ebenso blutigen Streitereien um die Rangordnung und dem regellosen Begatten der Weibchen. Sie sind auch nicht um alles in der Welt darauf versessen, Nachwuchs aus der eigenen Gruppe zu töten, wenn sie selbst nicht dessen leiblicher Vater sind. Im Gegenteil, sie können auch äußerst liebevoll, hilfsbereit und fürsorglich sein. Die Beobachter um Boesch berichteten von regelmäßigen Adoptionen in ihrer Schimpansengesellschaft im Tai-Wald. Die Männchen nahmen Jungtiere als ihre eigenen Kinder auf, ohne mit ihnen verwandt zu sein, wenn diese ihre Mutter verloren hatten und verwaist waren. Der Aufwand für ein solches Verhalten ist extrem hoch, denn es bedeutet, sich mehrere Jahre intensiv um das Kleine kümmern zu müssen. Tagsüber trägt der Vater das Kind auf dem Rücken mit sich herum, er wartet auf es, wenn es den Wald durchquert, und teilt nicht nur großzügig seine Nahrung mit ihm, sondern füttert es. 18 derartige Fälle registrierten die Forscher und waren vom liebevollen Umgang zwischen den Adoptivvätern und ihren -söhnen und -töchtern regelrecht entzückt. »Es war überwältigend zu sehen, wie Freddy, ein großes kräftiges Männchen, das Astwerk mit seinem Körper so zurechtrückte, dass der kleine wimmernde Victor die Zweige mit den Früchten erreichen konnte«, berichtet Boesch. Was für einen Kontrast eine derartig kostspielige Solidarität zum grausamen Abschluss einer Jagd bildet!

Die Adoptionen scheinen im Tai-Wald weitaus häufiger zu sein als etwa bei Schimpansen in Ostafrika. Der Grund dafür könnte darin

liegen, dass im Lebensraum der Tai-Affen zahlreiche Leoparden vorkommen. Die Bedrohung durch die Großkatzen, vermutet Boesch,
habe den Zusammenhalt und die Solidarität innerhalb der Schim-
pansenhorde gestärkt. Dies äußere sich generell in einer erhöhten
Fürsorge, zum Beispiel bei der Pflege verletzter Gruppenmitglieder,
der gemeinsamen Verteidigung im Falle eines Angriffs durch eine
gegnerische Sippe oder eben in der Adoption. In der Natur kann den
Tieren das Wohl der anderen schlichtweg nicht egal sein, weil es
gleichzeitig ihr eigenes Wohl ist. Dass manche Untersuchungen im
Labor andere Schlüsse nahelegen, scheint da nur folgerichtig. Unter
der Obhut des Menschen herrschen andere Bedingungen.

»Nur genaue Beobachtungen frei lebender Schimpansen können uns verraten, wie intelligent diese Tiere wirklich sind. Dann
und nur dann werden wir die Frage beantworten können, was den
Mensch zum Menschen macht«, unterstreicht Boesch. Diese Erklärung, die er fast wie eine Litanei wiederholt, ist nicht nur auf die
Kollegen »Laborforscher« gemünzt, die daheim in ihren geschützten Stuben mit ihren Studien an gefangenen Tieren die Deutungs-
hoheit für sich reklamieren, obwohl sie Verhalten unter unnatür-
lichen Bedingungen studieren. Sie soll auch auf die Gefährdung
unserer nächsten Verwandten durch die Vernichtung des Urwal-
des als ihres natürlichen Lebensraumes und durch Wilderer hin-
weisen, die ihr Fleisch verkaufen – und welcher Schatz an Erkennt-
nissen uns dadurch verloren zu gehen droht. Boesch hat deswegen
ein Projekt zur Rettung der Schimpansen und ihrer Lebensräume
ins Leben gerufen, die Wild Chimpanzee Foundation. Die Organisation ist im Internet zu finden und freut sich über Unterstützung.

Der Mensch ist ein Produkt der Evolution

Die deutlichen Befunde der Existenz von Freundschaften und
Hilfsbereitschaft unter wilden wie unter gefangenen Affen vertra-
gen sich weitaus besser mit der Vorstellung einer kontinuierlichen
Evolution, als dies etwa das Fehlen altruistischer Züge im Tier-

reich tun würde. Biologisch gesehen ist es nicht besonders wahrscheinlich, dass Handlungen des Unterstützens und des Gebens urplötzlich beim Homo sapiens auftauchen. Näher an der Realität liegt vermutlich die Vorstellung, dass ein solches Verhalten bei Tieren seinen Anfang nahm und damit auch im Stammbaum der Primaten in verschiedenen Ausprägungen wiederzufinden ist und schließlich bei den Hominiden. Die Natur macht keine Sprünge.

Andere zu unterstützen erfordert entwickelte Verstandesleistungen, die kaum aus dem Nichts entstanden sein dürften, sondern einem über Millionen von Jahren anhaltenden Trend in der Entwicklung entspringen. Wer hilft, muss sich in die Situation des anderen hineinversetzen können, bis zu einem gewissen Grad an seiner Stelle agieren, um das zu vollbringen, was er selbst gerade nicht schafft. Er muss aber auch eine Vorstellung über die Ziele und Absichten des anderen gewinnen. Dies ist bei einer gemeinschaftlichen Jagd im Urwald ganz offensichtlich. Wir haben aber oben auch gesehen, dass in den Versuchen mit den Kindern die Intention des Erwachsenen stets eine entscheidende Rolle spielte. Hatte er die Papierkugel absichtlich weggeworfen, war Hilfe unangebracht und wurde entsprechend nicht geleistet. War sie hingegen zufällig weggerollt, reichten die Kinder das Objekt wie selbstverständlich und unaufgefordert zurück.

Beachte mich und tu etwas!

Eine Hilfeleistung besteht genauer besehen also nicht nur aus einer einfachen Handlung. Sie umfasst vielmehr eine Interaktion und, nochmals differenzierter betrachtet, eine Serie von Interaktionen. Diese verbindet den Geber und den Empfänger zu Partnern, indem sie beide in einen gemeinsamen Rahmen stellt, sie vor einem gemeinsamen Hintergrund und mit einem geteilten oder gemeinsamen Ziel handeln lässt. Wer dem anderen die Tür öffnet, teilt sich mit ihm dessen Absicht oder Intention, wie der Fachbegriff lautet. Hat jemand die Tür zuvor aus Zorn zugeworfen, müsste es gar als Beleidigung verstanden werden, sie ihm wieder zu öffnen. Die Intentionalität ist in beiden Situationen jeweils eine ganz andere. Einmal ein Ausdruck der Erregung, das andere Mal ein Anlass, um nach Hilfe zu fragen.

Nicht selten spielen Gesten in dieser Form der Interaktion eine wichtige Rolle. Wer seine Hände mit vielen Einkaufstüten voll hat und die Klinke nicht mehr drücken kann, wird am ehesten einen kurzen und schnellen Blickkontakt zu einem in der Nähe stehenden Mitmenschen herzustellen versuchen. Dies ist als eine Bitte zu verstehen, ihn doch aus der misslichen Situation zu befreien und die Tür zu öffnen. Wenn ein Blick, wie auch sonst oft, hier mehr als tausend Worte sagen kann, so liegt das daran, dass beide, der Helfer und der Empfänger der Hilfe, die Situation gleich einschätzen. Sie befinden sich in einem gemeinsamen Kontext.

Der Blick ist die Kurzform für: »Beachte mich bitte und schau! Ich habe keine Hand frei, um die Tür zu öffnen. Ich möchte aber den Laden mit den eingekauften Lebensmitteln verlassen. Du bist beweglich und hast offenbar Zeit, um den Griff zu drücken. Würdest du so freundlich sein, das bitte für mich zu erledigen?« Wie gut also, dass es Blicke gibt – und manchmal an seiner Stelle ein freundliches Lächeln, ein Wink mit der Nase, ein kurzes, aber vernehmbares »Danke schön!« im Voraus oder ein lautes und verzweifeltes »Ach, so ein Pech!«, um auf seine Zwangslage aufmerksam zu machen. Solche verbalen oder körperlichen Gesten sind an sich beliebig und wenig konkret, sie können alles und nichts bedeuten – was sofort augenfällig wird, wenn sie am Telefon geäußert werden, wo der eine den anderen nicht sehen kann. Erst vor dem gemeinsamen Hintergrund, im Kontext der wirklichen Situation werden sie zu »Bitte öffne die Tür!«.

Klatschen für die Absicht zu spielen

Auch Primaten benutzen Gesten im Umgang mit ihren Artgenossen. Schimpansen, sie sind wieder einmal die in dieser Hinsicht am besten untersuchte Spezies, strecken zum Beispiel die offene Hand aus oder legen dem Artgenossen die Hand unter den Mund, wenn sie auch einen Anteil vom Futter haben möchten. Damit dies der Aufmerksamkeit des Gegenübers nicht entgeht, postieren sie sich ihm zudem frontal gegenüber. Denn Gesten funktionieren nun einmal nicht, wenn der andere sie nicht sieht oder nicht sehen will. Wollen sie also spielen, klatschen Schimpansen laut und vernehmlich mit den Händen, werfen mit einem Gegenstand nach einem Artgenossen oder schlagen kräftig auf den Boden. Sie setzen, wie Michael Tomasello erklärt, solche Handlungen als Aufmerksamkeitsfänger ein. Gleichzeitig legen sie einen auf Spiel eingestellten Gesichtsausdruck sowie die entsprechende Körperhaltung an den Tag. Wünschen sie, dass ihr Fell gekrault wird, bieten sie der Zielperson beharrlich ihren Rücken dar. Berühren Jungtiere dagegen den Rücken ihrer Mutter mit der Hand, gilt das als Aufforderung, getragen zu werden, und geht meist dem tatsächlichen Aufsteigen voran. Dabei handelt es sich um eine fortgeschrittene Art der Kommunikation, die auch der Mensch versteht und benutzt. Tomasello erkennt darin eine »zweistufige intentionale Struktur«. Das soll heißen: Zwei Absichten werden in dem gestischen Verhalten ausgedrückt. Zum einen »Beachte mich!« und zum anderen »Mach das!«.

Insgesamt sind Schimpansen im Umgang mit Gesten recht flexibel. Sie können verschiedene Ausdrucksmöglichkeiten aneinanderreihen und lernen zudem neue. Haben sie Kontakt mit dem Menschen, setzen sie auch Zeigegesten ein. Sie strecken ihre Finger oder Arme in Richtung von Futter aus, wenn es an einer Stelle versteckt wurde, die sie selbst nicht erreichen können. Haben sie die Erfahrung gemacht, dass ein Werkzeug erforderlich ist, um Nahrung zu holen, etwa aus einer Kiste, und das Instrument wurde versteckt, so weisen sie selbst einen nicht eingeweihten Menschen auf den entsprechenden Ort hin – ebenfalls per Fingerzeig. In diesem Fall sagt die Geste: »Hole das Werkzeug, damit du die Kiste öffnen und mir die Banane bringen kannst!« Manche verweisen auf eine geschlossene Tür, wenn sie den Menschen benötigen, um diese zu öffnen, oder nehmen ihn bei der Hand, um ihn vor ein Regal zu führen, wo sich etwas Interessantes befindet.

Annähernd 60 bis 70 Prozent der Tiere, die in menschlicher Obhut groß geworden sind, so Tomasello, benutzen spontan Zeigegesten, also ohne speziell darauf trainiert worden zu sein. Sie hätten, meint der Verhaltensforscher, offenkundig ein recht flexibles Verständnis davon, »dass Menschen viele Aspekte ihrer Welt kontrollieren und dazu veranlasst werden können, Dinge zu tun, die ihnen dabei helfen, ihre eigenen Ziele in dieser menschlichen Umgebung durch aufmerksamkeitssteuerndes Verhalten zu erreichen«. Allerdings sind 96 bis 98 Prozent der Gesten Imperative. Das heißt, die Affen drücken einen Befehl oder eine Aufforderungen aus, wie »Gib mir die Banane!«, »Lass mich aufsteigen!« oder »Kraule meinen Rücken!«.

Da die Tiere dabei häufig auf die Augen schauten, fährt Tomasello fort, besäßen sie vermutlich darüber hinaus ein Verständnis dafür, dass die Intentionalität hinter dem Gesicht ihren Ursprung habe und nicht in den Händen oder Armen, welche die Handlungen ausführten. Eine Bemerkung, die auf die Versuche von Povinelli gemünzt ist, der prüfte, ob die Tiere auch Menschen mit verbundenen Augen anbetteln würden. Wundern, meint Tomasello schließlich, müsse man sich allerdings darüber, warum Schimpansen gegenüber dem Menschen Zeigegesten verwenden, nicht aber untereinander. Damit kommt er auf den entscheidenden Punkt zu sprechen, der das Verhalten des Menschen kennzeichnet und letztlich die Grundlage für die Entwicklung von Kultur und Sprache darstellt, wie er in seinem faszinierenden Buch *Die Ursprünge der menschlichen Kommunikation* ausführlich darlegt.

Warum bedeutet der Schimpanse dem Menschen etwas, nicht aber seinem Artgenossen? »Die naheliegende Antwort darauf lautet, dass andere Affen nicht motiviert sind, ihnen auf dieselbe Weise zu helfen wie Menschen. Wenn ein Affe gegenüber einem anderen Affen im Sinne einer Aufforderung auf etwas zu essen zeigen würde, wäre es nicht sehr wahrscheinlich, dass er es am Ende auch bekommen würde.« Der Egoismus boykottiert nicht nur eine Kooperation, er verhindert auch die Kommunikation. Diese Erkenntnis lässt sich an mehreren Experimenten festmachen.

Wo ist das Futter?

Wie ein Chirurg legte Tomasello die ausschlaggebende Differenz zwischen Mensch und Schimpanse bloß. Wobei einschränkend gesagt werden muss, dass nicht klar ist, wie sich der kooperierende und gerne zum Teilen bereite Bonobo in dieses Bild fügt. Über ihn liegen einfach noch zu wenige Daten vor. Schimpansen jedoch versagten bei einer einfachen Wahlaufgabe, eine Art Hütchenspiel, das selbst Hunde mühelos gemeistert hatten, weil sie zu wenig kooperieren.

Der Test war ähnlich aufgebaut wie jener, der Zeigegesten bei Delfinen ermitteln sollte: Jemand versteckte Futter in einem von drei Eimern. Die Schimpansen sahen jedoch nur, dass dies passierte und dass ein menschlicher Beobachter dies alles genauer verfolgen konnte. Sie hatten selbst keinen Einblick, unter welchem Behälter die Nahrung steckte. Anschließend stellte sich der Bobachter vor die Tiere und zeigte auf den korrekten Eimer. Die Schimpansen waren auf den Ablauf trainiert und hatten nichts weiter zu tun, als genau diesen Kübel beim ersten Versuch auszuwählen – und schafften es nicht. Sie konnten offenbar die Zeigeinformation nicht nutzen, sondern suchten sich zufällig irgendeinen Eimer aus, der ihnen gerade in den Sinn kam.

Wie Tomasello schildert, waren die Tiere hoch motiviert. Sie folgten dem Blick des Menschen und seiner Zeigegeste auf den richtigen Behälter, entschieden sich anschließend aber nicht unbedingt für den bezeichnete Eimer. Die Affen schienen einfach die Relevanz des Hinweises für ihre Futtersuche nicht zu verstehen. Auf den Leipziger Wissenschaftler wirkte es geradezu, so schildert er, als ob sie den ausschlaggebenden Transferschritt nicht vollziehen konnten und sich sagten: »Gut. Hier ist ein Eimer. Und nun? Wo ist das Futter?«

Eine solche Auslegung mag auf den ersten Blick voreilig erscheinen. Angesichts der Ergebnisse des folgenden Experiments gewinnt sie jedoch an Plausibilität. Wie bereits zuvor handelte es sich um einen Wahlversuch. Der kleine Unterschied bestand darin, dass der Beobachter nunmehr nicht auf den richtigen Eimer zeigte. Er trachtete selbst danach, sich den Behälter mit der Belohnung zu greifen, und wurde daran nur durch eine etwas zu kleine Öffnung in einer Plexiglasscheibe, durch die er seinen Arm nicht weit genug ausstrecken konnte, gehindert. Den Schimpansen blickte er dabei nicht einmal an.

Diese Situation der Nahrungskonkurrenz meisterten die Primaten mit Bravour. Als alle drei Eimer von einem weiteren Experimentator in die Reichweite des tierischen Probanden geschoben wurden, konnte dieser nun offenbar folgern, wo sich das Futter befand, und holte es sich mit schöner Regelmäßigkeit. Obwohl das Verhalten in beiden Anordnungen sehr ähnlich gewesen sei, meint Tomasello – der Arm sei zum richtigen Eimer ausgestreckt worden –, sei das Verständnis des Affen von der Intention des Menschen ganz verschieden geblieben. »Sie konnten also schließen: Er möchte selbst an diesen Eimer herankommen; deshalb muss wohl etwas Gutes darin sein.« Zu dem Transfer – »Er will mich wissen lassen, dass das Futter in diesem Eimer ist« – kam es weiterhin nicht. Der Schimpanse deutete die Absicht des Handelnden auf eine gänzlich andere Weise.

Hier blitzt ein entscheidender, ja der entscheidende Unterschied zum Menschen auf, wie Tomasello überzeugend darlegt: Wenn ein Erwachsener vor einem Kind auf einen Gegenstand zeigt, so nimmt dieses an, dass es in irgendeiner Weise für ein gemeinsames Unterfangen oder sein eigenes Ziel von Belang ist. Das Kind geht gleichsam automatisch davon aus, dass der Große ihm helfen will, etwas mitteilen möchte, das relevant ist. Anders jedoch

Schimpansen. Sie verstehen zwar, dass ein anderer etwas will, warum er etwas wollen könnte und was er wohl als Nächstes tun könnte. Aber der Gedanke der Gemeinsamkeit scheint ihnen völlig fremd zu sein. Tomasello: »Daher fragen sie auch nicht ›Warum denkt er, dass das für mich relevant ist?‹ Sie wollen wissen, was er für sich will (da Menschenaffen immer nur zu ihren eigenen Gunsten auf etwas zeigen), und nicht, warum er denkt, ihr Blick in diese Richtung werde für sie selbst relevant sein – und deshalb sehen sie die Zeigegeste eines anderen nicht als relevant für ihr eigenes Ziel an.«

Das Missverhältnis beider Formen liegt im grundsätzlichen Umgang von Mensch und Schimpansen mit den Mitgliedern der jeweiligen sozialen Gemeinschaft und der Art der Verständigung untereinander begründet: Menschen kommunizieren, indem sie für den anderen etwas tun, erreichen oder ihm schlicht helfen wollen. Menschenaffen begreifen genau das nicht. Sie verstehen nicht, »dass der Mensch altruistisch kommuniziert, um ihnen beim Erreichen ihrer Ziele zu helfen«, erklärt Tomasello. Es scheint in ihren Augen einfach keinen Sinn zu ergeben, dass jemand auf eine Kiste mit Futter zeigt. Warum sollte er das tun? Wenn er von dem Inhalt weiß und dieser für ihn interessant ist, wenn er das Ding gleichzeitig selbst erreichen kann, ja, dann muss er es sich doch selbst nehmen! Darin ist der Grund zu suchen, warum Schimpansen zwar gegenüber dem Menschen Zeigegesten verwenden, nicht aber gegenüber ihren Artgenossen.

Menschen kommunizieren kooperativ

Der Kontrast wird noch ein Stück deutlicher, wenn man sich ausgeklügelte psychologische Tests anschaut, in denen Kinder durch Zeigegesten kommunizieren. Säuglinge beginnen etwa im Alter von einem Jahr zu verstehen, dass sich die Handlungen, Gefühle und Wahrnehmungen anderer Menschen auf ein Objekt in der Welt richten können. Sie blicken erstmals dahin, wo andere mit dem Finger hinzeigen, und betrachten nicht etwa die ausgestreckte Gliedmaß. Dabei wollen sie aber nicht nur den sachlichen Erfolg, nämlich dass ein anderer dahin schaut oder ihnen den gewünschten Gegenstand bringt. Die Schimpansen würde das zufriedenstellen. Nein, Kinder wollen erfolgreich, sprich in gegenseitigem Verständnis, kommunizieren. Sie wollen, dass der andere wahrnimmt, dass sich dort etwas befindet, für das sich das Kind interessiert. Dies ist sozusagen die Grundvoraussetzung ihres Denkens.

In einer in dieser Hinsicht sehr aufschlussreichen Arbeit erzeugten Kognitionsforscher positive Missverständnisse bei 30 Monate alten Kindern: Die Kleinen verlangten bei einem Erwachsenen nach einem Gegenstand. In dem einen Fall gab der Experimentator zu erkennen, dass er alles wie gewünscht verstanden hatte, und reichte dem Kind das angezeigte Objekt. Im anderen aber täuschte der Helfer vor, das Kind meine einen anderen Gegenstand, der ebenfalls in der Richtung des »gemeinten« Objektes lag. Gleichzeitig behauptete er, diesen (falschen) könne es nicht haben, und reichte dem Kind den (richtigen) anderen. Es lag also ein Missverständnis vor, der Helfer hatte das Kind falsch verstanden, ihm aber im Ergebnis dann doch den Gegenstand gereicht, den es sich gewünscht hatte. Die Kleinen gaben sich damit aber nicht zufrieden, sondern klärten den Erwachsenen über das Malheur auf. Sie wollten nicht nur das Objekt haben, sondern obendrein richtig verstanden werden. »Dies deutet darauf hin«, erklärt Tomasello, »dass sie sowohl das Ziel hatten, den Gegenstand zu bekommen (als soziale Intention), als auch die Absicht, als Mittel zu diesem Zweck mit dem Erwachsenen erfolgreich zu kommunizieren«.

Menschen tun also nicht nur Absichten kund. Sie achten dabei nicht nur darauf, dass der andere aufmerksam ist und dies bemerkt. Sie wollen auch, und das ist nach Tomasellos Ansicht der entscheidende Unterschied zum Tier, dass der andere sie verstanden hat und dies wiederum zum Ausdruck bringt. Menschen kommunizieren kooperativ.

Natürlich denkt man in diesem Augenblick an die vielen Situationen des eigenen Lebens: Wenn man bekommen hat, was man wollte, etwa am Fahrkartenschalter im Ausland, das skurrile Ersatzteil für die Reparatur des Toasters oder einen Garantiefall im Elektromarkt, aber nicht richtig verstanden wurde, bleibt ein Gefühl des Unbehagens. Man wird weiterhin zu erklären versuchen, was man wie und wo und warum eigentlich wollte – und bleibt unbefriedigt zurück, wenn diese Klärung nicht gelingen sollte.

Wie Papier zu Geld wird

Diese Zusammenhänge sind von weitreichender Bedeutung und bilden nichts weniger als die Grundlage der Zivilisation, sei es nun die Erfindung der Sprache, von Raumfahrzeugen oder des Internets. Denn Menschen besitzen nicht nur ihre eigene Intentionalität, so wie das bei Primaten ebenfalls zu finden ist. Menschen teilen sich diese in ihrer Kommunikation mit anderen. Sie erwarten aber andererseits auch, dass der andere die Bereitschaft mitbringt, sie mit ihnen zu teilen. Die Wissenschaftler sprechen folgerichtig von einer geteilten Intentionalität. Dabei handelt es sich um einen Akt des Miteinanders, eine Kommunikation, die in der Interaktion ein Wir herstellt.

Um noch einmal ein klassisches Beispiel zu nennen: Wer mit anderen zu Tisch sitzt und gebeten wird, doch bitte das Salz zu reichen, der kann sich dem nicht ohne Schaden verweigern – vorausgesetzt, er war aufmerksam, hört gut, ist der Sprache mächtig, hat zwei gesunde Arme und alles richtig begriffen. Die Verständigung und Erfüllung der höflichen Geste wird erwartet, sie ist ein unhintergehbarer, ein unabdinglicher Teil der menschlichen Existenz. Im Alltag mag das Typische daran untergehen, gerade weil eine solche Konstellation so häufig ist, so gewöhnlich. Doch in der winzigen Bitte versteckt sich der Kern des Menschseins. Das Sitzen in einer Gemeinschaft, die Anrede, der Akt der Kommunikation verbinden den Sprecher und den Helfer zu einem Wir.

Die Situation ist vergleichbar mit zwei Menschen, die in der

Fußgängerzone einer Stadt zufällig nebeneinander herlaufen oder aber *miteinander* spazieren gehen. Beides mag viele Ähnlichkeiten und Parallelen aufweisen. Zwei einander Unbekannte mögen zufällig beide an Engstellen langsamer laufen und sich in einem einfachen Sinn miteinander koordinieren. Bindet der eine sich die Schürsenkel, wird der andere dies womöglich bemerken, aber deswegen nicht warten. Anders die zwei, die gemeinsam unterwegs sind. Die Spaziergänger teilen sich ein Ziel, sie agieren als ein Wir, nämlich gemeinsam auf Einkaufsbummel zu gehen. Muss sich einer die Schuhe binden, wird der andere auf ihn warten, vielleicht sogar seine Hilfe anbieten, indem er die Tasche hält. Die »Wir«-Absicht hält sie zusammen. Oder etwas genauer ausgedrückt: Der Akteur der Intentionen und Handlungen ist das Pluralsubjekt »Wir«, wie die Moralphilosophin Margaret Gilbert von der University of California in Irvine in ihren Arbeiten analysiert hat. Würde einer der beiden einfach stehen bleiben oder abbiegen, wäre dies eine schlimme Verletzung der kommunikativen Konvention, und eine Reaktion der Verärgerung oder Verunsicherung wäre die logische Folge. »Was ist passiert?«, würde der andere fragen, »wir wollten doch zusammen gehen!«

Die geteilte Intentionalität ist die Keimzelle zum Wir, zur Gesellschaft, zum kooperativen Kommunizieren und damit zum Miteinander. Manche Wissenschaftler sprechen daher auch von einer »Wir-Intentionalität« als der entscheidenden psychologischen Plattform für die menschliche Kognition. Ist sie einmal entwickelt, ist der Schritt zu dem großen Gebilde einer große Räume und Epochen umspannenden Zivilisation nicht mehr weit. Denn die Gesellschaft besteht sozusagen aus geteilten Intentionen, und zwar offenen wie versteckten. »In einem größeren Maßstab können wir sogar Phänomene in den Blick bekommen, bei denen ›wir‹ gemeinsam Dinge so intendieren, dass sie neue Qualitäten annehmen – und etwa Papierstücke zu Geld werden oder gewöhnliche Leute sich innerhalb eines institutionellen Rahmens in Präsidenten verwandeln.« Deswegen, so schildert es Tomasello, weil Menschen in der Lage sind, miteinander durch Akte geteilter Intentionalität zu interagieren, nehmen ihre sozialen Interaktionen neue Qualitäten an.

Der Wagenhebereffekt

Mit der Erfindung der Wir-Intentionalität bekommt die Entwicklung der menschlichen Zivilisation etwas geradezu Zwangsläufiges. Denn diese der Kommunikation und dem Zwischenmenschlichen entspringende Form der Mentalisierung kann sich auch auf Objekte beziehen – woraus eine Werkzeugkultur nicht nur wahrscheinlicher wird, sondern geradezu notgedrungen folgt.

Als vermutlich vor rund 2,5 Millionen Jahren ein Urmensch in Afrika erstmals an einem Stein klopfte, saß ein anderer daneben und schaute nicht nur zu, er versetzte sich in dessen Ziel hinein. Und als die beiden den Stein mit der Kante benutzten, um Fleischreste von einem in der Savanne von Raubtieren geschlagenen Kadaver zu kratzen und die Knochen aufzuschlagen, da hatte der zweite Urmensch die Idee, wie man das Werkzeug verbessern könnte. Er setzte sich hin, führte es aus, nun saß der andere daneben und gab seine Ratschläge dazu. Wieder hatten beide eine gemeinsame Intention, eine Vorstellung, wozu ihr Handeln dienen sollte. Daneben saßen ihre Kinder und schauten den Klopfern zu. Welche Steine sich eignen, wie sie zu halten sind, was starke und schwache Schläge an welchen Stellen ausrichten, das begriffen sie nicht nur, weil sie sahen, wie es technisch gemacht wird. Sie vollzogen auch die Intention ihrer Väter nach und lernten damit nicht nur einfach von ihnen, sondern nunmehr durch sie.

Ihre Kinder traten in ihre Fußstapfen, besaßen aber einen entscheidenden Vorteil: Sie mussten das Gerät nicht mehr neu erfinden, sondern konnten auf die Kreativität und das handwerkliche Geschick ihrer Vorfahren aufbauen. Das taten sie, indem sie ein hergestelltes Objekt nicht einfach nur imitierten, sondern seine Intentionalität erfassten. Sie fragten sich: »Wozu hat jemand dieses Instrument genau so gebaut? Was hat er oder sie sich dabei gedacht?« Anschließend gaben sie ihre eigene, ihre neue Antwort darauf, indem sie es ein bisschen modifizierten. Erst die geteilte Intentionalität ermöglicht eine Anhäufung der Erfindungen, eine Kumulation der Kultur, die auch »Wagenhebereffekt« genannt wird. Bei jeder mühevollen Umdrehung rutscht die Winde ein Stück weiter in die Höhe, doch eine Ratsche verhindert, dass sie wieder auf das anfängliche Niveau zurückfallen kann – wie das bei Tieren wohl regelmäßig der Fall ist.

Dies gilt für historische Zeiträume und über große Entfernungen hinweg, wie es Tomasello für Kinder beschreibt: »Indem dieses neue Verständnis sie in die Lage versetzt, Prozesse kulturellen Lernens zu durchlaufen und die Perspektiven anderer Personen zu internalisieren, ermöglicht ihnen das, ihr Verständnis der Welt mit dem von anderen Personen zu vermitteln. Dazu gehören auch das Verstehen und die Perspektiven anderer, die in den materiellen und symbolischen Artefakten verkörpert sind, die von räumlich und zeitlich weit entfernten anderen Menschen geschaffen wurden.«

Das kognitive Kollektiv der Tüftler

Herausragende Erfinder darf und soll man ehren. Denn es ist ganz sicher so, dass Innovationen von kreativen Individuen hervorgebracht werden. Aber kein Kulturgut wurde von einem Einzelnen oder einer Gruppe so geschaffen, wie es schließlich endgültig in der Welt zu finden ist. Stattdessen steckt immer eine schrittweise Entwicklung dahinter, an der eine ganze Reihe von Tüftlern beteiligt war, nacheinander oder gleichzeitig. Computer, Autos oder ein einfacher Hammer, der in Tausenden Variationen zu finden ist, sind nur Beispiele. Immer wieder überlegten sich die Bastler kleine Verbesserungen, nahmen Veränderungen oder Anpassungen vor. Dabei bilden sie ein kognitives Kollektiv: Der eine versetzt sich in die Absicht seines Vorgängers, überlegt sich, was er wohl mit einem bestimmten Schräubchen, einer Feder oder einer Drehung im Metall gemeint haben könnte.

Oft bleibt die menschliche Faszination von der Intentionalität im Alltag verborgen – gerade weil ein jeder mit den Gütern seiner Kultur so wohlvertraut ist. Teil eines Kulturkreises zu sein heißt, die Bedeutung seiner Objekte zu kennen. Bei Reisen ins Ausland, in der fremden Umgebung wird die Faszination jedoch sofort wieder offenbar – oder beim Besuch kulturhistorischer Ausstellungen. Nun ist nicht mehr auf ersten Blick ersichtlich, wozu etwa ein chirurgisches Werkzeug gedient hat. Dem Besucher springt die Frage aber mit jeder Wendung seines Blickes ins Auge, weil er instinktiv ein Verständnis mit den Konstrukteuren herstellen möchte. Die langen Stile, feinen Knaufe, die Gewinde und Federn, die Griffe und Schlaufen, die Röhren und Schrauben, die Zangen und Hebel repräsentieren Wissen. Hier haben sich Generationen von Werkzeugmachern seltsame Schaufeln, Verdrehungen, spitze Winkel und unerwartete Wendungen überlegt, um Menschen heilen zu können. Und immer wieder festgestellt, wie ein immer noch ausgefeilteres Gerät die Aufgabe stets noch ein bisschen besser erfüllt.

Die einem Werkzeug innewohnende Intentionalität wird erst dann faszinierend, wenn wir seinen Zweck nicht auf Anhieb erschließen können, wie bei einem Sicherheitsgurt im Auto oder einer Bratpfanne, sondern ihn erst rätselnd ermitteln müssen. Was haben sich die Urheber nur dabei gedacht?

Die Menschenwelt ist eine Welt der geteilten Intentionen, der Absichten oder sagen wir besser: der umfassenden Absichtlichkeit, von der alle wissen. Immer will irgendjemand etwas sagen, mitteilen, einen Hinweis geben. Immer hat sich irgendjemand oder haben sich alle zusammen etwas dabei gedacht. Die Straße ist eine Intention: dass da jemand fahren will. Ein Haus ist eine Intention: dass da jemand wohnen will. Ein Musikinstrument ist eine Intention: dass da jemand Laute erzeugen will, hineinblasen oder Tasten drücken will – und jeder weiß das. Und es gehört zu den Eigenheiten des Menschen, auch darin Intentionalität erkennen zu wollen, wo objektiv keine sein kann: im hohen Berg, dem fernen Mond, dem unbezähmbaren Meer oder dem undurchdringlichen Urwald. Er fühlt sich herausgefordert und will hinaufsteigen, hinübersegeln ins Unbekannte, hineingehen, um unbekannte Ökosysteme zu erkunden, oder hinausfahren ins Weltall. Würde der Mensch nicht glauben, vom Unbekannten gerufen zu werden, er hätte sich kaum über den gesamten Globus verteilt.

Als Gesten eine Stimme erhielten

Die Wir-Intentionalität war indes nicht nur für die Etablierung einer Werkzeugkultur die entscheidende Voraussetzung, sondern auch für die Erfindung der Sprache auf der Basis von akustischen Lauten. Ist die kognitive Errungenschaft einmal grundsätzlich erworben – nämlich vor einem gemeinsamen Hintergrund eine geteilte Intentionalität herzustellen und mit Gesten sowohl Aufmerksamkeit zu erregen als auch Hinweise zu geben –, so liegt der nächste Schritt nicht mehr fern. Die Fingerzeige werden durch Laute ergänzt und ersetzen diese schließlich immer mehr, wenn auch nicht ganz, wie an jedem heftig gestikulierenden Redner zu sehen ist. Wer auf eine Quelle deutet – um so verschiedene Dinge zu tun, wie den Durst zu stillen, sich zu waschen, sich im umstehenden Gebüsch auf die Lauer nach Beutetieren zu legen – und dabei etwa »a-kwa« ausstößt, der wird seinen Genossen auch »a-kwa« anzeigen können, wenn er sich im Lager befindet, ein gutes Stück weit weg von dem Ort. Der Laut wird den einst real geteilten Hintergrund hervorrufen, ihn vor dem inneren Auge heraufbeschwören und damit erneut entstehen lassen, nur diesmal als einen gedachten gemeinsamen Hintergrund. Führt der Sprecher dazu die Hand an den Mund, wird das heißen, dass er durstig ist. Murmelt er »a-kwa ink-o« dazu, könnte das heißen, dass er Wasser zu trinken haben möchte. Deutet er dagegen auf seinen lahmen Vater und sagt »a-kwa ink-e«, wird das meinen können, dass dieser durstig ist und man ihm zu trinken bringen soll, weil er selbst nicht mehr hinkann. Nimmt er dagegen beispielsweise seinen Speer in die Hand, wird das dafür stehen, dass man die Wasserstelle zusammen aufsuchen möge, um dem Wild aufzulauern. Entscheidend ist, dass nicht dieser eine Mensch allein Äußerungen erfunden hat und sie verwendet, sondern dass ein System symbolischer Laute existiert, die der gesamten Sippschaft oder dem Volk zu eigen sind und die jeder versteht, der eine Wir-Intentionalität aufbaut. Dies muss auf der anderen Seite aber nicht ausschließen, dass andere Sippen andere Lautsymbole für Gegenstände oder Absichten entwickeln, wodurch sich die Vielfalt der weltweit existierenden Sprachen erklärt.

Die Beispiele für die Laute sind natürlich erfunden, aber es ist sehr wahrscheinlich, dass sich derartige Vorgänge so abgespielt haben. Indem Zeigegesten durch akustische Laute ersetzt werden und sich von dem realen gemeinsamen Hintergrund ablösen, konnten auch Dinge oder Vorgänge gezeigt werden, die nicht unmittelbar vor Augen, sondern nur gedacht waren. Am Ursprung der Sprache standen also, wie Tomasello sehr überzeugend argumentiert, Fingerzeige und Gesten. Für beide Errungenschaften stellte die Wir-Intentionalität die einzig notwendige und die entscheidende psychologische Plattform dar.

Sprache ist mehr mit dem Handeln verwandt als mit der bloßen Produktion von Lauten. Denn den Rufen, welche die Tiere verwenden, wohnt ein starker Automatismus inne. Sie folgen einem relativ starren Schema, werden kaum einmal abgewandelt und folgen Situationen, in denen eine relativ schnelle Reaktion erforderlich ist, etwa bei der Warnung vor Raubtieren, der Auseinandersetzung bei Kämpfen oder wenn es gilt, den Kontakt zur Gruppe aufrechtzuerhalten oder wieder herzustellen. Die Lautäußerungen werden überdies nicht mit einer differenzierten Botschaft an einen speziellen Empfänger gerichtet. Sie sind vielmehr wie ein Display oder eine Auslage aufzufassen, die jeder, der vorbeikommt oder zufällig in der Nähe ist, aufnehmen kann.

Umgekehrt sind Gesten noch heute ein weltweit funktionierendes Mittel zur Kommunikation. Vor einem gemeinsamen Hintergrund, in einer kommunikativen Situation gelingt es Menschen unterschiedlichster Kulturkreise, ihre Intentionalität zu teilen – weil sie es tun müssen und gar nicht anders können. Beim Einkauf im Supermarkt in Italien wird einem auch ohne Kenntnisse der Landessprache der Hartkäse gerieben, wenn man »Spaghetti« sagt und anschließend mit Daumen, Zeige- und Mittelfinger eine Bewegung des Streuens macht. Egal wo auf der Welt man Menschen begegnet: Deutet man mit dem Zeigefinger – man könnte ihn auch den Intentionsfinger nennen –, wird diese Geste als eine Aufforderung verstanden, die gemeinsame Aufmerksamkeit auf ein Objekt oder einen Vorgang zu richten. Denn dies könnte für den anderen wie für einen selbst interessant oder von Bedeutung sein. Führt jemand die Hand auf den geöffneten Mund zu, überall wird der andere ahnen, dass man gerne etwas zu essen hätte. Oder während eines Interkontinentalflugs an Bord eines Passagierjets: Wer seinen Platz in einer inneren Sitzreihe hat und gegenüber dem Nachbarn die Andeutung des Aufstehens macht, wird davon ausgehen, dass der andere ihn versteht und ihm den Weg frei macht. Wer in einer lauten Kneipe an der Bar steht und mit einem Geldschein in der Hand winkt, der wird »Gehör« finden mit seiner Absicht, ein Getränk bestellen zu wollen. Die allen Menschen gemeinsame Wir-Intentionalität ist es, die eine Verständigung auch in solchen Situationen ermöglicht, die sich sprachlich nur schwer oder gar nicht lösen lassen.

Das Individuum folgt der Evolution

Betrachtet man sich auf der anderen Seite die kognitiven Kompetenzen von Kindern, so fällt auf, dass sie die gesprochene Sprache erst erlernen, nachdem sie die grundsätzlichen psychologischen Voraussetzungen für den Gebrauch von Gesten erworben haben. Zwar besitzen sie bereits im Alter von drei Monaten die motorischen Fähigkeiten, den Finger auszustrecken und damit zu deuten. Doch nimmt diese Bewegung erst um den ersten Geburtstag herum eine kommunikative Form an. Nämlich dann, wenn die Kleinen in der Lage sind, andere als ein Wesen zu verstehen, das Ziele und Absichten besitzt. Das ist etwa ab neun Monaten der Fall.

Etwa um die gleiche Lebenszeit herum beteiligen sich Kleinkinder an Aktionen, in denen sie ihre Aufmerksamkeit zusammen mit einem Mitmenschen auf etwas Drittes richten, einen Gegenstand oder einen Vorgang. »Sie schaffen dadurch die Art von gemeinsamem Hintergrund«, so erklärt Tomasello, »der für die kooperative Kommunikation notwendig ist.« Mit spätestens 14 Monaten, vielleicht auch schon früher, haben sie dann die Fähigkeit erworben, gemeinsame Intentionen und Ziele zu entwickeln und so etwa in Zusammenarbeit mit anderen auf die Lösung eines Problems hinzuwirken. Was Helfen ist und wie es auszusehen hat, ist ihnen von diesem Alter an ebenfalls geläufig. Die zeitlichen Zusammenhänge in der Entwicklung, meint Tomasello, weisen darauf hin, dass frühe Zeigegesten in der Tat auf genau diesen Fertigkeiten und Motivationen individueller und geteilter Intentionalität beruhen, wie es das Kooperationsmodell menschlicher Kommunikation vorsieht. »Konventionelle Sprachen entstanden also auf dem Rücken dieser bereits verstandenen Gesten und ersetzten die Natürlichkeit des Zeigens und Gebärdenspiels durch eine gemeinsame Geschichte des sozialen Lernens.«

Nun ließe sich natürlich einwenden, dass diese Abfolge des Erwerbs kognitiver Kompetenzen des Kindes durch die Sprache nur befördert wird. Schließlich wächst es in einer Umgebung auf, die von Anfang an von Worten und Unterhaltungen durchtränkt ist. Dem widersprechen jedoch Beobachtungen von gehörlosen Kindern normal hörender Eltern. Selbst wenn sie nicht, zumindest im ersten Lebensjahr, mit der Zeichensprache in Kontakt gekommen sind, beginnen sie mit dem ersten Geburtstag Zeigegesten zu verwenden. Dies kann als ein klarer Beleg dafür gelten, dass die Fähigkeiten der Mentalisierung, insbesondere der Verwendung von Gesten, der individuellen Befähigung zur Sprache vorausgehen, und nicht etwa umgekehrt. Der Mensch besitzt einzigartige Fähigkeiten, sich mit anderen in gemeinschaftlichen Tätigkeiten mit gemeinsamen Zielen und gemeinsamer Aufmerksamkeit zusammenzuschließen. Es scheint sich dabei sowohl in der Evolution als auch in der individuellen Entwicklung des Kindes um eine notwendige Voraussetzung für die Beherrschung einer der rund 6000 verschiedenen menschlichen Sprachen zu handeln.

Schau mal, gavagai!

Auch der Erwerb der Bedeutung von Wörtern und ihrer Verwendung ist schließlich nur durch das besondere soziale Talent zur Wir-Intentionalität verständlich. Dies leuchtet auf Anhieb ein, wenn man sich eine Parabel vor Augen hält, die sich der amerikanische Philosoph und Sprachanalytiker Willard Van Orman Quine (1908–2000) ausdachte. Gesetzt den Fall, ein Fremder besucht eine ihm unbekannte Kultur. Als ein Hase vorbeiläuft, sagt ein Einheimischer: »Gavagai!« Allein aufgrund der Äußerung wird es dem Besucher nicht möglich sein, die Bedeutung zu ergründen. Ist der Hase gemeint oder etwas anderes? Wenn das Tier, dann als Ganzes oder ein Teilaspekt, etwa die Farbe seines Felles, seine Bewegungsart oder sein Geschlecht oder sein Alter? Wird eine Handlung vorgeschlagen, was man *mit* dem Hasen tun solle, etwa ihn jagen, oder *wie* der Hase tun solle, etwa davonrennen? Oder repräsentiert Meister Lampe selbst einen ganz anderen Zusammenhang? Etwa den, dass die Sonne bald aufgehen wird oder dass von irgendwoher der Jäger des Hasen dahergelaufen kommt, vor dem man sich in Acht zu nehmen hat, denn dieser besitzt einen gefährlichen oder gar einen herrlichen »gavagai«?

Die Möglichkeiten des sprachlichen Bezugs sind sehr vielfältig. Werden sie jedoch wie im Theater auf eine Bühne gestellt, kommt es also zu gemeinschaftlichen Interaktionen mit gemeinschaftlichen Zielen vor einem gemeinsamen Hintergrund, wird die Sache eindeutiger. Tomasello illustriert dies, indem er die Quine-Parabel abwandelt und differenziert. Gesetzt den Fall, in einem Dorf gehen die Bewohner kleine Fische fürs Abendessen fangen, indem sie einen Eimer aus einer speziellen Hütte und eine Stange holen, die vor derselben Hütte steht. Danach geht man zum Bach, je eine Person stellt sich an ein Ufer und hält ein Ende der Stange, sodass der Eimer in der Mitte zu liegen kommt und so in die Strömung eintaucht, dass Wasser hineinfließt. Der Fremde weiß das und hat es auch schon mindestens einmal mitgemacht.

Wenn sich nun dessen einheimischer Freund zur Zeit des Abendessens eine vor der betreffenden Hütte stehende Stange greift, hineinzeigt und »gavagai« ruft, wird der Fremde wissen, dass der Einheimische wünscht, dass er sich einen Eimer greift, damit sie gemeinsam fischen gehen können. »Gavagai« wird daher mit großer Wahrscheinlichkeit »Eimer« bedeuten. Kommt der Fremde jedoch am Bach an und ihm wird wieder »gavagai« eröffnet, könnte dies heißen, dass das Kunstwort »holen« bedeutet, vielleicht einen Behälter für die Beute, weil der erste schon voll ist. Wie auch immer, erst in konkreten Situationen können die vielen möglichen falschen Auslegungen von der einen, der treffenden unterschieden werden. »Ein Großteil des Spracherwerbs bei Kindern folgt genau diesem Muster«, erklärt Tomasello.

In einem Experiment mit zwei Jahre alten Kindern konnte der Forscher dies zusammen mit Kollegen recht gut belegen. Ein Sprössling durfte mit seiner Mutter und einem Versuchsleiter mit drei neuen Gegenständen spielen. Die Mutter verließ anschließend den Raum, woraufhin der Versuchsleiter ein viertes Objekt hervorholte und das Spiel fortsetzte. Als die Mama das Zimmer wieder betrat, sah sie alle Gegenstände und rief voller Freude »Oh, toll! Ein Modi! Ein Modi!« Die Kinder lernten das Wort für das Spielzeug, weil sie ganz offensichtlich verstanden, dass die Mutter über ein Objekt in Begeisterung geraten war, das sie selbst zum ersten Mal sah. Damit mussten sie wissen, was die Mutter gesehen hatte und was nicht. Gleichzeitig verstanden sie aber auch, dass die Erwachsene das Kind selbst auf die Neuigkeit aufmerksam machen wollte. Sie verstanden, dass der Erwachsene verstand, was sie selbst verstanden hatten. Zahlreiche andere Versuche bestätigen diese Befunde.

Der Mensch entstand im Kindergarten

Wohin hat uns unsere Untersuchung bislang geführt? Die Sprache ist zweifellos ein entscheidender Schritt in der Entwicklung zum Menschen. Sie unterscheidet ihn schon dem Augenschein nach prinzipiell von den Tieren. Ähnlich verhält es sich mit seiner Begabung, ausgedehnte Werkzeugkulturen aufzubauen. Der Homo sapiens baut Gegenstände, die ihm das Leben erleichtern, aber noch viel wichtiger: erhält dieses Wissen, indem er es an die nächsten Generationen weitergibt, welche die Objekte verbessern und ihrerseits neue erfinden. Doch beide Talente, das zur Sprache und das zum Werkzeugbau und -gebrauch, lassen sich als die äußeren Erscheinungen einer einzigen Begabung verstehen. Sie gründen in derselben kognitive Kompetenz, deren Erfindung allein genügte, um sie hervorzubringen: die Wir-Intentionalität. Diese war und ist das entscheidende psychologische Fundament alles Menschlichen.

Wann sie entstand, das liegt im Dunkel der Evolution verborgen. Das Warum dagegen ist leichter zu erschließen, wie Tomasello schreibt: »Aus Gründen, die wir nicht kennen, hatten an einem bestimmten Punkt der menschlichen Entwicklung Individuen, die mit gemeinsamen Absichten, gemeinsamer Aufmerksamkeit und kooperativen Motiven ein gemeinsames Ziel verfolgen konnten, einen Anpassungsvorteil. ... All das nahm mit ziemlicher Sicherheit seinen Anfang mit wechselseitigen Aktivitäten, bei denen ein Individuum, das seinem Partner half, zugleich sich selbst half.«

Wir, Leser und Autor, wissen seit dem letzten Kapitel, worin dieser Anpassungsvorteil und die wechselseitige Aktivität zum gemeinsamen Vorteil mutmaßlich bestand: Nicht länger die einzelne Frau war allein mit der Aufzucht ihrer Kinder beschäftigt.

Dies übernahm irgendwann in der Vergangenheit die gesamte Gruppe und steigerte auf diese Weise ihre Fruchtbarkeit ganz massiv. Die Gemeinschaft als Kinderhort stellte mutmaßlich die soziale Plattform für die danach folgende Entwicklung der psychologischen Plattform dar – und damit fast unausweichlich der Erfindung der Kultur und der Sprache.

Der Mensch wurde also nicht, indem sein Vorfahr von den Bäumen stieg, sich in der Savanne aufrichtete oder ein schlauer Jäger war, der genauso ungebunden wie kundig Weib und Wild nachstellte. Er wurde auch nicht, weil er versiert und immer noch versierter auf Steine einschlug, Messer und Hämmer herstellte, das Rad erfand, zum Mond flog und heute den Weltraum in seinen Tiefen erforscht, Daten in Sekunden um den Globus jagt und sich in virtuellen Welten tummelt. Der Mensch entstand im Kindergarten. Im Hort nahm sein kooperatives Denken seinen Ausgang.

Nicht nur deswegen, aber auch deswegen, ist dem Philosophen René Descartes (1596–1650) in seiner berühmten Wendung »Ich denke, also bin ich« eindeutig zu widersprechen. Ohne ein Wir kann ein Ich nicht denken, und »Ich« kann dieses Wesen überhaupt nur sagen, weil es zuvor ein »Wir« gegeben haben muss. Das sind Individuen, die sich Hintergründe, Perspektiven und Ziele teilen. Wir sind, also denke ich – diese Aussage gibt die sehr klugen Befunde der modernen Forschung weitaus treffender wieder, als Descartes es zu seiner Zeit mit einem ganz anderen Erkenntnisstand auch nur erahnen konnte. Erst in der sozialen Gemeinschaft erlernte der Mensch die ihn prägende kooperative Kognition. Das Ich ist nur denkbar im Wir.

Kapitel 6

Wie Gefühle politisch werden

Alleinsein ist für den Menschen nicht vorgesehen. Er will, er muss mit anderen zusammen sein, um sich glücklich zu fühlen. Mag einer auch schweigend am Tisch sitzen, im Streit mit dem Gegenüber jeden Blickkontakt meiden, mögen sich Partner gegenseitig gar die schlimmsten verbalen Verletzungen vor den Kopf hauen. Alles noch besser als Alleinsein. Ist er ohne seine Familie, seine Gruppe, seine Sippe, seine Clique, seinen Fanclub, seinen Verein, seine Bande, seine Mannschaft, seine Kapelle, seine Belegschaft, seine Freunde, seine Fraktion, seine Abteilung, seine Klasse, seine Partei, seine Delegation – die schiere Zahl der Gruppenbegriffe zeigt es schon –, dann leidet er wie ein Hund oder ein Schaf. Er wird krank und bekommt Schmerzen. Oder die Gebrechen, die er schon hatte, als er noch in Gesellschaft war, schmerzen noch mehr oder verschlimmern sich.

Noch sind nicht alle Details geklärt, auf welchen rätselhaften Wegen Einsamkeit die Gesundheit bedroht. Schließlich kann es doch nicht so schlimm sein, statt einem oder mehreren anderen nur sich selbst zur Gesellschaft zu haben. Sein Abendessen allein zu verspeisen, den Kaffee oder das Bier allein zu trinken, sein Eis allein zu schlecken, seine Hausaufgaben allein zu machen, allein die Nachrichten und den Krimi im Fernsehen anzuschauen. Aber es ist so, und für die Mediziner bleibt allenfalls das Ausmaß überraschend. Alleinsein ist eine Bedrohung, das zeigt mittlerweile Untersuchung um Untersuchung.

Alleinsein steigert den Blutdruck, verzögert die Wundheilung

Bei Probanden im Alter zwischen 50 und 68 Jahren ging der Blutdruck umso mehr in die Höhe, je weniger sie in sozialen Netzwerken aufgehoben waren. Bei sehr einsamen Menschen lag er gar um 10 bis 30 Millimeter auf der Quecksilbersäule höher. Einsame sterben früher, sie leiden gut doppelt so häufig unter Erkrankungen des Herzens. Haben sie bereits einen Infarkt erlitten, weisen sie ein dreimal so hohes Risiko auf, daran zu sterben, wenn ihnen Menschen fehlen, auf deren Unterstützung sie bauen können. Eine Studie in Dänemark brachte vor allem Defizite im Muskel- und Skelettsystem zutage. Männer besaßen eine um 24 bis 150 Prozent erhöhte Wahrscheinlichkeit für Schmerzen an Rücken und Schultern, wenn sie einsiedlerisch lebten. Eine niederländische Studie zeigte, dass Männer, die enge Freundschaften zu anderen pflegten, sich dreimal häufiger bei guter oder sehr guter Gesundheit befanden, wie solche mit zurückgezogenem Lebensstil.

Die Isolation wirkt sich ganz grundsätzlich negativ auf den ganzen Körper aus und zieht vor allem die psychische Befindlichkeit in Mitleidenschaft. Einsame Menschen konsumieren mehr Alkohol als gesellig lebende, und sie haben mehr Schwierigkeit, zu einem ausgewogenen Maß zurückzufinden. Sie essen weniger Obst und Gemüse und bewegen sich weniger. Sie schlafen in der Regel schlechter, Verletzungen oder Wunden heilen bei ihnen langsamer.

In einer Studie mit Studenten zeigte sich: Wer wenig soziale Kontakte hatte, bildete nach einer Grippeimpfung sogar weniger Antikörper als Kommilitonen, die angaben, sozialen Rückhalt zu genießen. Eine andere Untersuchung offenbarte, dass Menschen mit keinen oder wenigen Freunden ein erhöhtes Risiko aufweisen, an Depressionen zu erkranken. In einer australischen Langzeituntersuchung über zehn Jahre hinweg starben alte Menschen deutlich seltener, wenn sie einen großen Freundeskreis hatten. Soziale

Einbettung stellt also so etwas wie eine Lebensversicherung dar. Umgekehrt ist Einsamkeit, das stellten Epidemiologen schon Ende der 1980er Jahre fest, als einzelner Faktor genauso schädlich wie sonst nur das unter Medizinern so geächtete Rauchen.

Falls sich Ehepaare nicht gerade gegenseitig bekriegen, so wirkt die Partnerschaft als wahrer Gesundbrunnen – zusammen geht es Mann und Frau besser, sie leben länger und bleiben öfter von Krankheiten verschont, auch schwerwiegenden. Unter Geschiedenen und Verwitweten liegt die Rate für Herzerkrankungen, Diabetes, Krebs und andere chronische Leiden um 20 Prozent höher als bei Verheirateten. Wie die erhobenen Daten ebenfalls zeigten, verbesserte eine erneute Heirat die Situation, konnte sie aber nicht wieder auf das optimale Niveau zurückführen. Um immer noch 12 Prozent war das Risiko für chronische Krankheiten auch bei den Wiederverheirateten erhöht. Anders formuliert: Unter den aktuell Verheirateten ging es den zuvor Geschiedenen statistisch deutlich schlechter. Eine Trennung ist also eine so einschneidende Erfahrung, dass die Gesundheit offenbar dauerhaft beeinträchtigt blieb.

Wohliges Händchenhalten und Mannschaftseuphorie

Einsamkeit führt vermehrt zur Ausschüttung von Stresshormonen wie etwa Cortisol und schwächt das Immunsystem. Umgekehrt steigern soziale Kontakte die Ausschüttung eines Stoffes, des Tumor-Nekrose-Faktors Alpha, der ein Bestandteil der Krebsabwehr des Körpers ist. Das konnten Forscher an Patientinnen mit Brustkrebs belegen.

Betrachteten Probanden Bilder geliebter Mitmenschen, kam es zur Ausschüttung von Dopamin, einem Botenstoff, der Wohlgefühl vermittelt und ein Bestandteil des körperlichen Belohnungssystems ist. Menschliche Kontakte – zumal zu Vertrauten – werden daher als ähnlich positiv erlebt wie etwa Schokolade, Sex oder gar Suchtmittel wie Alkohol oder Nikotin. Der Mensch verlangt also nicht nur nach materiellen Reizen, wie etwa Nahrung, sondern ebenso nach sozialen. Fehlen sie, geht dem System sozusagen die Freude verloren – mit den bekannten negativen Folgen für das Wohlbefinden. Man mag also mit Fug und Recht sagen, dass soziale Kontakte ein Grundbedürfnis des Menschen darstellen, wie sonst nur Nahrung oder vielleicht Sex.

Das enge Miteinander wirkt auf eheliche Partner stressabbauend und schmerzlindernd – dafür genügen bereits die Anwesenheit des Vertrauten und sich gegenseitig die Hand zu halten. Diese verblüffende Entdeckung machten Hirnforscher um James Coan von der University of Virginia. Sie untersuchten 16 verheiratete Frauen in einen Magnetresonanztomografen (MRT), einem tonnenschweren Gerät, das die Aktivität von Nervenzellen im Gehirn aufzeichnet. An der Ferse der freiwilligen Probandinnen befestigten die Psychologen einen Kontakt, durch den sie milde Stromstöße schicken konnten – nichts Schlimmes, aber doch so, dass die Frauen ein Zwicken spüren mussten. Daneben saß entweder der Ehemann oder ein Fremder, um nichts weiter zu tun, als der Frau die Hand zu tätscheln. Oder die Probandin blieb alleine mit ihrem Schock-Stress.

Die Handreichung hatte einen umfassend beruhigenden Einfluss. Am besten wirkte der zärtliche Griff des Gatten, der im Gehirn viele Regionen still verharren ließ, die in bedrohlichen Situationen normalerweise heftig aktiv sind. Eine ähnliche, wenn auch abgeschwächte Wirkung kam den Tröstversuchen der fremden Männer zu. Ganz ungebremst schlugen die kleinen Schocks bei den Frauen durch, die alleine waren. Wie sich zudem herausstellte, war Händchenhalten nicht gleich Händchenhalten – auch nicht innerhalb der Gruppe der Ehemänner. Verblüfft registrierten die Wissenschaftler, dass nicht alle Herren entspannend auf ihre Ehefrauen wirkten. Ihre Fähigkeit zu trösten hing offenbar eng mit der Qualität der Beziehung zusammen. Je besser beide Partner ihre Ehe einschätzten, desto mehr taugte der Gatte zur Beruhigung. Doch das Sprichwort vom geteilten Leid, das nur noch das halbe Leid ist – es scheint wohl subjektiv wirklich wahr zu sein.

Wer etwas schaffen will, glaubt es leichter zu haben, wenn Freunde auch nur in der Nähe sind. Studenten der University of Virginia bekamen einen Rücksack auf den Rücken geschnallt und wurden mit diesem Gewicht an den Fuß eines aufragenden Hügels gestellt. Sie sollten dessen Steilheit schätzen, doch ihr Urteil hing von ihrer sozialen Einbettung ab. Waren sie von Gefährten umgeben, meinten sie, die Erhebung sei flacher – und je länger sich die Versuchsperson und ihre Freunde schon gekannt hatten, umso weniger anstrengend erschien ihnen der Anstieg mit der schweren Last auf dem Rücken.

Die positive Wirkung der Gemeinschaft scheint bei sportlichen Aktivitäten generell zu gelten. Wer in der Mannschaft übt statt alleine, der kann sich mehr verausgaben, geht mehr an seine Leistungsgrenzen und ist weniger empfindlich gegenüber der Belastung durch das Training. Dies ermittelte eine Forschergruppe um den britischen Anthropologen Robin Dunbar, dem wir schon im Kapitel »Die Intelligenz der anderen« begegnet sind.

Die Wissenschaftler maßen mit einem einfachen Test die Schmerzempfindlichkeit von zwölf Ruderern des Oxford Boat Clubs, jener Mannschaft also, die alljährlich im Achter das berühmte und traditionelle Rennen gegen Cambridge bestreitet. In der Mannschaft auf dem Wasser war das Schmerzempfinden gegenüber dem Solo-Üben auf dem Ergometer im Fitnessraum deutlich reduziert. Ursache ist vermutlich die Ausschüttung von körpereigenen Schmerzstillern, sogenannten Endorphinen, die mutmaßlich bei Ausdauersportarten einsetzt, wenn sie extrem lange Distanzen bewältigen. Es existiert somit nicht nur der Rausch des Läufers oder des Ruderers beim Sport – die Mannschaft selbst scheint eine aufputschende Wirkung auf ihre einzelnen Mitglieder auszuüben. Man könnte das in Anlehnung an das »Runner's High« beziehungsweise »Rower's High« vielleicht das »Team-High« nennen.

Körpergewicht und Glück sind ansteckend

Wer seine Pfunde verlieren will oder mit dem Rauchen aufhören, der schafft das am besten, indem er möglichst vielen Mitmenschen davon erzählt. Der soziale Druck vermag das Durchhalten weitaus effektiver sicherzustellen als etwa die eigene Disziplin oder das schlechte Gewissen. Allerdings können Freunde sich entsprechend auch als abträglich für die eigenen Ziele erweisen: Ist jemand dick und hält sich meist in Gesellschaft seiner ebenfalls übergewichtigen Freunde auf, wird er oder sie dauerhaft wenig Chancen haben, seine Polster um Hüfte und Bauch zu verlieren, sondern nach einer Diät rasch wieder zunehmen. Wie sich in einer Studie mit mehr als 12 000 Teilnehmern mit 38 600 beobachteten sozialen Beziehungen zeigte, besitzt hierbei vor allem der engste Freund oder die engste Freundin einen großen Einfluss. Legt er oder sie an Gewicht zu, ereilt einen selbst meist dasselbe Schicksal – und umgekehrt. Genau beziffert liegt das statistische Risiko bei 71 Prozent. Geschwister und Ehepartner sind beim Abnehmen oder Zunehmen dagegen bei Weitem weniger wichtig.

Dieselben Zusammenhänge gelten fürs Rauchen. Wer aufhören will, aber in jedem Augenblick von seinen Kumpels eine Zigarette angeboten bekommt, der wird von seinem Vorsatz nicht nur abrücken – sobald er einen eigenen schwachen Moment erlebt –, sondern besonders deswegen, weil das Rauchen in seiner Umwelt sozial erlaubt ist, völlig normal und akzeptiert und nur ein Nichtraucher auffallen würde. Der Konsum von Alkohol wäre ein weiteres Beispiel, das den Regeln sozialen Ansteckung unterliegt. Daraus lässt sich ein wichtiger Schluss ziehen: Wer an seinem eigenen Verhalten wirklich etwas ändern will, muss entweder seine Freunde ebenfalls überzeugen oder sich andere Freunde suchen – so schwer das sein mag.

Schließlich unterliegen nicht nur das Suchtverhalten und der Körperumfang der sozialen Konformität, sondern selbst weniger klar Fassbares, wie etwa Gefühle des Glücks und des Wohlbefindens. Das belegen aktuelle wissenschaftliche Arbeiten. Enge Freunde in der Nachbarschaft, die meist optimistisch sind, heben die eigene Stimmung nachhaltig. Der direkte Nachbar vermag sie ebenfalls zu beeinflussen, Arbeitskollegen dagegen sind für das Gemüt eher irrelevant. Verblüffend ist, dass die emotionale Ansteckung selbst über mehrere Zwischenschritte zu funktionieren scheint. Weiter entfernte Freunde oder Nachbarn können mit ihrer guten Laune ebenfalls positiv auf die eigene Gemütslage einwirken. Die sozialen Netzwerke des Menschen und was in ihnen transportiert wird, scheinen ein genauso faszinierendes wie fruchtbares Forschungsgebiet zu sein.

Der Mensch, so scheint es, will mit anderen in Harmonie, in Gleichklang, in Resonanz leben und sich eingebettet fühlen, Das tut er, wenn er bei sich möglichst wenig erkennbare Unterschiede zu seiner unmittelbaren Umgebung empfindet. Der amerikanische Regisseur Woody Allen hat diese Erkenntnis in dem Film *Zelig* aus dem Jahr 1983 bis zu ihrem Extrem verbildlicht – ältere Leser werden sich womöglich noch daran erinnern. Die Hauptfigur namens Leonard Zelig, gespielt von Allen selbst, ist eine Art Chamäleon oder Wendehals, der in Windeseile die Eigenschaften, das Aussehen und selbst die Talente seiner sozialen Umgebung annimmt, was allerlei Gründe und Abgründe in der menschlichen Seele offenlegt.

Trifft der weiße New Yorker mit farbigen Jazzmusikern zusammen, wird seine Haut dunkel und er bläst die Trompete wie Louis Armstrong. In Deutschland wird er zum Nazi, der auf dem Reichsparteitag hinter Hitler steht. Kommt er in Kontakt mit Dicken, nimmt auch sein Bauchumfang zu. In Gesellschaft orthodoxer Juden trägt er einen schwarzen Anzug mit schwarzem Hut, dazu sind ihm ein langer Bart sowie die Peies genannten langen Schläfenlocken gewachsen. Er singt mit Elvis Presley, und im Gespräch mit seiner Therapeutin wird er im Handumdrehen selbst zu einem weltweit führenden Experten in Psychoanalyse. »Ich möchte doch nur geliebt werden«, erklärt Zelig seine bizarren Verwandlungen.

Synchronisierung stärkt die Verbundenheit

Die filmische Kunst nahm also wieder einmal intuitiv Wissen vorweg, das die Wissenschaft erst in letzter Zeit zu sichern verstand. Mimikry, die Nachahmung oder Imitation, heißt das Phänomen dort. Verstehen sich Paare bei einer ersten Verabredung besonders gut und finden sich sympathisch, so äußert sich das meist darin, dass sie sich in ihren Gesten und ihrer Haltung synchronisieren, sprich imitieren. Legt sie die Beine übereinander, macht er das ebenfalls, stützt er nachdenklich das Kinn im Handteller ab, wird sie sich bald in derselben Haltung wiederfinden.

Wie einfache Untersuchungen demonstrierten, ist die Mimikry nicht nur ein Ausdruck gegenseitiger Sympathie, sie ist ein Teil jenes kommunikativen Aktes, in dem Menschen sich zusammenschließen, gemeinsame Perspektiven einnehmen und sozialen Gleichklang herstellen – einander fremde wie auch unbekannte. Umgekehrt versuchen Menschen, die sich bei Gruppenaufgaben ausgeschlossen fühlen, die anderen nachzuahmen, mutmaßlich, um wieder an Sympathie zu gewinnen.

Wenn ein Experimentator im Gespräch mit einer Versuchsperson nach einer Weile wie durch Zufall einen Stift fallen ließ, so bückte sich normalerweise nur jeder Dritte, um diesen aufzuheben. Bemühte er sich jedoch schon während der Unterhaltung, die Testperson in ihrer Gestik und der Körperposition zu imitieren, so scheute kein Einziger mehr die Hilfeleistung, alle griffen nach dem Schreiber. Imitiert zu werden scheint ein Gefühl des Miteinanders und der Kooperation zu vermitteln, auf das die handfeste gegenseitige Unterstützung gleichsam automatisch folgt.

Untersuchungen von Claire Ashton-James an der Duke University in North Carolina demonstrierten, dass Imitation sogar das Selbstbild beeinflusst. Wurden Probanden im persönlichen Gespräch nachgeahmt, betonten sie in anschließenden Fragebögen weitaus stärker ihre soziale Rolle als »Vater« oder als »Mannschaftsspieler«. Aus dieser vielleicht etwas suggestiven Einschätzung ihrer selbst wuchs dann aber auch entsprechend die Bereitschaft zu helfen. Unter den Imitierten halfen 72 Prozent einem vermeintlich armen Studenten, unter den neutralen war es nur die Hälfte davon, nämlich 38 Prozent. »Die Kooperation ist keine soziale Pflichtübung, zu der wir uns erst aufraffen müssen – sondern: Wir können gar nicht anders«, folgert Natalie Sebanz, Kognitionspsychologin an der Radboud-Universität in Nimwegen/ Niederlande.

Gewandte Handelsvertreter oder Verkäufer wissen es durchaus zu ihren Gunsten zu nutzen, dass Menschen jemandem mehr Sympathie entgegenbringen, der sie in ein Gespräch verwickelt und imitiert – und in den Seminaren gehören die entsprechenden Kenntnisse längst zum Pflichtprogramm. Der amerikanische Sozialpsychologe William Maddux vom Forschungsinstitut INSEAD mit Sitz in Fontainebleau bei Paris schickte seine Probanden in eine unlösbar scheinende Verhandlungssituation: Sie sollten eine Tankstelle verkaufen, für welche die Mindestforderung des Verkäufers deutlich über dem Maximalpreis lag, den der Käufer zu zahlen bereit war. Die eine Hälfte der in die Rolle eines Käufers geschlüpften Testpersonen bekam explizit die Anweisung, den Verkäufer dreist zu imitieren, die andere Hälfte erhielt diese Vorgabe nicht. Das Ergebnis war, dass in der Gruppe der Nachmacher 67 Prozent trotz der ungleichen preislichen Vorstellungen zum Abschluss kamen, in der neutralen Vergleichsgruppe nur 12,5 Prozent – ein Faktor von fünf, der im Leben als Vertreter, Moderator oder Anwalt einen riesigen Unterschied ausmacht.

Nachplappern bringt Trinkgeld

Bei der sozialen Mimikry kommt es nicht einmal speziell auf den optischen Sinn an, auch auf sprachlich-akustischer Ebene entfaltet sie ihre Wirkung. Wenn Gruppen gemeinsam ein Lied sangen und dazu tanzten, verhielten sie sich anschließend der Gemeinschaft gegenüber solidarischer, als wenn jeder sein eigenes Lied gesungen und nicht synchron mit den anderen getanzt hatte. Wer in Versuchen zuvor Seite an Seite marschiert war, kooperierte anschließend in ökonomischen Spielen mehr, als wer nur für sich selbst gegangen war. Die Synchronisierung stärkt das Wir-Gefühl, den Eindruck der Zusammengehörigkeit. Dies scheint eine vernünftige Erklärung dafür zu sein, warum das Militär nirgendwo ohne zackige Musik und Stechschritt auskommt, aber ebenso, warum Fans in Fußballstadien gemeinsam brüllen und Demonstranten zusammen protestieren. Sie stehen gemeinsam für ihre Ziele ein.

Wie Untersuchungen ergaben, konnte Servicepersonal in Restaurants das erhaltene Trinkgeld um gut 70 Prozent steigern, wandte es den Trick an, einfach alles wie ein Papagei oder Echo wortwörtlich zu wiederholen, was der Gast gesagt hatte. Statt nur mit dem Kopf zu nicken oder »Kommt sofort!« zu sagen, riefen die Kellner und Kellnerinnen also »Ja, gut, noch ein Wasser!« oder schlicht wie ein Tonband »Die gegrillte Aubergine!« – und ganz unabhängig von der überprüfbaren Qualität des Essens oder des Services stieg die Bereitschaft, Trinkgeld zu geben.

Der Gast empfindet ein derartiges Entgegenkommen weder als aufdringlich noch als distanzlos. In der Regel erkennt kaum jemand überhaupt, wenn seine Gesten und Haltungen in sozialen Situation – oder solchen, die so aussehen – nachgemacht werden. Das ergaben einige andere Versuche. Selbst eine Kunstfigur im Computer fanden Betrachter noch als besonders überzeugend, sympathisch und warmherzig, auch – oder gerade? – wenn diese auf nichts anderes programmiert war, als sie selbst zu imitieren, und zwar mit einer Verzögerung von vier Sekunden. Sich selbst im anderen zu erkennen bereitet dem Menschen offenbar nicht einfach nur Wohlgefallen und fördert die Sympathie, es gehört zu den grundsätzlichen Bedingungen des kooperativen Miteinanders und ist sowohl Ausdruck als auch Inhalt der Wir-Intentionalität.

Die kooperative Kommunikation des Menschen kann sich auch auf Werturteile beziehen. Wissenschaftler aus dem niederländi-

schen Nimwegen baten 24 Frauen, die Bilder von 222 Geschlechts-
genossinnen auf einer Skala zwischen 1 und 8 auf ihre Attraktivität
hin einzuschätzen. Wichen sie damit von dem durchschnittlichen
Urteil der Gruppe ab, korrigierten sie ihre Bewertung in einem
zweiten Durchgang entsprechend. Die Gesichter wurden als at-
traktiver oder weniger attraktiv beurteilt. Gleichzeitig zeigte der
Hirnscanner ein Signal, das dann erscheint, wenn Probanden bei
einer Aufgabe einen Fehler gemacht haben. Auf einen einfachen
Nenner gebracht, erklärten die Versuche, warum der Einzelne
schön findet, was alle schön finden – und warum menschliche
Gemeinschaften immer wieder Moden in der Musik oder der
Kleidung hervorbringen, technischen Trends hinterherlaufen, in-
tellektuellen Denkschulen anhängen, Stars anhimmeln, in Mas-
senhysterien ausbrechen, die Partei wählen, die bereits die größte
ist – oder sich auf Feindseligkeiten und Gewalt gegenüber einer bestimmten anderen Gruppe einigen, zum Beispiel Ausländern.

Auch ohne eine abstrakte Allgemeinheit arbeiten Menschen
auch in kleinen Gruppen auf Verständigung hin und gleichen sich
an – so zum Beispiel in der Verwendung von Begriffen. Reden zwei
Gesprächspartner über einen türkisfarbenen Schal und einer bezeichnete das Kleidungsstück anfangs als grün, so wird der andere
dazu tendieren, diese Typisierung zu übernehmen. Dies dient der
besseren Information und hilft, Missverständnisse zu vermeiden – es zeigt daneben ganz praktisch, wie kooperativ Menschen
kommunizieren. Das geht so weit, dass sie sich gegenseitig ihre
Wahrheit zurechtzimmern.

Vom gespiegelten Verhalten zu Spiegelneuronen

Der amerikanische Psychologe John Bargh postulierte bereits
Ende der 1990er Jahre eine spezielle enge psychische Verbindung
zwischen dem Handeln und der Wahrnehmung. Im Fachpublika-
tionen war meist von einem »perception-behavior link« die Rede.
Zu sehen, wie jemand etwas tut, ist eng damit verknüpft, es selbst

zu tun. Das Problem ist also ein alter Bekannter in der Wissenschaft, wenn auch nichts primär Akademisches. »Wir sehen, weil wir handeln, und gerade weil wir sehen, können wir handeln«, erklärte vor einem Jahrhundert bereits der amerikanische Philosoph und Psychologe George Herbert Mead (1863–1931).

Das »perception-behavior link« ist im Alltag andauernd zu beobachten: Wer angelächelt wird, lächelt selbst meist unweigerlich zurück. Fängt in einer Tischgesellschaft einer an zu gähnen, macht der Ausdruck der Müdigkeit unweigerlich die Runde. Selbst einfache Bewegungen sind sozial ansteckend, etwa wenn jemand auf dem Sofa ein Fußballspiel im Fernsehen anschaut. Dabei kann der Betrachter schon einmal mit dem Fuß zucken, mit dem Kopf stoßen oder den Oberkörper angespannt nach vorne lehnen, wenn der Stürmer sprintet oder den Ball in Richtung des Tors wuchtet. Erblickt man Tänzer auf dem Parkett, verfällt der Zuseher unweigerlich in deren Schritt und Schwung. Wer ein Kind sieht, das die Hand von einer heißen Herdplatte wegzieht, schreckt nicht nur zusammen, sondern zieht erst einmal seine eigene Hand ebenfalls zurück.

Es liegt gleichsam ein Automatismus darin, andere dabei zu beobachten, wie sie etwas tun, und es dann entweder selbst zu tun oder es zumindest tun zu wollen. Wie Arbeitsgruppen um den Neurowissenschaftler Giacomo Rizzolatti und den Mediziner Vittorio Gallese von der Universität Parma behaupten, handelt es sich sogar um ein und dieselben Netzwerke von Nervenzellen im Gehirn, die aktiv sind – egal ob ein Lebewesen nun eine Handlung nur beobachtet oder diese selbst aktiv ausführt. Diese Zellen spiegeln gleichsam automatisch und ungebremst, was Mitmenschen machen, und reagieren auf die gleiche Weise mit Aktivität. Die Forscher bezeichneten sie daher bald nach ihrer Entdeckung zu Beginn der 1990er Jahre als »Spiegelneurone«.

Diese Entdeckung ist zweifellos sensationell, scheint doch auf einen Schlag der Bogen vom Beobachten zum Handeln geschlagen, nämlich in Gestalt von Nervennetzwerken, die so elegant reagieren, dass sie beides in ihrem Muster an Aktivität repräsentieren. Jedoch beließen es Rizzolatti und seine Kollegen nicht bei dieser Interpretation. Sie assoziierten mit den Spiegelneuronen ein biologisches System nicht nur der Imitation, die das »agierende Gehirn« mit dem »verstehenden Gehirn« verknüpft. Sondern sie sehen darin die biologische Grundlage des sozialen Verstehens und Lernens bis hin zur Wurzel der Fähigkeit zum Mitgefühl oder Empathie.

»Nicht nur Handlungen, auch Emotionen scheinen unmittelbar geteilt zu werden: Nehmen wir bei anderen Schmerz oder Ekel wahr, so werden dieselben Bereiche der Großhirnrinde aktiviert, die beteiligt sind, wenn wir selbst Schmerz oder Ekel empfinden«, erklärt Rizzolatti. Dies zeige, fährt er fort, wie tief verwurzelt und stark die Beziehung sei, die uns mit den anderen verbindet, oder wie bizarr es sei, sich ein Ich ohne ein Wir vorzustellen.

Mit seinem wallenden grauen Haar und dem hageren Gesicht sieht er tatsächlich aus wie ein italienischer Weiser – ein Eindruck, den er selbst nach Kräften schürt, indem er etwa die Ähnlichkeit seiner Erscheinung mit Albert Einstein, dem Pop-Helden der Wissenschaft, anspricht. »Mein Team und ich stoßen hier, ähnlich wie Einstein, in neue Dimensionen vor«, beschreibt sich Rizzolatti selbst.

Nervenzellen für die Kultur

Ein Pop-Thema sind auch die »Spiegelneurone«, um nicht zu sagen, sie sind das Glamour-Thema der Hirnforschung. Doch um es vorwegzunehmen: In der Fachgemeinde ist das Konzept der Spiegelneurone erheblicher Kritik ausgesetzt. Für die Theorie, wonach diese Klasse von Nervenzellen die Grundlage für das Verstehen der Handlungen anderer bilde, gebe es keine stichhaltigen Beweise, wendet etwa Gregory Hickok von der University of California in Irvine ein.

In einem großen Übersichtsartikel beschreibt der Kognitions-

wissenschaftler acht Probleme, die mit der Theorie der Spiegelneurone sowohl bei Affen als auch bei Menschen verknüpft und
bislang ungelöst sind. Diese Einwände nicht unter den Teppich
zu kehren ist deswegen wichtig, weil die Spiegelneurone zu einer
überwältigenden Metapher geworden sind, welche die Fantasie von
Laien wie manchen Experten auf das Tollste inspiriert. Die Zellen
sollen die stoffliche Basis so unterschiedlicher Errungenschaften
wie der menschlichen Kultur, der Sprache oder der Nächstenliebe
bilden. Doch bevor wir uns der Kritik zuwenden, betrachten wir
erst einmal ein Stück weit genauer, was Rizzolatti und seine Kollegen entdeckt haben und wie die Forscher den seltsamen Neuronen
auf die Spur kamen.

Der Chef des Physiologischen Instituts der Universität Parma
untersucht seit nunmehr fast drei Jahrzehnten das Gehirn von
Südlichen Schweinsaffen, die zur Gattung der Makaken gehören.
Dabei konzentrierte er sich auf das Gebiet, das mit der Planung,
Auswahl und Durchführung von einfachen Handlungen befasst
ist. Das Gebiet liegt in der Großhirnrinde, dem Kortex, und heißt in
der Fachsprache »prämotorischer Kortex«. Rizzolatti spezialisierte
sich auf eine Teilregion dieses prämotorischen Kortexes, das sogenannte Areal F5, das mit Bewegungsmustern der Hand beschäftigt ist. Die Neurone darin sind zum Beispiel dann aktiv, wenn die
Tiere eine Nuss oder eine Frucht ergreifen und zum Mund hin
bewegen – was ein völlig natürliches und lebensnotwendiges Verhalten darstellt.

Aber gehen wir noch einen kleinen Schritt zurück. Denn mit
dem Wort Bewegung ist eigentlich nicht sehr zutreffend beschrieben, was die Areal-F5-Zellen vermitteln. Ihre entscheidende Besonderheit besteht darin, dass sie einzelne Akte einer Handlung
kodieren, die zum Beispiel zum Ergreifen einer Erdnuss nötig
sind. Im Detail ist dazu ja ein Netzwerk von Neuronen erforderlich, denn jeder Muskel in den Fingern der Hand muss kontrolliert
angesteuert werden, sodass sich die Finger zu einem Griff formen
können. Die Neurone in F5 sind diesen Ebenen übergeordnet, fun-

ken also nicht an die Muskeln selbst, sondern beeinflussen zum Beispiel den Griff. Um den Unterschied zu verdeutlichen: Sowohl für den Griff nach einer Frucht als auch fürs Kratzen des Fells oder das Bohren in der Nase wird es erforderlich sein, dass sich mindestens ein Finger krümmt. Eine bestimmte Greifzelle in F5 wird jedoch nur dann aktiv, wenn es sich wirklich um den Akt des Ergreifens eines Objektes handelt – und beim Kratzen oder Nasebohren in Ruhe verharren, auch wenn für alle drei Akte dieselben Muskeln aktiv sein müssen.

Das Wörterbuch der Handlungen

Entsprechend machten Rizzolatti und seine Kollegen in Areal F5 verschiedene Zellen ausfindig, die einzelne Akte der Handlung »Erdnuss-Essen« vermitteln. Dazu gehören zum Beispiel das Vorbereiten der Finger auf das Objekt, das tatsächliche Ergreifen einer Nuss sowie abschließend das Zuführen des Futters zum Mund. Eine Handlung besteht also aus einzelnen Akten, und das Wörterbuch dieser Akte findet sich, so Rizzolatti und Mitarbeiter, im Areal F5 des motorischen Kortex der Makaken. Reizt man etwa eine Zelle dort mit einem leichten elektrischen Strom, wird der Schweinsaffe die entsprechende Handreichung ausführen.

Manche der Zellen dort feuern nur dann, wenn etwa ein bestimmter, sehr fein abgestimmter »Präzisionsgriff« zum Einsatz kommt, andere, wenn es sich um einen »Kraftgriff« handelt. Dritte schließlich korrelieren in ihrer Aktivität mit einzelnen Aspekten der Handlung, zum Beispiel dem Öffnen oder dem Schließen der Hand. Dabei ist es in den meisten Fällen irrelevant, so Rizzolatti, ob der Akt mit der linken oder der rechten Hand oder gar mit dem Mund ausgeführt wird. Zellen, die sich zum Beispiel mit den Lippen beschäftigen, bleiben wie gesagt stumm, wenn sich der Mund zu einem anderen Zweck als der Nahrungsaufnahme bewegt, etwa beim Schmatzen oder dem Schürzen. Sie feuern aber dann, wenn die Lippen Nahrung aufnehmen.

Die Nervenzellen in F5 werden also am besten durch den Akt beschrieben, den sie aktivieren und bei dessen Ausführung sie selbst aktiv sind. Besonders häufig sind »Mit-der-Hand-und-mit-dem-Mund-ergreifen-Neurone«, »Mit-der-Hand-ergreifen-Neurone« und »Manipulieren-Neurone«, erklärt Rizzolatti. Der Sehsinn hat auf die Aktivität der meisten dieser Zellen primär keinen Einfluss. Dies wurde deutlich, wenn die Forscher etwa das Licht ausknipsten. Obwohl die Tiere nun nichts mehr sehen konnten, reagierten die Neurone in F5 im Dunkeln, wie sie es auch im Hellen getan hatten.

Drei Entdeckungsgeschichten

Dass der optische Sinn aber dennoch auf manche Nervenzellen in F5 einwirkt, kam letztlich durch einen Zufall zutage – die drei verschiedenen Versionen, die über die erste Entdeckung existieren, sind sich darin jedenfalls einig. Zwischen zwei Versuchen streckte Vittorio Gallese, ein Mitarbeiter Rizzolattis, seinen Arm nach einem Objekt aus, und siehe da, die Zellen im Gehirn eines Affenweibchens, das in die Apparatur eingespannt war und auf das nächste Experiment wartete, reagierten ebenfalls. Und das, obwohl das Tier selbst nicht aktiv gewesen war. In einer anderen Version der Entdeckungsgeschichte stieß ein dritter Kollege auf die seltsame Erregung, als er selbst eine Erdnuss in die Hand nahm, die für das Tier bestimmt war. Eine dritte Variante handelt erneut von Gallese, doch diesmal langte er anscheinend nach einer Kugel mit Speiseeis.

Natürlich lag zunächst der Verdacht nahe, dass die Antwort der Neurone, die als ein Rauschen im Lautsprecher zu hören war, auf Mängel im Versuchsaufbau oder eine fehlerhafte Messung zurückzuführen sein könnte. Doch systematische Untersuchungen bestätigten die skurrilen Befunde nicht nur, sondern erbrachten sogar ein genaues statistisches Ergebnis: 17 Prozent der Neurone in F5 verhielten sich in exakt dieser seltsamen Art und Weise. Sie reagierten sowohl dann, wenn das Tier einen speziellen motorischen Akt aktiv ausführte, als auch dann, wenn es denselben Akt nur passiv erblickte – und zwar ganz egal, ob beim Menschen oder bei einem anderen Affen. Entscheidend war jedoch, dass die Bewegung in Bezug zu einem Objekt zu erfolgen hatte. Eine pantomimische Handlung oder ein Objekt allein führten nicht zu einer Reaktion der bald mit Namen »Spiegelneurone« titulierten Zellen, im Englischen »mirror neurons«. Auch das Wörterbuch der motorischen Akte erwies sich als weitgehend identisch mit jenem der visuellen Akte, unterstreicht Rizzolatti: »Wir haben ›Ergreifen-Spiegelneurone‹, ›Halten-Spiegelneurone‹, ›Manipulieren-Spiegelneurone‹, aber auch ›Legen-Spiegelneurone‹ (die sich aktivieren, wenn der Affe den Experimentator beim Ablegen eines Objektes auf einer Unterlagen beobachtet) und ›Mit-der-Hand-manipulieren-Spiegelneurone‹ (die reagieren beim Anblick einer Hand, die sich auf die andere, ein Objekt haltende zubewegt).«

Was hatten diese experimentellen Befunde zu bedeuten? Die Arbeitsgruppe in Parma vermutete zunächst, dass die Spiegelneurone die biologische Basis des Verstehens von Handlungen bilden. Wenn der Anblick eines Aktes und die eigene Ausführung desselben Aktes gleichsam durch ein und dieselbe Zelle vermittelt werden, so existiert die Grenze zwischen Vorbild und eigenem Tun nicht mehr, sie ist physisch aufgehoben. Beobachten ist gleich begreifen ist gleich selbst tun. Dies beschreibt Rizzolatti selbst in einer Veröffentlichung aus dem Jahr 2004: »Jedes Mal, wenn ein Individuum die Handlung eines anderen wahrnimmt, werden die Zellen im prämotorischen Kortex des Beobachters erregt, die diese Handlung repräsentieren. Dieses automatisch ausgelöste motorische Muster der beobachteten Handlung entspricht dem, was durch eine aktive Handlung erzeugt wird und dessen Ergebnis dem handelnden Individuum bekannt ist. Das Spiegelsystem transformiert also visuelle Information in Erkenntnis.«

Der französische Neurophysiologe Marc Jeannerod ersann das

Beispiel eines Musikschülers, an dem sich das Wirken der Spiegelneurone recht gut verstehen lässt. Der Zögling schaut regungslos
zu, wie der Meister eine schwierige Passage auf der Geige vorspielt,
die er selbst im Anschluss wiederholen soll. Um die raschen Bewegungen später zu reproduzieren, muss er sich von ihnen eine Vorstellung machen. Die Brücke ist jedoch einfach geschlagen, denn
die Neurone, die ihm dazu dienen, sind dieselben, die er später
beim eigenen Spiel mobilisieren wird. Die Aktivierung der Spiegelneurone generiert also eine innere motorische Repräsentation des
beobachteten Aktes, von der dann die Möglichkeit abhängt, durch
Nachahmung zu lernen.

Besitzen auch Menschen Spiegelneurone?

Wer an dieser Stelle die Frage stellt, ob der Sprung von Schweinsaffen zum Menschen nicht etwas gewagt ist, dem sei entgegnet: Die
Spiegel-Wissenschaftler reklamierten bald, auch im Gehirn von
Menschen Regionen in motorischen Gebieten entdeckt zu haben,
die ebenfalls auf beobachtete Handlungen reagieren. Allerdings ist
es für einen solchen Nachweis natürlich nicht möglich, während
einer Operation Sonden in das Gehirn der Probanden einzuführen
und so die Aktivität einzelner Nervenzellen zu erfassen, wie das
Rizzolatti mit seinen Tieren anstellte. Beim Menschen sind scho-
nende Verfahren erforderlich, welche die Tätigkeit der Neuronen
von außerhalb aufzeichnen. Infrage kommen sogenannte Hirnscanner, wie etwa der funktionelle Magnetresonanztomograf,
kurz fMRT, oder die Positronen-Emissions-Tomografie, PET.

Beide Methoden besitzen aber einen gewichtigen Nachteil: Ihre
Auflösung ist nicht besonders gut. Das heißt, dass diese Maschinen nicht nur schwer sind, sondern auch schwerfällig und eine
Aktivität der Nerven nur anzeigen, wenn sich ganze Ensembles
entladen, die aus Zehntausenden oder Hunderttausenden von
Einzelzellen bestehen. Außerdem sollte sich die Aktivität der Neuronen über einen längeren Zeitraum summieren lassen, zum Bei-

spiel eine halbe oder eine ganze Sekunde. Dies ist, nur um das klarzustellen, in der Biologie ein sehr langer Zeitraum. Denn höhere Denkprozesse, wie etwa die Wahrnehmung einer Tasse oder die Produktion von Sprache, werden in dieser Zeitspanne normalerweise komplett zu Ende geführt.

Bei den Spiegelarbeiten am Menschen war und ist eine Gruppe um Marco Iacoboni von der University of California in Los Angeles führend. Die Forscher lassen dabei ihre Probanden bedeutungslose Gesten und Akte aufführen, sowohl in Bezug zu einem Objekt als auch pantomimisch. Dabei erhielten sie zum Tierversuch ganz vergleichbare Ergebnisse. Denn in bestimmten Regionen im Großhirn, die mit der unmittelbaren Bewegungssteuerung im Frontallappen hinter den Schläfen[1] sowie mit dem Sprachverständnis[2] in Zusammenhang stehen, verzeichneten die Hirnscanner die erforderliche Zwillingsaktivität. Nämlich gleichermaßen dann, wenn die Versuchsteilnehmer eine Handlung selbst ausführten oder anderen dabei nur zusahen. Im Unterschied zu den Affen aber reagierten die Areale beim Menschen auch auf pantomimische oder simulierte Akte. Die beiden genannten Gehirnregionen gelten seitdem als Bestandteil des menschlichen Spiegelsystems – von einzelnen Spiegelneuronen kann bei den angewendeten Methoden, wie oben beschrieben, nicht mehr die Rede sein, deswegen war die Erweiterung der Begrifflichkeit auf ein »Spiegelsystem« nötig geworden.

Erkennen Spiegelneurone Absichten?

Nach Rizzolattis Ansicht zeichnet sich dieses System gerade dadurch aus, die Bedeutung oder Intention nicht nur von einzelnen Akten, sondern Ketten von Akten oder einer Handlung zu erfassen. Um dies zu verdeutlichen: Die Bedeutung einer Handlung besteht in dem Unterschied, den es etwa macht, eine Tasse zu ergreifen,

---

1 Es handelt sich dabei um ein Gebiet, das sich wie ein Kopfhörerbügel zwischen den Ohren aufspannt und als Gyrus praecentralis bezeichnet wird.
2 Der Fachbegriff für diese Region des Kortex lautet Gyrus frontalis inferior.

um sie in den Schrank zu stellen, oder das Gefäß ebenfalls zu ergreifen, um es aber an den Mund zu führen und daraus zu trinken.

Dieser Unterschied der Intentionalität sollte irgendwie im Spiegelsystem auftauchen, wenn es denn tatsächlich dazu dienen sollte,
dem Individuum ein Verständnis der unterschiedlichen Handlungen und der damit verbundenen Intentionen zu erlauben.

Verschiedene Versuche näherten sich dieser sowohl neurowissen-
schaftlich als auch theoretisch äußerst anspruchsvollen Frage – wir
kommen noch darauf zurück –, und eines von Iacobonis-MRT-Ex-
perimenten war in den Augen Rizzolattis erfolgreich. Die Forscher
zeigten Probanden drei verschiedene Videos. In dem einen sahen
sie Objekte, wie etwa eine Teekanne, ein Glas oder einen Teller, die
aussahen, als würden sie gleich benutzt oder seien gerade eben benutzt worden. Hierbei ging es also um den Kontext der Handlung.
Im zweiten Video war eine Hand zu sehen, die sich greifend einer
Tasse näherte. Hierbei ging es um die Handlung selbst. Und drittens
zeigten die Forscher einen Film, in dem zwei verschiedene Intentionen suggeriert wurden. Einmal schien eine Hand eine Tasse zu ergreifen, um sie an den Mund zu führen. Das andere Mal schien sie
diese zu ergreifen, um sie an einem anderen Ort abzustellen. Während der Versuche zeichnete ein Hirnscanner die Aktivierung des
Denkorgans auf. Schließlich gaben die Computerbilder zu erkennen,
dass nur die Bedingung »Intention« das Spiegelsystem im Frontallappen aktivierte, und zwar der Akt »Tasse zum Mund führen, um zu
trinken« stärker als »Tasse ergreifen, um sie wegzustellen«.

Rizzolattis Folgerungen daraus sind eindeutig. »Das Spiegel-
neuronensystem ist offenbar in der Lage, nicht nur den beobachteten Akt zu kodieren ..., sondern auch die Intention, mit der er
ausgeführt wird.« Seine Ausführungen räumen sogar die Möglichkeit ein, dass es sich bei dem Spiegelsystem um das neuronale
Substrat der geteilten oder Wir-Intentionalität handelt, die wir im
letzten Kapitel »Wir sind, also denke ich« diskutiert haben. Vermitteln die Spiegelneurone jene kooperative Kommunikation der
gemeinschaftlichen Interaktionen mit gemeinschaftlichen Zielen

vor einem gemeinsamen Hintergrund? »Der Besitz des Spiegel-neuronensystems«, schließt Rizzolatti aus der Analyse der Be-funde, »und die Selektivität der Reaktionen determinieren einen gemeinsamen Handlungsraum, in den jede Handlung und jede Handlungskette von uns oder anderen unmittelbar einbeschrie-ben ist und verstanden wird, ohne dass es einer ausdrücklichen und absichtlichen ›kognitiven Operation‹ bedürfte.«

Spieglein an der Wand, wer ist der Schrillste im Land?

Die Beteiligung einer für die Sprache verantwortlichen Region im menschlichen Spiegelsystem ließ die Spekulationen weiter florie-ren, der Mensch hätte auch die verbale Kommunikation durch die Vermittlung der segensreichen Zellen erworben und innerhalb seiner Gruppe weitergegeben. Das Lernen selbst der komplizier-testen Verrichtungen, wie es etwa die Produktion von Steinwerk-zeugen darstellt, wurde mit den Spiegelneuronen gleichsam zum Automatismus. Und von da an war es nur noch ein kleiner Schritt, auch die bisher kaum durchschaubaren höheren Funktionen des menschlichen Geistes auf das Spiegelsystem zurückzuführen, wie etwa die Fähigkeit, sich in andere hineinzuversetzen.

Dieser allgemeine Trend wird etwa an der folgenden Aussage deutlich, welche die Neurowissenschaftlerin und Ärztin Lindsay Oberman vom Berenson-Allen Center for Noninvasive Brain Sti-mulation in Boston in einer Veröffentlichung machte: »Man geht davon aus, dass Spiegelneurone gleichermaßen an der Wahrneh-mung und dem Verständnis motorischer Handlungen beteiligt sind, aber sie könnten ebenfalls eine Rolle bei höheren kognitiven Funktionen spielen, wie etwa der Imitation, der Mentalisierung, der Sprache und der Empathie – die bei Personen mit Symptomen des Autismus allesamt eingeschränkt sind.« Natürlich, muss man hin-zufügen, gelten kognitive Störungen, die mit dem Sozialverhalten zusammenhängen, neuerdings als solche des Spiegelsystems.

Nicht nur in wissenschaftlichen Kreisen, auch in den populären Medien führte die allgemeine Spekulation über die Spiegelneurone – euphorisch aufgeladen, wie sie war – zu lebhaften Bildern und Vorstellungen. Man war fasziniert davon, dass hier vermeintlich ein Substrat des Miteinanders, der Gemeinschaft entdeckt worden war. Endlich konnten Hirnforscher, indem sie einfach nur die Aktivität einzelner motorischer und sensorischer Nervenzellen untersuchten, zeigen, *Warum ich fühle, was du fühlst* oder *Woher wir wissen, was andere denken und fühlen*, wie zwei einschlägige deutsche Buchtitel lauten. Als wäre die Metapher von den Spiegelneuronen selbst nicht schon durchschlagend genug, wurden sie wechselweise gar als die »Zellen zum Gedankenlesen« gedeutet oder zu »Dalai-Lama-Neuronen« erkoren, »welche die Grenze zwischen dir und deinem Gegenüber auflösen«. Diese Vergleiche proklamierte der bekannte indisch-amerikanische Neurologe Vilayanur Ramachandran, Lindsay Obermans Kooperationspartner. Die Zellen, meinte er, bilden die Grundlage der Psychologie als Wissenschaft – also von Gehirnen von Forschern, die sich anstrengen, die Gehirne von Mitmenschen zu durchschauen.

Die armselige Wirklichkeit: Der Affe imitiert nicht

Solche Assoziationen sind grell, eingängig, vielversprechend und verheißungsvoll. Doch Pop-Wissenschaft wird zu einem Problem, wenn sie den Kontakt mit der Realität verliert – und womöglich nur noch dazu dient, Aufmerksamkeit und Forschungsgelder zu kassieren. Im Fall der Spiegelneurone sieht die traurige Wirklichkeit so aus, dass der Südliche Schweinsaffe fast keine der Segnungen erfahren hat, die diese Zellen vermeintlich vermitteln. Weder besitzen die Tiere eine Kultur, noch beherrschen sie eine Sprache. Auch sind sie nicht besonders am Wohlergehen ihrer Artgenossen interessiert oder an Psychologie oder gar daran, mit dem Dalai Lama zu meditieren, um so kooperativ die Grenzen zwischen einander aufzulösen.

Aber man muss nicht einmal die höchsten Geistesgaben bemühen, um das Sensationsgeheische als solches zu entlarven. Dem Südlichen Schweinsaffen mangelt es selbst am Grundlegenden. Er mag ein gutmütiges Tier für Experimente im Labor sein, doch er imitiert andere nicht, zumindest erwachsene Tiere tun das nicht. Das kann nur eines bedeuten: Bei den Schweinsaffen stellt die Imitation nicht die entscheidende Funktion der Spiegelneurone dar. Wozu hat er sie dann aber? Die Antwort weiß leider niemand genau. In den sehr deutlichen Worten von Kritiker Gregory Hickok:»Die Spezies, von der eindeutig feststeht, dass sie Spiegelneurone besitzt [*der Schweinsaffe*], weist keine höheren kognitiven Prozesse auf. Und von der Spezies, die höhere kognitive Prozesse aufweist [*der Mensch; Anmerkungen WS*], ist nicht überzeugend bewiesen, dass sie Spiegelneurone besitzt.«

Anders als die Spiegel-Forscher glauben machen wollen, ist die Existenz eines derartigen Systems beim Menschen eben nicht schlüssig belegt. Die im Hirnscanner feststellbare Aktivität im Bereich zwischen den Ohren und an den Schläfen – sie kann genauso gut von anderen Gebieten stammen, mit denen die motorischen Regionen nur in Verbindung stehen. Diese Möglichkeit wurde von den Spiegel-Forschern experimentell nie ausgeschlossen, vielmehr als Erklärung überhaupt nicht weiter in Betracht gezogen. Die Fähigkeit des Menschen, Intentionen zu erkennen, würde demnach woanders sitzen, vielleicht netzartig verteilt in diversen Zentren, vielleicht in einem bestimmten Zentrum des Gehirns konzentriert. Sie wäre aber eines nicht: direkt und zwangsläufig in der doppelten Funktion der motorischen Nervenzellen zu finden. Genau dies verlangt aber die Theorie der Spiegelneurone.

Ockhams Rasiermesser und gelerntes Verhalten

Derartig enttäuschend bewerten die Kritiker nicht nur die Befunde beim Menschen, sondern ebenso diejenigen beim Schweinsaffen selbst. Auch bei den Tieren fehlen die entscheidenden experimentellen Belege für die Theorie. Dazu würde es gehören, glauben

Hickok und andere, bei Versuchstieren die Wahrnehmung von Akten zu blockieren, indem das Areal F5 zerstört wird. Besitzen die Neurone dort wirklich die geforderten Eigenschaften – nämlich das Verstehen von Handlungen zu vermitteln –, sollte unter einem solchen Eingriff nicht nur das Greifverhalten selbst leiden, sondern auch die Wahrnehmung des Greifverhaltens, das Verständnis der Akte. Solche wahrlich nicht sehr tierfreundlichen Experimente wurden tatsächlich unternommen, doch sind die Ergebnisse offenbar nicht eindeutig. Warum?

Rizzolatti zufolge könnte das daran liegen, dass auch andere Zentren im Gehirn der Schweinsaffen die Wahrnehmung von Handlungen vermitteln. Nun, so ist man versucht zu antworten, vielleicht liegt genau darin das Problem. »Wenn sich nach einer Zerstörung von F5 das motorische Verhalten einerseits und das Verstehen motorischen Verhaltens andererseits voneinander aufspalten, so wäre das ein starker Beleg gegen eine entscheidende Rolle des motorischen Systems beim Verständnis von Handlungen«, folgert Hickok messerscharf. Denkbar wäre zum Beispiel, dass die Spiegelneurone gar nicht selbst leisten, was sie der Theorie zufolge leisten sollen, sondern die entsprechenden Ergebnisse von anderen Zentren nur zugeliefert bekommen – die Situation erinnert an diejenige beim Menschen. Es fehlen also auch hier entscheidende Untersuchungen, um die These zu stützen.

Befunde anderer Forschungsarbeiten können diese Kritik nicht ausräumen. Eine Studie brachte zutage, dass 15 Prozent der Spiegelneurone ausschließlich auf Geräusche reagieren, wie sie etwa entstehen, wenn Papier zerrissen oder die Schale einer Erdnuss gebrochen wird. Rizzolatti und Kollegen interpretieren dies als Bestätigung ihrer Theorie. Wenn Spiegelneurone das Verstehen von Handlungen vermitteln, dann sollte es ihnen nicht um den motorischen Akt selbst gehen, sondern um dessen Bedeutung. Das Geräusch einer zerbrechenden Schale erlaubt den Schluss, dass hier eine Erdnuss geknackt wird. Das Geräusch lässt also auf einen Akt schließen, das heißt, seine Bedeutung besteht in dem Akt – und die Spiegelneurone sollten reagieren, auch wenn das Tier diesen Akt selbst nicht wahrnimmt. Dabei handelt es sich, worauf Hickok verweist, um eine äußerst komplizierte Interpretation. Die einfachere Deutung bestünde darin, dass das Tier schlicht gelernt hat, die verschiedenen Ereignisse in Zusammenhang zu bringen, sie zu assoziieren: die Geräusche, welche die Schale einer zerbrechenden Erdnuss verursachen, und die dazugehörige Handlung. So etwa, wie Katzen oder Hunde gelernt haben, dass ein Klappern mit dem Blechnapf die Handlung repräsentiert, die ein Mensch beim Austeilen des Futters ausübt. Seit den Versuchen des russischen Physiologen, Arztes und Nobelpreisträgers Iwan Pawlow (1849–1936) heißt diese Art von Assoziation Pawlowsche Konditionierung. Und für die Erklärung der Spiegelphänomene benötigt man keine sensationellen neuen Zellen mit ungeahnten Eigenschaften, keine Empathie und kein soziales Lernen, keine Sprache und keine Kultur. Der altbekannte Mechanismus des Lernens, und zwar in seiner grundlegenden Form, der Konditionierung, tut es ebenfalls.

Und was für Geräusche in Bezug auf eine Erdnuss gilt, kann auch für den Anblick einer Erdnuss sowie für den Anblick von Handlungen in Richtung einer Erdnuss gelten. Das Tier hat gelernt, dass diese mit motorischen Handlungen in Verbindung stehen, und wird das entsprechende Programm für den motorischen Akt vorbereiten – und zwar in seinen prämotorischen Zentren. Womöglich sieht es also nur so aus, als würden die Spiegelneurone die Bedeutung eines Aktes kodieren, während sie in Wirklichkeit Signale von anderen Zentren erhalten, zum Beispiel von solchen, welche die motorische Akte vorbereiten.

Eine Handlung, viele Absichten

Die Kritik setzt an dem zentralen Punkt der Theorie der Spiegelneurone an. Träfe sie zu, würde das heißen, dass die Bedeutung einer Handlung oder einer Kette von Akten nicht durch die Spiegelneurone analysiert oder vermittelt wird, sondern woanders.

Oder, dass die Bedeutung nicht allein beziehungsweise nur durch die Spiegelneurone analysiert wird. Diese Lesarten der Daten würden dem gegenwärtigen Stand der Forschung nicht widersprechen und sie besäßen zudem den Vorteil, dass es sich um einfachere Erklärungen handelt als jene, welche die Spiegel-Forscher vorlegten. Und einfache Erklärungen sind den komplizierten in der Natur immer vorzuziehen. Das schreibt das Prinzip der Sparsamkeit vor, das auch als »Ockhams Rasiermesser«[1] bekannt ist, benannt nach dem mittelalterlichen Franziskanermönch und Philosophen Wilhelm von Ockham (1285–1347).

Wenn man sich für einen Augenblick vergegenwärtigt, wie kompliziert es ist, Intentionen zu ergründen, so kann ein solcher Befund kaum überraschen – wir haben uns mit dem Thema ausführlich im Kapitel »Wir sind, also denke ich« beschäftigt. Es gibt Tausende von Arten, eine Türe zu schließen, aus Zorn, aus Unhöflichkeit, weil der Wind sonst zu stark zieht, aus Angst oder um sich ungestört unterhalten zu können. Der Anteil der Handlung bildet beim Erkennen der Absicht sicherlich einen wesentlichen Teil. Das betrifft etwa die Art und Weise, wie etwas geschieht, oder die Gesten, die dabei zum Einsatz kommen. Aber die Handlung ist nicht alles, es müssen wesentliche weitere Aspekte hinzukommen, um eine Absicht bewerten zu können. Diese liegen nicht in der Handlung, sondern in ihrer Einbettung, ihren Umständen begründet. Zum Beispiel: Welche verbalen Äußerungen gab es? Was ist vorher passiert? Sind andere Individuen bei der Handlung anwesend? In welchem Verhältnis stehen sie zueinander?

Ein und dieselbe Handlung kann also auf viele verschiedene Arten gemeint sein, unterschiedliche Ziele verfolgen. Betrachten wir uns die relativ einfache Konstellation einer vollen Flasche und eines leeren Glases, so kann ein Akteur folgende Dinge tun, oder sagen wir besser tun wollen: ausgießen (als Vorgang), füllen, leeren, antippen

---

1 Das auch als »Ockhams Skalpell« bekannte Prinzip hat seinen Namen davon, dass überflüssige Annahmen quasi weggeschnitten werden. Ockham selbst verwendet diesen Begriff übrigens nicht in seinen Schriften.

(gleich: sich gegenseitig berühren), rotieren (die Flasche), umdrehen, einen Fehler machen (wenn die Flüssigkeit gar nicht in dieses Glas gehört), verschütten (wenn die Flüssigkeit über dessen Rand schwappt), sich verweigern oder rebellieren (wenn dem Akteur das Ausgießen zuvor untersagt wurde), teilen (wenn die Flasche dem Akteur gehört und dieser vom Inhalt etwas abgeben will) oder vergiften.

Es gibt sicherlich weitere mögliche Absichten. In der Konstellation »Flasche, Glas, ausgießen« bestehen sie immer aus der einen einzigen und gleichen Handlung. Die Intentionen reichen also allein der Zahl nach weit über die Handlung selbst hinaus. Sie reichen damit aber auch inhaltlich über die motorischen Programme hinaus, sodass es extrem unwahrscheinlich ist, dass allein motorische Neurone sozusagen mit ihrem zweiten Gesicht das Verstehen einer Handlung bewerkstelligen könnten. Hierin liegt eine grundsätzliche Schwäche solcher »motorischer Theorien«, die im Übrigen bereits zu Anfang des 20. Jahrhunderts sehr populär waren. Sollte es aber doch anders sein, dann sollten dafür wirklich Beweise vorliegen. Vorschnelle, stark am positiven Ergebnis orientierte Interpretationen genügen dazu nicht.

Bei den Spiegelneuronen handle es sich um eine äußerst interessante Klasse von Zellen, bilanziert Hickok. Doch leider habe es nach zehn Jahren Forschung nur wenig Fortschritte gegeben, die eigentliche Funktion dieser Nervenzellen zu verstehen. »Ich vermute, dies liegt daran, dass der Aspekt des Handlungverstehens gegenüber anderen möglichen Funktionen stark überbetont wurde.« Man hat sich in der Gemeinde der Spiegel-Forscher wohl vorschnell damit zufriedengegeben, die Spiegelneurone mit dem sozialen Lernen und dem Verstehen von Handlungen in einen Zusammenhang zu bringen, und darüber die Suche nach treffenden Erklärungen vernachlässigt.

Verliebt ins Spiegelbild wie in den Spiegel

Etwas Lehrreiches hat die Euphorie um die Spiegelneurone aber durchaus: Sie zeigt sehr deutlich, welche Begeisterung Bilder und

Erklärungen auslösen können, mit denen das Soziale, genauer: die Hilfsbereitschaft oder das Prosoziale, auf den Punkt gebracht werden kann. Zellen zu finden und – so die Spiegel-Forscher – selbst zu besitzen, die wie eine Weltformel alles beschreiben und wie eine Urkraft alles bewirken, was den Menschen auszeichnet, ist für ihn selbst ungeheuer faszinierend. Der Mensch will nicht nur verstanden werden, sondern verstanden sein. Deswegen ist er nicht nur verliebt in sein Spiegelbild, sondern genauso in den Spiegel selbst. Und deswegen war den Spiegelneuronen als Erklärungsmodell ein so überwältigender Erfolg beschieden. Es ist wohl verzeihlich, dass man darüber schon einmal übersieht, dass die wissenschaftliche Wirklichkeit dies inhaltlich gar nicht hergibt oder zumindest nicht so weit hergibt, wie es der Ehrgeiz mancher Spiegel-Forscher gerne hätte.

Der Fall der Spiegelneurone ändert indes nichts daran, dass der Mensch in seinem Kern hilfsbereit und kooperativ ist wie kein zweites Lebewesen auf dem Globus. Ein Zoologe von einem anderen Stern würde den Homo sapiens wohl gar als »obligatorisch gesellig« charakterisieren: Er zieht seinen Nachwuchs kooperativ groß, er kommuniziert kooperativ, er hat den spontanen Antrieb zu helfen. Und er will fast immer mit seinen Artgenossen zusammen sein, sonst leidet er wie der sprichwörtliche Hund, der von seinem Rudel getrennt ist und darüber sogar krank wird. So kann es kaum überraschen, dass sich das Prosoziale tief in alle seine biologischen Strukturen eingeschrieben hat und überall wiederzufinden ist. Sei es nun in seinem Erbgut, seinem Gehirn oder den Stoffwechselprozessen in ihrer Gesamtheit.

Wieso soll ich dich erobern, wenn ich dich umarmen kann?

Große Bekanntheit hat in dieser Hinsicht das Hormon Oxytocin erlangt – in der Öffentlichkeit wechselweise als Kuschel-, Vertrauens- oder Orgasmushormon gefeiert. Allein an den Beschreibungen lässt sich erneut die Freude am Prosozialen festmachen. Der Stoff ist tatsächlich ganz vielfältig dafür verantwortlich, das Vertrauen zwischen Menschen und ihre Gefühle der Bindung zu stärken. Bei manchen Nagern bewirkt das Hormon gar eine entweder polygame oder monogame Lebensweise. Männliche und weibliche Präriewühlmäuse etwa schließen sich zu lebenslangen Partnerschaften zusammen. Ihre engen Verwandten hingegen, die Bergwühlmäuse, sind eher treulos und wechseln häufig die Partner. Den Unterschied stellt allein das Hormon Oxytocin her. Wurde es im Experiment durch einen Hemmstoff daran gehindert, seine Wirkung zu entfalten, wurden die Präriewühlmäuse plötzlich treulos und kopulierten wahllos, fast so wie die Bergwühlmäuse. Verabreichten die Verhaltensforscher dagegen den Bergwühlmäusen etwas von der Oxytocin-Wirkung, wurden sie ihrerseits monogam und blieben bei ihrem einmal erwählten Partner.

Auch beim Menschen spielt das Kuschelhormon eine wichtige Rolle. Es wird etwa bei der Geburt aus der Hirnanhangdrüse oder Hypophyse ausgeschüttet und stärkt die Bande zwischen Mutter und Kind. Beim Stillen wird es ebenfalls frei und fördert dann nicht nur die soziale Nähe, sondern bewirkt das Einschießen der Milch in die Milchkanäle, sodass das Kind Nahrung erhält. Spielen Mutter und Kind miteinander, produzieren beide mehr Oxytocin, als wenn sie allein blieben. Traumatische Erlebnisse, wie etwa der Verlust der Eltern, scheinen indes die Ausschüttung des Hormons dauerhaft zu verhindern. Schließlich wird das Hormon bei Partnern, die miteinander Sex haben, just auf dem Höhepunkt frei. Es löst Ängste, lässt Spannungen abrupt abflauen und führt den Eindruck der Vertrautheit herbei. Alle Anstrengung scheint sich nun in den großen Fluss des Glückes zu ergießen. Die zuvor noch wild werkelnden Partner verlieren jede Scheu vor dem Miteinander. Ein Gefühl macht sich breit, das zu sagen scheint: Liebe Welt, wieso soll ich dich erobern, wenn ich dich umarmen kann?

Vertrauen mag der Anfang sein – doch Oxytocin kommt vorher

Das Hormon scheint bei vielerlei Arten von kameradschaftlichen Beziehungen im Verborgenen Regie zu führen und kittet nicht nur Mutter und Kind sowie Sexualpartner aneinander. Das wohlige Gefühl, das bei freundschaftlichen Berührungen oder beim Streicheln entsteht, und die daraus resultierende Nähe rühren ebenfalls von der Freisetzung von Oxytocin. Hundebesitzer etwa scheiden mehr von dem Stoff in ihrem Urin aus, nachdem sie zuvor mit ihrem geliebten Haustier gespielt haben. Solches Miteinander vermindert Angstzustände und löst Stress auf – was im Gehirn etwa daran ersichtlich ist, dass der Mandelkern, ein Teil des emotionalen Systems, in seiner Aktivität stark reduziert ist. Oxytocin wird daher auch bei der Therapie von Angststörungen angewendet. Selbst bei dem Anschein nach rein wirtschaftlichen Interaktionen ist das Hormon im Spiel. Bringt ein Investor in einem ökonomischen Spiel seinem Partner mehr Vertrauen entgegen, sprich: spendet ohne Zwang mehr Geld, so wirkt sich das bei dem Empfänger mit einer deutlichen Erhöhung des Hormonspiegels aus.

Vertrauen und Geselligkeit befördern also den Oxytocinausstoß, doch wie sich zeigte, gilt der Zusammenhang auch umgekehrt. Gaben von Oxytocin stärken das Vertrauen auch wildfremder Menschen zueinander. Wobei es offenbar egal ist, ob diese überhaupt dazu bereit sind oder nicht. Wie es scheint, gibt es vor Oxytocin kein Entrinnen und es kommt zur vertrauensvollen Kooperation, wenn der Stoff zum Beispiel einfach in Form eines Nasensprays verabreicht wird. Dies belegten Studien an der Universität Zürich.

Eine Forschergruppe um den Neuroökonomen Ernst Fehr bat Studenten ebenfalls zu einem sogenannten Investorenspiel. Dabei erhält ein Teilnehmer, der Investor, eine Geldsumme, zum Beispiel 10 Euro, und kann einen Anteil davon oder alles an seinen Partner weiterleiten – oder alles behalten. Anschließend jedoch, und das ist der Reiz, wird der weitergegebene Betrag durch den Versuchsleiter verdreifacht. Aus den ursprünglich 10 Euro können maximal 30 werden. Und von diesem Betrag kann der Treuhänder wiederum einen Teil an den Investor zurückerstatten. Beispielsweise nichts, wenn er lieber alles für sich behält, oder die Hälfte, wenn er der Meinung war, dass er ohne den Investor gar nichts bekommen hätte. Das Spiel kann also ein nettes Geschäft sein, denn am Ende werden die Beträge tatsächlich ausgezahlt, um die Realitätsnähe zu erhöhen. Einen Gewinn von beispielsweise 15 Euro erzielen beide Spieler aber nur, wenn der Investor von Anfang an auf die Aufrichtigkeit des Treuhänders setzt.

Je nach tatsächlichem Einkommen, Geschlecht oder Herkunft wägen Menschen in derartigen Situationen sehr genau ab, wie viel Geld sie investieren. In der Fachsprache wird das Verhalten als Betrugsaversion bezeichnet. Doch eindeutig war, dass Gaben von Oxytocin das Vertrauen in solchen Spielen maßgeblich förderten. Mit dem Hormonspray in der Nase gaben die Investoren deutlich höhere Beträge ab als ohne. Und das, obwohl ihnen die Versuchsleiter nach dem ersten Durchgang mitgeteilt hatten, dass sich jeder zweite Einsatz für einen Investor nicht ausgezahlt habe. Allerdings funktionierte der Vertrauensstoff nur, wenn zwei Menschen miteinander interagierten. Spielte ein Investor mit einem Computer, der entweder zufällig egoistisch war und alles für sich behielt oder fair agierte und einen Teil des Gewinns zurückerstattete, stellte er auch mit einem Oxytocin-Wölkchen nicht mehr Kapital zur Verfügung.

Das Hormon, so lässt sich folgern, erhöht nicht die Risikobereitschaft oder ein abstraktes Vertrauen, etwa in die Börse oder in das Geld. Es verbindet Menschen miteinander, es agiert eindeutig prosozial. Daraus lässt sich eine wichtige Schlussfolgerung ziehen: Sollen menschliche Interaktionen funktionieren, so erfordert dies Vertrauen – gleich welcher Art. Denn ein ähnlich angelegtes Rollenspiel mit Liebespaaren erbrachte vergleichbare Befunde, die vor allem in ihrem Automatismus frappierend sind.

Bei einem Experiment bekamen 100 Männer und Frauen nach

dem Zufallsprinzip ein Spray mit oder ohne Oxytocin in die Nase. Danach wurden sie gebeten, ein Thema ihrer Partnerschaft zu behandeln, worüber sie aufgrund unterschiedlicher Ansichten regelmäßig in Streit geraten – wovon es ja bekanntlich genug gibt. Auch in dieser Konstellation entfaltete das Oxytocin seine segensreiche Wirkung. Statt wie sonst stur auf der eigenen Position zu verharren, suchten die Pärchen unter Hormoneinfluss nun gemeinsam nach Lösungen. Gleichzeit registrierten die Forscher im Blut der Partner eine geringere Konzentration von Stresshormonen. (Nur für den Fall, dass nun der eine oder andere unter den Lesern auf die Idee kommen könnte, sich das Mittel zu besorgen, um so seine Beziehung zu verbessern: Das Präparat ist rezept- und verschreibungspflichtig und führt falsch eingesetzt zu unangenehmen Nebenwirkungen.)

Ein politisches Hormon?

Handelt es sich also bei Oxytocin nicht nur um ein Kuschel-, sondern ein dem Sozialwesen ganz allgemein zuträgliches Befriedungshormon? Rasch nach Veröffentlichung der Befunde schossen im Internet die Fantasien ins Kraut. Kaum eine Meinungsverschiedenheit, die dieser Stoff nicht überbrücken könnte! Neben Kaffee, Wasser und Cola ein Fläschchen Oxytocinzerstäuber auf den Konferenztischen dieser Welt, und der oft zitierte Konsens wäre gleichsam vorprogrammiert. Intrigen und heimtückische Scharmützel wären ein Fall für die Geschichte. Mann und Frau, Gewerkschafter und Unternehmer, Chef und Mitarbeiter, Richter und Angeklagter, Lehrer und Schüler, sie alle würden sich freundlich umarmen.

Dem Diktator Nordkoreas Kim Jong Il müsste ein Geheimdienstkommando nur einen Tanklaster mit Oxytocin schicken und dem Sozialphobiker und Bombenliebhaber würde das Herz aufgehen vor lauter Einklang mit der Welt – ein weiterer Krisenherd wäre in Wohlgefallen aufgelöst. Um den Nahen Osten und den Irak zu befrieden, wären wohl ein paar Tonnen des Vertrauensmittels nötig. Vielleicht könnten Flugzeuge aufsteigen und dort aus ihren Tanks den Harmoniestoff regnen lassen, wie einst das schreckliche Agent Orange in Vietnam. Nur, dass die Wirkung eine ganz andere wäre und sich Juden, Muslime und Christen, Amerikaner und Al Qaida, Schiiten und Sunniten, Kurden und Türken vertragen würden. Auf der anderen Seite fürchteten manche Debattierer die Möglichkeit von Manipulationen. Wenn das Hormon etwa dem Tränengas beigemengt wäre, würden sich die wütenden Proteste von Demonstranten gegen Atommüllendlager oder Missstände an den Universitäten bald in Friede, Freude, Eierkuchen auflösen – was die Techno-Bewegung nicht schaffte, für Oxytocin wäre es ein Kinderspiel. Und wenn die Luft in Supermärkten und Warenhäusern mit dem Hormon angereichert wäre, der Personalchef es heimlich ins Mineralwasser tröpfeln ließe – Kunde oder Arbeitnehmer wären den Knebelverträgen wie den Wucherangeboten machtlos ausgesetzt, weil ihr gesundes Misstrauen im Oxytocinrausch unterginge.

Sicherlich, derartige Utopien oder Verschwörungstheorien sind im Internet häufig zu finden. Vergessen wird dabei zum Beispiel, dass in der Praxis eine Manipulation kaum einfach durchzuführen wäre, denn in die Nase gesprüht, benötigt das Hormon eine Stunde, bis es das Gehirn erreicht. Die Demonstranten müssten also schon eine Weile stillhalten. Aber dass sich ein einfaches, aus neun Aminosäure-Bausteinen bestehendes Eiweiß derart umfänglich mit Vorgängen im öffentlichen wie im privaten, im wirtschaftlichen wie im politischen Raum in Zusammenhang bringen lässt, das haben die Beobachter intuitiv durchaus richtig erfasst. Die Zuversicht, dass der andere in einem gemeinsamen Sinne handeln wird, stellt zweifellos die elementare Voraussetzung für menschliche Beziehungen dar. Ohne Vertrauen funktioniert wenig: weder in der Liebe noch unter Freunden, weder in der Freizeit noch im Beruf oder im Geschäftsleben, weder im Sportverein noch bei der Bundesregierung, und schon gar nicht bei den Vereinten Nationen. Oxytocin hält Familien, Staaten und die ganze Welt zusammen.

Doch was ist Vertrauen anderes als ein Gefühl, das Gewissheit vorgibt oder vortäuscht? Wer zuversichtlich mit dem anderen umgeht, hat genauso wenig die Sicherheit, dass der Geschäftspartner ehrlich, der Ehemann treu, der Freund loyal sein wird, wie jener, der misstrauisch ist. Der Unterschied besteht jedoch darin, dass Vertrauen den Geschäftspartner, den Ehemann, den Freund überhaupt erst entstehen lässt. Nur die grundsätzlich positive, kooperative Haltung dem anderen gegenüber verbindet Menschen. Und es sind Gefühle, die Gemeinwesen zusammenhalten, nicht etwa seitenlange, aus der Vernunft geborene Verträge, die jedes noch so kleine Detail abzusichern trachten.

Das Mitleid – eine Erfindung?

Es war der französische Philosoph Jean-Jacques Rousseau (1712–1778), der als einer der Ersten die Bedeutung der Emotionen in den Mittelpunkt des politischen Lebens stellte. Mit der zunehmenden Abkehr von absolutistischen Staatsauffassungen, in denen sich die Macht des Herrschers direkt von Gott ableitete, waren die Philosophen der Aufklärung auf der Suche nach einer die Menschen vereinigenden Kraft. Wenn der König nicht mehr war, die Klassenunterschiede eingeebnet und alle Bürger gleich, was könnte dann wohl den Staat zusammenhalten? Rousseau verfiel dabei auf das Mitleid, in dem er eine derartig natürliche menschliche Eigenschaft erkannte, »dass sogar die Tiere mitunter deutliche Zeichen davon geben«.

Dies stellte eine bedeutende intellektuelle Wende dar. Aus dieser weltlichen Sicht des Philosophen war nicht länger die verwandte christliche Nächstenliebe derjenige Wert, der das Verhältnis der Menschen regeln sollte, oder der treue Gehorsam gegenüber dem Herrscher, sondern die »natürliche« Einfühlung in den anderen. Wer seinen Mitmenschen als ein Wesen begriff, das leiden konnte wie er selbst, der würde ihn respektieren und ihn behandeln, wie er selbst behandelt zu werden wünschte. Und dieser

Wert gründete nicht in Gott oder in der Vernunft, sondern in der Natur.

Rousseau, der als Begründer der politischen Linken gilt, hatte damit die Grundlage des demokratischen Miteinanders geschaffen. Die Leidenschaften, speziell das Mitleid, sah er als eine wirksame Waffe gegen die Ausbeutung an. Wenn ein Angehöriger des Adels seine Dienerschaft nicht als menschliche Wesen betrachtete, mit denen Beziehungen geführt werden konnten, so war das nur möglich, weil er ihr das Mitleid verweigerte. Begegneten sich die Menschen andererseits mitfühlend, würde dies die Unterschiede zwischen den sozialen Schichten einebnen. Das Mitleid war also gut oder eine Tugend, wie die Philosophen sagen. Es sollte »über die imaginären Barrieren, die die Völker trennen, hinwegschreiten«. Den ganzen Globus, sah Rousseau voraus, könne das Mitleid vereinen, »das ganze Menschengeschlecht in ihr Wohlwollen einschließen«. So schrieb er es in seiner *Abhandlung über den Ursprung und die Grundlagen der Ungleichheit unter den Menschen.*

Das Mitleid zu fördern galt Rousseau daher als eine der wichtigsten Aufgaben der Politik. Es »stellte ein intellektuelles Projekt dar, das etliche der bedeutendsten Denker jener Zeit in Angriff genommen hatten«, meint gar Clifford Orwin, Politologe an der University of Toronto. Wie wir wissen, war der Vision durchschlagender Erfolg beschieden. Womöglich lag das auch daran, dass sie auf den bereits bekannten Begriff der christlichen Nächstenliebe aufsetzte, diesen aber gleichzeitig von Gott abzog und als »natürlich« erweiterte. Dieses neue Mitgefühl bezog sich damit auf ein konkretes Diesseits statt auf ein abstraktes Jenseits.

Bald galt die junge amerikanische Demokratie als ein leuchtendes Beispiel, wenn es darum ging, seinen Mitmenschen zu Hilfe zu kommen. Nirgendwo, beobachtete der französische Historiker Alexis de Tocqueville (1805–1859) in seinem berühmten Werk *Über die Demokratie in Amerika,* lebten so viele Menschen, die sich für das Schicksal anderer interessierten.

Nicht einmal zwei Jahrhunderte später wurde Mitleid mit Kröten und Gänseblümchen, mit Tieren, Pflanzen und den Naturschönheiten im Allgemeinen zu einem entscheidenden Moment der Umweltschutzbewegung. Und das alle Wesen einschließende Gefühl soll noch weiter in die Zukunft führen, sie retten. Einflussreiche Intellektuelle, wie der Autor, Regierungsberater und, nicht zufällig, Amerikaner Jeremy Rifkin, fordern eine »empathische Zivilisation«. Nur mit weltumspannendem Mitleid ließen sich die globalen Krisen wie Klimawandel und Rohstoffverknappung meistern. Die Tradition, in der diese Bewegung steht – Rousseau und die französische Aufklärung –, ist unverkennbar.

Gefühle sind also nicht nur einfach biologisch. Sie besitzen daneben auch ein gesellschaftliches Leben und damit eine eigene Kulturgeschichte. Doch ob die Aufklärer das Mitleid regelrecht »erfanden«, wie der Politologe Orwin behauptet, oder ob die Verwandte des Mitleids, die Empathie, »natürlich« ist, wie heute der eine oder andere Hirnforscher mit Rousseau meint, das wollen wir im nächsten Kapitel »Ein Lob der Fairness« behandeln.

Kinder der Revolution

Auch das Vertrauen kann eine ausgeprägte politische Tradition aufweisen. In England etwa entwarf der Philosoph John Locke (1632–1704), gleichsam Rousseaus Pendant auf der Insel, Ende des 17. Jahrhunderts die Vorstellung eines »government by trust«, einer Regierung des Vertrauens oder durch Vertrauen. Gemeint war die Beziehung zwischen Volk und Parlament, Wählern und Gewählten, Bürgern und ihren Repräsentanten. In Deutschland war Vertrauen »bis weit ins 19. Jahrhundert hinein keine gängige Münze der politischen Kultur«, erklärt Ute Frevert, Direktorin am Max-Planck-Institut für Bildungsforschung in Berlin und Expertin für die »Geschichte der Gefühle«. Vertrauen kam erst mit dem Vormärz in Mode, also in der Zeit zwischen dem Wiener Kongress von 1815 und der Märzrevolution 1848/49. War zuvor immer noch

von der Treue die Rede gewesen, welche die Untertanen dem Herrscher gelobten und dieser dem Volk, so »wimmelte es plötzlich
von Vertrauensmännern«. So hießen in der Regel die von den Bürgern gewählten Abgeordneten.

Wie das Mitleid, so ist auch das Vertrauen ein Kind der Demokratie. Denn von der Treue unterscheidet es sich darin, dass es
entzogen werden kann. Dem Monarchen hatte der Untertan un-
verbrüchlich und eben treu zur Seite zu stehen. Gegenüber dem
Abgeordneten, der, im Grundsatz immerhin, danach bemessen
wird, ob er eine gute Arbeit abliefert, wäre hingegen Treue unangebracht. Er bekommt das Vertrauen ausgesprochen, und wenn er
sich als nicht zuverlässig erweist, wird es ihm wieder entzogen. Er
wird abgewählt, im Prinzip wenigstens. Dieses durchaus positive
Verständnis spricht etwa aus einer Aussage des SPD-Abgeordneten
Simon Katzenstein (1868–1945). Vor der Nationalversammlung der
Weimarer Republik warb er um Vertrauen für das Vertrauen: »Das
Wesen der Demokratie soll darin bestehen, dass jeder im Volke
mitarbeitet, dass er sich seiner Rechte bewusst ist und dass aus
dieser Wahrung seiner Rechte und aus der Geltendmachung seiner Rechte durch Bestellung seiner Vertrauensleute das Vertrauen
als Blüte hervorwachse.« Der Reichspräsident wurde als der »Ver-
trauensmann der Volksmillionen« bezeichnet.

Die Nationalsozialisten, erklärt Historikerin Frevert, schöpften
schließlich »hemmungslos aus dem Arsenal der Gefühle«. Liebe
und Vertrauen zum Führer nahmen fast sakrale Züge an, gleichzeitig sei die Gesellschaft mit »Vertrauenssemantiken« durchtränkt
worden. Vertrauen bilde die seelische Grundlage der Volksgemein-
schaft, propagierten die Nazis. Ohne Vertrauen ging es nun nicht
mehr, doch sein flüchtiger, sein quasi »demokratischer« Aspekt
musste den Demagogen ein Dorn im Auge sein. So griff man zu
einem Trick: Von Vertrauen war zwar die Rede, gemeint war aber
die Treue – zum Führer. Auf der metallenen Gürtelschnalle der SS,
dem Koppelschloss im Militärjargon, stand nichts von Vertrauen,
sondern »Unsere Ehre heißt Treue«.

Dass es dem Vertrauen in diesen Zeiten der Geheimpolizei und Denunziation nicht gut ging, lässt sich denken. Man könne sich fragen, überlegt Frevert, warum der Begriff, solcherart umgedeutet, überhaupt überlebt habe. »Meine Vermutung: Er war so positiv aufgeladen, so vielversprechend, dass man ihn nicht einfach preisgeben wollte.« Auf die erfrischende Kraft der Revolution wollten weder die Nazis verzichten noch die darauffolgende Demokratie.

V-Fälle in Deutschland

Nach dieser Episode des Missbrauchs kann es kaum erstaunen, dass in der jungen Bundesrepublik der Begriff zunächst kaum mehr Konjunktur hatte. Der Bundestag, schildert Frevert, machte so gut wie nie Gebrauch von seinem Recht, der Regierung das Vertrauen zu entziehen. Wahlen wurden in der Regel nicht mehr als »emphatische Vertrauensakte« inszeniert.

Einen akuten V-Fall registrierte jedoch die Historie der DDR. Nach dem Aufstand vom Juni 1953 beklagte sich der Sekretär des Schriftstellerverbandes und Mitglied des Zentralkomitees der SED, Kurt Barthel (1914–1967), die Bauarbeiter hätten das Vertrauen zerstört, das der sozialistische Staat in sie gesetzt habe. Zerstörte Häuser zu reparieren sei leicht, dichtete er bedeutend, zerstörtes Vertrauen wieder aufzubauen hingegen sehr, sehr schwer.

Der große Bertolt Brecht antwortete mit eigenen Versen, welche die Vertrauensverhältnisse sowie die dichterische Rangordnung wieder zurechtrückten. »Nach dem Aufstand vom 17. Juni / Ließ der Sekretär des Schriftstellerverbandes / In der Stalinallee Flugblätter verteilen / Auf denen zu lesen war, dass das Volk / Das Vertrauen der Regierung verscherzt habe / Und es nur durch doppelte Arbeit / Zurückerobern könne. Wäre es da / Nicht einfacher, die Regierung / Löste das Volk auf und / wählte ein anderes?« Ergo: Nicht die Obrigkeit kann dem Volk das Vertrauen entziehen, sondern nur umgekehrt.

All dies konnte kaum verhindern, dass das Vertrauen in der Bonner wie in der Berliner Republik eine mächtige Rückkehr erlebte. Der zwischen 1982 und 1998 regierende »ewige« Kanzler Helmut Kohl von der CDU warb auf seinen Wahlkampfplakaten genauso um Vertrauen wie der von 1998 bis 2005 amtierende Machtmensch Gerhard Schröder von der SPD. Gesine Schwan thematisierte das V-Wort während ihres Wahlkampfs für das Präsidentenamt im Jahr 2004 als eine wichtige Ressource politischer Legitimation und Handlungsfähigkeit. Daneben erinnert Frevert an Antje Vollmer von den Grünen, die Schröders Entscheidung im Jahr 2005, die Vertrauensfrage zu stellen, kommentierte, man könne dem Gerd zwar »alles zutrauen«, ihm aber nicht »vertrauen«.

Auch im wirtschaftlichen Leben spielt das Vertrauen heute eine zentrale Rolle. Banken werben um das Vertrauen ihrer Kunden und geloben, dass deren Geld bei ihrem eigenen Institut gut angelegt sei. Vertrauen, heißt es in der Werbung, sei der Anfang von allem. Die Einheitsanzüge der Manager – dunkler Anzug, helles Hemd, Krawatte, Uhr und neben dem Ehering höchstens ein weiterer Handschmuck – sind vor allem darauf angelegt, zu zeigen, dass man es hier mit jemandem zu tun hat, der die Regeln einhält. Die Immobilienkrise in den USA konnte sich im Jahr 2008 nur deswegen zur großen Finanzkrise auswachsen, weil die Banken eben nicht mehr daran glaubten, anderen Banken Kredite gewähren zu können und das Geld anschließend auch zurückzubekommen. Sie hatten das Vertrauen in das System der gegenseitigen Finanzierung verloren.

Und was anderes als Symbole des Vertrauens sind etwa Marken, die im Preiskampf der letzten Jahre einen gewaltigen Aufstieg hinlegten? Nur sie vermitteln den Eindruck einer bekannten, gleichbleibenden Qualität und bemühen sich durch die »Corporate Identity«, also ein unverwechselbares Design verbunden mit einem klaren Image, dem Konsumenten die Zuversicht zu schenken, eine hochwertige Ware fürs Geld zu erwerben. Ob Werbung für Waschmittel, Autos, Hygieneartikel oder Zeitschriften – wenn nicht gerade brachial der Preis im Vordergrund steht, so soll vor allem Vertrauen erweckt werden.

Vom Privaten ins Globale

Die Gefühle sind als auf dem Vormarsch. Man mag das einen großen Trend der Weltgeschichte in den vergangenen zwei Jahrhunderten nennen oder ein politisches Projekt der Denker der Aufklärung, das längst noch nicht zu Ende, mitten im Werden ist. Tatsache ist, dass Leidenschaften, die ja primär in der Biologie und der Psychologie behandelt werden und dort etwas blass Emotionen heißen, vermehrt das öffentliche Leben erobern. Zunächst wurde die Empathie politisch, später das Vertrauen.

Eine Besonderheit darf man das nennen. Denn Gefühle entstanden als Signale der zwischenmenschlichen Kommunikation. Von dort beziehen sie ihre tief reichende Bedeutung. Eltern empfinden mit ihrem Kind, wenn es sich in den Finger geschnitten hat oder vor einer schweren Prüfung steht, Partner versetzen sich in den anderen und unterstützen sich gegenseitig, etwa wenn eine wichtige Präsentation ansteht, ein Besuch bei ungeliebten Verwandten durchgestanden werden muss oder ein Sterbefall eingetreten ist. Freunde vertrauen sich und leihen sich im Notfall Geld, erteilen intime Ratschläge aus dem eigenen Leben, helfen beim Umzug, begleiten ihre Vertrauten bei wichtigen ärztlichen Untersuchungen. Freunde bereiten einem Kranken den Tee, wenn sonst niemand da ist, und setzen sich an die Bettkante. Freunde legen Tausende von Kilometern zurück, wenn sich andere in einer Notlage befinden.

Die Gefühle reichen nicht nur tief, sondern weit. Sie ermöglichen diese kleinen und großen Formen der Unterstützung und der Kooperation und sie erobern zusehends die öffentliche und die politische Bühne. Was den Nahbereich persönlicher Beziehungen, das Private, charakterisiert, das dehnt sich vermehrt auf die ganze

Welt aus, es beeinflusst ebenso die Beziehungen zwischen Staaten und internationalen Organisationen.

Die empathische Zivilisation

Die Gefühle, allen voran die Empathie, sollen die Welt retten. Vom »Age of Empathy«, dem Zeitalter der Empathie, spricht kolossal der Primatenforscher Frans de Waal und fahndet im Tierreich nach ihren Wurzeln. Jeremy Rifkin entwirft die Vision der »empathischen Zivilisation«. Die Wirtschaft solle empathisch denken, meint er, nur so könnten die Bedürfnisse der Kunden befriedigt werden. Sowohl das politische als auch das wissenschaftliche Verhältnis zur Natur müssten von Empathie durchdrungen sein, nur so ließe sie sich bewahren. Denn nur ein mitfühlender Beobachter werde die Umwelt schützen, ein unbeteiligt analysierender hingegen kaum. »Der wissenschaftliche Blick auf unsere innere, auf die uns umgebende Natur und auf das Ensemble ihrer Wechselwirkungen darf nicht nur analytisch, er muss auch teilnehmend sein, getragen von einer empathischen Fantasie.«

Rifkin plädiert für eine fürsorgliche Objektivität. Dieses biosphärische Bewusstsein markiere die nächste Evolutionsphase der menschlichen Psyche. Auch er findet, dass der Mensch ein zutiefst soziales Wesen sei, das sich nach Zusammengehörigkeit sehne. Der Homo sapiens sei zwar biologisch dafür prädestiniert, in Einheiten von 30 bis 150 Individuen zu leben, doch gleichzeitig strebe er nach universaler Intimität, nach dem Gefühl der totalen Zugehörigkeit. Nur unsere Empathie würde uns erlauben, das scheinbare Paradox größerer Intimität in weiteren Bereichen zu erleben. Wir müssten unsere Empathie trainieren, damit sie die ganze Menschheit umfassen könne. Was einst 150 zusammenhielt, das soll auch die bald sieben Milliarden halten. »Der Kollaps der Erde«, erklärt Rifkin, »lässt sich nur verhindern, wenn eines rechtzeitig die ganze Menschheit erfasst: das universaliert empathische, das biosphärische Bewusstsein.«

Die Frage stellt sich natürlich, ob die Empathie dafür nicht zu klein ist, ob sie mit solchen enormen globalen Aufgaben nicht doch überfordert ist – weniger vielleicht für einen hilfsbereiten Amerikaner, gewiss aber für einen Angehörigen jener Nation, deren Empathie den Massenmord an 5,5 Millionen jüdischen Mitmenschen während der Nazi-Diktatur nicht zu verhindern vermochte. Und waren es nicht Emotionen, die in den Abgrund dieses Wahns geführt haben? Aber sehen wir weiter.

Kapitel 7

Ein Lob der Fairness

Reiche haben es nicht leicht. Welches Auto soll man kaufen, wenn man schon einige besitzt und das neue Modell nach zwei Wochen schon wieder langweilt? Wohin reisen, wenn man doch jeden schicken Ort dieser Welt zu kennen meint? Und welche Segeljacht erwerben, um die man sich dann nur wieder kümmern muss? Eine Sonnenbrille, die das halbe Gesicht bedeckt, kostet schließlich gerade mal einen monatlichen Hartz-IV-Satz. Hinzu kommt die ewige Last mit dem Geld, dem legalen wie dem illegalen. Wo ist es vor Entdeckung sicher und vor Verfall geschützt? Wohin es schichten, damit es sich am Ende vermehrt – um anschließend doch nichts anderes zu tun, als die gleiche Frage zu stellen: Wohin damit?

Das Bild von den Reichen, derer »da oben«, wie es im Volksmund heißt, mag nicht immer der Realität entsprechen. Aber die »da unten« denken so. Sympathien und Mitgefühl sind den Wohlhabenden in der Bevölkerung alles andere als sicher, speziell in den Zeiten der größten Finanzkrise der Nachkriegszeit und diverser Steuerskandale in Deutschland. Das weiß auch der Berliner Philosoph Bruno Haas. Er ist selbst wohlhabend, seitdem er Anteile an einem Chemieunternehmen erbte, die so viel abwerfen, dass er nicht mehr für Geld arbeiten muss. Und deswegen ist ihm nicht fremd, wie er seinen Stand am besten anspricht: Wer hat, der sollte nicht nur durch ein Leben in Luxus und Abgrenzung von sich reden machen, sondern sein schlechtes Image korrigieren, indem er etwas abgibt.

Visionäre des Weltbewusstseins

Zusammen mit anderen Wohlhabenden startete Haas im Frühjahr 2009 die Initiative »Vermögende für eine Vermögensabgabe«. Jeder, der 500 000 Euro oder mehr an Vermögen besitze, so ihre Anregung, solle zunächst zwei Jahre 5 Prozent von seinem Besitz hergeben. Im Anschluss solle dauerhaft eine Vermögenssteuer von mindestens 1 Prozent jährlich in Kraft treten. Die Reichen wollen den Reichen an den Geldbeutel – und das auch noch freiwillig.

Haas' Schätzungen zufolge ließen sich durch eine solche Abgabe jährlich bis zu 50 Milliarden Euro erlösen – und entsprechend Gutes tun mit Geld, das die Eigentümer nicht mehr benötigen. Der Ertrag könne etwa dazu dienen, die Wirtschaft ökologisch umzubauen, die Sätze für BAföG und Hartz IV zu erhöhen und die Länder der sogenannten Dritten Welt zu unterstützen.

Bisher (Stand: Mai 2010) haben sich 46 Reiche zu der Initiative bekannt, teils namentlich, teils anonym – weil sie Entführungen fürchten oder die Freunde nichts von ihrem Wohlstand ahnen sollen. Bei ihnen handelt es sich keineswegs um naive Spinner, die nicht mehr wissen, was sie in der Welt sollen, schon eher als Vorreiter jenes »empathischen Weltbewusstseins«, das Jeremy Rifkin genauso vorschwebt wie einst Jean-Jacques Rousseau. Hier haben sich Menschen, die sich materiell keine Sorgen (mehr) machen müssen, ein Programm gegeben, das nicht das eigene materielle Wohl in den Mittelpunkt stellt, sondern die Fürsorge um andere. Die Visionäre predigen Mitgefühl und Altruismus statt Egoismus. »Wir, die durch Erbschaft, Arbeit, erfolgreiches Unternehmertum oder Kapitalanlage zu einem Vermögen gekommen sind, fordern, dass alle Wohlhabenden an den Kosten zur Abfederung der Krise und ein Zukunfts-Investitionsprogramm beteiligt werden.« Den eigenen Reichtum verdanke man vor allem anderen, die dafür gearbeitet hätten. Und nun wolle man ein politisches Signal setzen und sich des Schicksals derjenigen annehmen, denen es schlechter gehe.

Wer denkt, eine solche Initiative wäre zumindest in der westlichen Welt überflüssig, liegt falsch. Nach Zahlen der gewerkschaftsnahen Hans-Böckler-Stiftung besaß zum Beispiel jeder Deutsche im Jahr 2007 im Durchschnitt 88 000 Euro Nettovermögen, als solches gelten alle Vermögenswerte zusammen minus der Verbindlichkeiten. Dies ist dem gesamten Umfang nach um 10 Prozent mehr als 2002. Doch hat sich der Wohlstandzuwachs ungleich verteilt: Vor allem die Reichen sind reicher geworden. Die Menschen am unteren Ende der Skala, nämlich die 70 Prozent der Bevölkerung, die ohnehin nur 9 Prozent des Vermögens besitzen, wurden gegenüber dem Vergleichsjahr 2002 sogar geringfügig ärmer. Die spendablen Millionäre strecken die Hand aus, wollen sich nicht abkoppeln vom schnöden Rest, den Graben nicht noch tiefer werden lassen.

Wurzeln der Empathie im Tierreich

Heillose Selbstsucht, die Gier, aus viel immer noch mehr und unendlich mehr werden zu lassen, liegt keineswegs in der Natur des Menschen. Er denkt an andere, will Kontakt und die Einbettung in Gemeinschaften. Er ist hilfsbereit und unterstützt nicht nur die Mitglieder der eigenen Familie, sondern auch ihm fern- und gar fernststehende Gefährten in fremden Ländern. Die Fähigkeit zur Empathie, sich in die Perspektive anderer zu versetzen, gehört sicherlich zu den feinsten Zügen des Homo sapiens – aber er hat sie wohl kaum exklusiv.

Wie schon der Philosoph Rousseau vermutete, halten manche Forscher auch Tiere für fähig zum Mitgefühl. Vor allem der aus den Niederlanden stammende und an der Emory University in Atlanta arbeitende Primatenforscher Frans de Waal ist einer von jenen, welche die Wurzeln des Mitgefühls tief im Tierreich verankert sehen. Wenn Fische sich zu Schwärmen zusammenschließen, was tun sie dann anderes, als sich zu synchronisieren? Wenn Herdentiere fliehen, allein weil ihre Artgenossen in Panik geraten sind, den eigentlichen Grund aber nicht kennen, so handelt es sich dabei um eine einfache Form der sozialen Koordination. In der Evolution wird sich ein solches Verhalten sicherlich als stabil erweisen und Vorteile bringen. Denn wollte sich ein Individuum immer erst selbst von der Ursache für die Fluchtbewegung überzeugen, so würde es womöglich gefressen und hätte keine Chancen mehr, seine eigenwilligen Gene an die nächste Generation weiterzugeben.

Körperliche Mimikry, das synchrone Handeln ist im Tierreich weiter verbreitet, als man denkt. Wenn zum Beispiel eine Hyäne an einem Wasserloch trinkt und ein Artgenosse beobachtet dies, so liegt die Wahrscheinlichkeit dafür, dass dieser ebenfalls trinken wird, bei 70 Prozent. Blutbrustpaviane oder Dscheladas sind wie Menschen extrem anfällig dafür, vom Gähnen eines Artgenossen angesteckt zu werden. Fängt einer in einer Horde an, reißen bald alle die Mäuler auf. Manche Forscher diskutieren dieses Verhalten als Wurzel der Empathie im Tierreich.

Frans de Waal überrascht immer wieder mit Beobachtungen darüber, wie herzlich Primaten zueinander sein können – jene Tiere, die für ihre Grausamkeiten und Gleichgültigkeit gegenüber Artgenossen berüchtigt sind. So nehmen es Schimpansen sehr wohl wahr, wenn es in ihrer Gruppe Streit gibt. Ranghöhere Tiere versuchen diesen nicht selten zu schlichten. Manche Weibchen trösten Verlierer, indem sie ihn umarmen und küssen. Die Datenbanken de Waals am Yerkes Primatenzentrum sind voll von solchen Schlichtungs- und Tröstungshandlungen, wie er angibt.

Kuni, die Vogelflüsterin

Einmal konnte der Verhaltensforscher mit ansehen, wie rührig sich ein gefangener Bonobo namens Kuni um einen Spatz kümmerte. Der Vogel war gegen das Glas des Affengeheges geprallt und lag benommen am Boden. Daraufhin ergriff Kuni das Tier, stieg mit ihm auf den höchsten Baum, entfaltete vorsichtig mit je einer Hand dessen Flügel und schlenzte den Sperling wie ein Modellflugzeug in die Luft. Kuni sah dem Vogel hinterher, und als dieser es nicht bis über den Graben hinaus schaffte, kletterte der Bonobo auf den Boden, setzte sich neben ihn hin und blieb dort, bis der Spatz sich erholt hatte und aus eigener Kraft startete. Ein Fall von »gezielter Hilfeleistung«, wie de Waal meint, die sogar einem Wesen außerhalb der eigenen sozialen Gemeinschaft zugutekam.

Solchen Anekdoten haftet natürlich ein Problem an. Vielleicht sah Kuni zuvor einen Pfleger, wie er einem Vogel half, und imitierte nur dessen Handlung? Vielleicht verletzte der benommene Spatz in den Augen des Bonobo nur die Regel, dass sich solche gefiederten Wesen durch die Luft bewegen und nicht am Boden sitzen. Kuni lag womöglich nur daran, eine Art von Normalität wieder herzustellen und das Ding in die Luft zu bringen, wo es hingehört. Beide Erklärungen sind denkbar und sie sind einfacher als die Annahme eines Mitgefühls.

Eine Art von primitiver Empathie sollen auch Mäuse bei Schmerzen offenbart haben. Im Rahmen eines Versuchs bekam eine Gruppe ein klein wenig Essigsäure verabreicht, die bei den Nagern zu leichten Magenbeschwerden führt. Als Reaktion strecken sie sich und zeigen so deutliche Anzeichen des Unwohlseins. Musste eine Maus nun verfolgen, wie es dem Artgenossen erging, zeigte sie selbst deutlich stärkere Anzeichen der Übelkeit, als hätte sie alleine gelitten. Doch auch in diesen Fällen ließe sich kritisch einwenden: Haben die Tiere die anderen womöglich nur imitiert, ohne tatsächlich eine rudimentäre Form der Anteilnahme zu empfinden?

Empathie: eine ungewisse Gewissheit

Was Mitgefühl ist, weiß jeder. Und vielleicht ist es sogar so, dass jeder eine Szene im Kopf hat, die einen festen Platz in seinem Gedächtnis einnimmt und gleichzeitig eine Art Urerlebnis der Empathie darstellt. Das jedenfalls meint der an der Indiana University in Bloomington lehrende Germanist Fritz Breithaupt. In seinem Buch *Kulturen der Empathie* schildert er die Erinnerung eines Studenten, die voller archaischer Symbolik ist.

Die Geschichte erzählt, wie der Student in seiner Wohnung der Spuren einer Maus gewahr wird, sie bisweilen des Nachts hört, alle Fangversuche jedoch fehlschlagen. Wie er schließlich eines Morgens in der Küche ein kratzendes Geräusch vernimmt und nähertretend erspäht, dass die Maus ins Waschbecken gefallen war. Von dort versuchte sie zu fliehen, aber vergeblich, an den glatten Wänden fand sie keinen Halt. »Ich starrte die Maus an und sie blickte zurück«, schilderte der Student den Moment, als es zur Beziehung zwischen den beiden kommt – und gleichzeitig zum Abschied. Der Student öffnet den Wasserhahn, sodass die Maus von dem Wasser in den Abfluss mit dem elektrischen Müllzerkleinerer gespült wird. Dann drückt er den Knopf. In seinen Erinnerungen bleibt das Bewusstsein zurück, ungerecht gehandelt zu haben, ein schlechtes Gewissen – das indes nicht unbedingt dazu führen muss, dass die Entscheidung in einem ähnlichen Fall in der Zukunft anders ausfällt.

Mitgefühl ist, wenn ein Wesen in die Haut eines anderen schlüpft. Oder wenn sich ein Bewusstsein vorstellt, an der Stelle des anderen zu sein. Nicht immer ist damit der Antrieb verbunden, Leid zu mildern, sie kann auch in einem Schuldgefühl verharren. Aber eine Gewissheit wohnt der Empathie doch inne: dass das Hineinversetzen funktioniert, dass man weiß, wie es jemandem geht, dem Tränen in den Augen stehen, der humpelt, der tobend auf den Tisch schlägt, der sich vor Lachen den Bauch hält. Mitgefühl ist eine Gewissheit, die niemand hinterfragen muss, um sie für absolut verbindlich anzusehen.

Und doch kann niemand wissen, wie es für den anderen ist, der andere zu sein? Wie sich die Pointe eines Witzes wirklich »anfühlt«, wie bohrend Schmerz ist und von welcher pochenden,

hämmernden, stechenden, dröhnenden, nervenden oder jucken-
den Qualität?

Der amerikanische Philosoph Thomas Nagel beschrieb die Un-
sicherheit in seinem berühmten, 1974 veröffentlichten Aufsatz
»What is it like to be a bat?« (zu Deutsch: »Wie ist es, eine Fledermaus zu sein?«). Zwar wird jedes Wesen, räsonierte Nagel, einen
Zugang zu sich selbst haben. Es wird eben genau wissen, wie es
sich anfühlt, man selbst zu sein und am Finger etwa eine Schnitt-
wunde ertragen zu müssen. Doch besitzen andere zu dieser In-
nensicht nicht unbedingt einen Zugang. Niemand weiß, wie es ist,
eine Fledermaus zu sein – nämlich sich mit Ultraschalllauten zu
orientieren und in der Nacht Insekten zu fangen. Niemand weiß,
wie sich ein bestimmter Schnitt in den Finger wirklich anfühlt.

Die Erfahrung des sinnlichen Erlebens ist, folgert Nagel, im
Grunde nicht teilbar. Die Menschen versuchen nur, sie teilbar werden zu lassen, indem sie miteinander kommunizieren – mit Worten, Lauten, Gesten oder Ausdrücken im Gesicht. Wenn sie dabei
die Gewissheit haben, verstanden zu werden, so liegt das daran,
dass sie im Grundsatz kooperativ kommunizieren. Dass es dem
anderen genauso ergehen wird wie einem selbst, das ist eine vor
jedem Zweifel sichere Gewissheit.

Ihre (mindestens) zehn Gesichter

Empathie bedeutet also nicht nur ein Mitgefühl für den anderen. Es umfasst viele, recht unterschiedliche Dimensionen des
menschlichen Geistes. Die begriffliche Unklarheit hängt vermutlich mit dem Ursprung der Bezeichnung zusammen. Das Wort Empathie ist griechischen Ursprungs und setzt sich aus den Wörtern
en (= »hinein«) und *pathos* (= »erdulden, erleiden«) zusammen. Es
meint also wörtlich das Hineinleiden oder Hineinfühlen.

Die heute gängige deutsche Übersetzung der Einfühlung wurde
zu Beginn des 20. Jahrhunderts hauptsächlich in einem ästheti-
schen Kontext verstanden. Dabei handelte es sich um eine Tech-

nik, mit deren Hilfe ein Betrachter ein Kunstwerk umfänglich analysieren könnte, indem er etwa das Wahrgenommene mit Gefühl versah, es »beseelte«. Heute fungiert die Einfühlung oder dessen Synonym, die Sympathie, wie gesagt als Sammelbecken recht unterschiedlicher Phänomene und Befähigungen. Daniel Batson, Neuropsychologe an der Princeton University klassifizierte allein acht verschiedene, teilweise miteinander verwandte Arten dessen, was als Empathie verstanden werden kann.

Nehmen wir die alltägliche Situation, dass Sie eine alte Freundin zum Mittagessen treffen. Sie wirkt abgelenkt, schaut ins Leere, ist verschlossen und macht einen verzagten Eindruck. Als sie zu sprechen beginnt, fängt sie plötzlich zu weinen an und erklärt, sie habe gerade eben erfahren, dass sie gekündigt sei und nunmehr ohne Job. Ihr Betrieb baue Arbeitsplätze ab. Sie erzählt, sie sei nicht zornig, sondern verletzt und erschrocken, weil sie nun nicht wisse, wie es weitergehen soll.

Es existieren verschiedene Ebenen die Freundin zu verstehen. Als Gesprächspartner können Sie das Wissen um den verlorenen Arbeitsplatz teilen (1). Sie können einen Schritt weitergehen und sich in die Perspektive versetzen, wie es für Sie *selbst* wäre, gefeuert zu werden (2), indem sie sich überlegen, was Sie an ihrer Stelle tun würden. Vielleicht zum Anwalt gehen, eine neue Stelle suchen, die Ausgaben reduzieren, um mit der geringeren Unterstützung durch das Arbeitsamt auszukommen, oder kurz überschlagen, wie lange die Ersparnisse reichen.

Sie können sich aber auch überlegen, was Ihre Freundin wohl tun würde, sich also in *ihre* Lage versetzen (3). Vielleicht hat sie einen gut verdienenden Ehemann oder kann von einer Erbschaft zehren, sodass die wirtschaftlichen Folgen nicht so gravierend wären. Oder sie machen es wie der Schriftsteller, Filmregisseur oder Soziologe, der vielleicht am Nebentisch sitzt und die Szene zwischen den beiden Freundinnen wie auf einer Bühne im Theater mitbekommen hat. Diese Person würde darüber sinnieren, was es ganz allgemein für eine junge Frau in unserer Gesellschaft bedeutet, arbeitslos zu werden (4), und daraus ein Rollenspiel spinnen oder die Begründung für eine Forschungsaufgabe sehen. Eine weitere, bereits emotionalere Art der Empathie wäre die Imitation (5). Sie tun, was Ihre Gefährtin in Bezug auf die eingenommene Körperhaltung oder den mimischen Ausdruck tut: Sie zeigen Zorn sowie Erschrockenheit, sie lassen den Kopf hängen, als wären sie beschämt. In aller Regel passiert diese Form der Empathie mehr oder weniger unwillkürlich. Bereits wenige Stunden alte Neugeborene imitieren Erwachsene, wenn diese ihnen die Zunge herausstrecken oder die Lippen zu einem Kussmund schürzen.

Eine weitere Empathieform besteht darin, dass die Gefühle Ihrer Freundin sich auch Ihrer bemächtigen (6). Sie *zeigen* nicht nur Zorn in Ihrem Gesichtsausdruck, sie *sind* selbst zornig. Ihr Pulsschlag geht in die Höhe, sie fangen zu schwitzen an und sind dabei, aus derselben Verzweiflung heraus zu weinen. Eine solche emotionale Ansteckung offenbaren Säuglinge bereits im Alter von ein bis zwei Tagen. Spielten Forscher ihnen vom Tonband das Geschrei eines anderen Säuglings vor, begann sie ebenfalls zu kreischen, bei Lauten, die kein menschliches Geschrei darstellten, blieben sie eher ruhig.

Schließlich können Sie Ihrer Freundin Gefühle entgegenbringen, die aber nicht mit ihren eigenen identisch sind, sondern ihre Situation berücksichtigen (7). Sie äußern Bedauern, drücken ihren Trost aus oder offerieren Ihre Hilfsbereitschaft. Sie versichern sie, wie es dann heißt, ihres Mitgefühls, erbarmen sich ihrer, sind aber nicht zornig.

Eine weitere empathische Reaktion besteht schließlich in der Irritation oder gar dem Ekel (8). Sie können oder wollen die Situation Ihrer Freundin nicht menschlich adäquat verarbeiten, vielleicht weil Sie selbst eine schlaflose Nacht hinter sich hatten oder gerade aus einem Seminar zum positiven Denken kommen, Rückschläge also gerade nicht zu Ihrem Leben passen. Sie wenden sich ab, wie man sich von einem Obdachlosen abwenden kann, weil er völlig verschmutzt ist und üble Gerüche verströmt.

Man ist versucht, diesen acht Beschreibungen noch weitere hinzuzufügen, die man als anhaltende (9) oder gar institutionalisierte Empathie (10) beschreiben könnte. Darum handelt es sich zum Beispiel dann, wenn Sie ihrer Freundin bei den Problemen aktiv beistehen, die eine Arbeitslosigkeit mit sich bringt, und damit nicht aufhören, bis sie eine neue Stelle gefunden hat.

Stellen Sie die Unterstützung gar auf eine organisierte Basis, indem Sie etwa eine Stiftung gründen, welche arbeitslos gewordenen Frauen generell unterstützt, beginnen Sie mit dem Filmregisseur am Nebentisch ein Projekt, um ein breites Publikum auf etwaige Missstände aufmerksam zu machen, so entwickelt Ihre Empathie eine neue, eine gesellschaftliche Dimension. Sie helfen nicht nur selbst, Sie fordern andere zum Mitmachen auf. Zusätzlich findet Hilfsbereitschaft dann nicht nur länger vorübergehend und zwischen zwei Menschen statt, sondern wird zu einer fest verankerten Größe mit eigener Finanzierung und klar beschriebenem Aufgabengebiet. Beispiele für solche großen, nationalen oder gar weltumspannenden Organisationen gibt es zuhauf; seien es nun die Organisation Ärzte ohne Grenzen, das Rote Kreuz oder der Rote Halbmond, Terre des Hommes, Amnesty International, Brot für die Welt oder die SOS-Kinderdörfer.

Welche Empathie ist gemeint?

Wer also die Behauptung aufstellt, Empathie existiere bereits bei Tieren, der hat wohl durchaus Recht – nur sollte er dazu sagen, welche Ausformung er eigentlich meint. Nummer fünf und sechs könnte durchaus bei zahlreichen Kreaturen verwirklicht sein. Tiere imitieren sich gegenseitig, reagieren auf Warnrufe oder schließen sich zu Herden zusammen und tendieren, wie oben geschildert, zur Flucht, wenn ein Individuum vor Panik ausbricht. Diese Synchronisation dient dem Überleben und ist damit in der Evolution von Vorteil, denn Ausscheren kann das Leben kosten.

Delfine schützen schwächere Jungtiere, indem sie diese in die

Mitte nehmen – darin sind Empathie Nummer eins und zwei zu erkennen. Von Elefanten ist bekannt, dass sie ihre Artgenossen trösten und verletzten Individuen zur Hilfe eilen. Forscher berichteten etwa von zwei Tieren einer Herde, die einen von Wilderern angeschossenen Artgenossen von je einer Seite mit ihren Stoßzähnen wieder auf die Beine hieven wollten. Aus dieser Handlung ist Empathieversion Nummer sieben herauszulesen.

Die Nummern eins bis drei könnten sehr wohl bei Primaten zu finden sein, wie das Beispiel um die Vogelflüsterin Kuni belegt. Bei Versuchen in den 1960er Jahren hungerten Rhesusaffen lieber, als an einer Kette zu ziehen, die ihnen Futter aushändigte, wenn sie damit gleichzeitig einem Artgenossen Schmerz zufügten. Das spricht für Nummer sechs. Die Adoptionen von Waisenkindern, wie sie im Kapitel »Wir sind, also denke ich« beschrieben wurden, zeigen, dass die Primaten selbst Nummer neun beherrschen. Unter den Schimpansen in der Wildnis gibt es Ziehväter, die sich nachhaltig um bedürftige, nicht verwandte Artgenossen kümmern.

Nummer vier, die Künstler- oder Forscherempathie, sowie Nummer zehn, die institutionelle Empathie, dürften dagegen schwerlich bei Tieren realisiert sein. Bei diesen Formen handelt es sich um eine Domäne des Menschen, die indes Nummer eins bis neun ebenso pflegen.

Eines belegt diese Reihung sehr deutlich: Empathie ist in der Natur tief verankert und besitzt Millionen von Jahren in die Vergangenheit, in die Evolution zurückreichende Wurzeln. Davon ist auch der Primatologe Frans de Waal überzeugt. Er sieht den Ursprung des Mitgefühls in der Beziehung zwischen Mutter(-tier) und Kind. Wenn ein mütterlicher Nager die aufgeregten Rufe seiner Jungtiere hört, wird das Tier selbst ruhelos und versuchen, die Kleinen wieder zu besänftigen. Es wird sie säugen oder an einen sichereren Ort bringen. Das Tier muss also zunächst gar nicht am Wohlergehen der anderen interessiert sein. Es genügt, wenn es emotional erregt wird, meint de Waal, und anschließend versucht, die Ursache dieser Anspannung wieder abzustellen. Hilfe für die anderen wäre in dieser Sicht nichts anderes als der eigene Schutz vor unangenehmen Gefühlen. »Vielleicht entstand auf diese Weise die Betroffenheit gegenüber anderen?«, fragt de Waal. Fremdhilfe begann nach dieser Lesart als Selbsthilfe, der Altruismus wäre aus dem Egoismus erwachsen.

Oxytocin steigert auch die Empathie

Was immer man von dieser These auch halten mag – für den Zusammenhang von Empathie mit der Mutter-Kind-Beziehung gibt es immerhin Indizien. Denn das Hormon Oxytocin, das, wie wir im letzten Kapitel ausführlich gehört haben, das Vertrauen zwischen Menschen generell und im Besonderen zwischen Mutter und Kind festigt, erhöht als Nebenwirkung sozusagen auch die Fähigkeit zur Empathie. Mit einem Schuss Oxytocinspray in der Nase verwenden Betrachter mehr Zeit darauf, bei einem Gegenüber die Partie um die Augen sowie die Augen selbst unter die Lupe zu nehmen. Das Hormon fördert also nicht nur das Vertrauen, sondern offenbar auch das Bedürfnis zu ergründen, was der andere gerade denken und empfinden mag. Denn die Augenpartie liefert Informationen darüber, wie sehr jemand an seinem Gegenüber interessiert ist, ob er eine Bedrohung darstellt und in welchem emotionalen Zustand er sich befindet.

Eine weitere Untersuchung von zwei Forschergruppen der Universitäten Zürich und Rostock legt nahe, dass Oxytocin tatsächlich die Fähigkeit verbessert, den Gemütszustand von Mitmenschen zu erfassen – die Voraussetzung zur Empathie. Die Psychiater unterwarfen 30 männliche Probanden zwischen 21 und 30 Jahren einem speziellen Test.[1] Dieser erfasste, wie gut sie darin waren, aus dem Ausdruck von Bildern einer Augenpartie auf den Gemütszustand der Person auf dem Foto zu schließen. Dann erhielt ein Teil der Versuchsteilnehmer Oxytocin. Und just jener Teil war 45 Minuten

---

1 Es handelt sich um den »Reading the Mind in the Eyes Test«, kurz RMET. Er wurde zur Diagnose autistischer Patienten entwickelt.

später signifikant besser darin, anhand kleiner mimischer Details zu erkennen, ob die Abgebildeten traurig, freudig, neugierig, beschämt oder etwa ängstlich waren. Das Einfühlungsvermögen und das Vertrauen, die beiden großen Gefühle der Demokratie – sie sind auch im Gehirn eng miteinander verknüpft.

Gefühle werden körperlich simuliert

Und das Grundmuster der Spiegelung, der Blaupause, der Imitation findet sich auch auf der Ebene des Gehirns. Erleidet ein Mensch selbst Schmerzen, sind bei ihm just jene Gebiete aktiv, die sich auch zu Wort melden, wenn sein Freund oder Partner eine solche Pein zu erdulden hat. Dieses Ergebnis förderte eine Untersuchung von Hirnforschern um Tania Singer von der Universität Zürich zutage. Die Wissenschaftler prüften mit einem Hirnscanner, wie Ehefrauen reagierten, wenn ihre eigene rechte Hand oder die rechte Hand ihres Mannes mit einem leichten Stromschlag versetzt wurde. Dies wurde jeweils durch ein Blitzlicht unterschiedlicher Farbe angekündigt.

In beiden Fällen aktivierte sich die sogenannte Schmerzmatrix.[1] So bezeichnen die Wissenschaftler jene Gebiete im Gehirn, die mit der Verarbeitung und auch der Einschätzung von unangenehmen oder quälenden Reizen beschäftigt sind. Sie sind auch dann aktiv, wenn die Probanden Abscheu empfinden, zum Beispiel bei üblen Gerüchen, oder wenn sie Gesichter sehen, die Abscheu ausdrücken. Sich nahestehende Partner teilen ihr Leid also in einem buchstäblichen Sinne, und einander Unbekannte tun dies ebenfalls. Dass es dadurch zusätzlich halbiert wird, wie das Sprichwort besagt, dafür scheint, wie im vorigen Kapitel geschildert, das Vertrauenshormon Oxytocin zu sorgen.

Genauere Analysen zeigten aber, dass die Metapher von der

---

1 Es handelt sich dabei um folgenden Gebiete: die anteriore Inselrinde, kurz AI, dazu das dorsale anteriore Cingulum, kurz ACC, sowie Teile des Hirnstamms und des Kleinhirns.

Spiegelung und dem Teilen im Gehirn durchaus ihre Grenze hat. Empfindet eine Person nämlich Mitleid statt Leid wird das zwar im Grundsatz ebenfalls in der Schmerzmatrix verarbeitet, doch handelt es sich jeweils um zwei verschiedene Aktivierungsmuster. Zum einen konnten die Forscher eine Art »Leid«-Muster ausfindig machen. Es ist damit beschäftigt, den Schweregrad der Beeinträchtigung und des Schmerzes im eigenen Körper zu ermitteln und ihn einzuschätzen. Daneben existiert eine Art »Mitleid«-Muster, das dann in Erscheinung tritt, wenn das Übel nur stellvertretend erlebt wird. Die beiden Formen überlappen sich, wie es etwa in der Mengenlehre zwei Kreise tun, die sich schneiden; sie sind aber bei weitem nicht identisch.

Psychologisch ist dies durchaus folgerichtig. Denn die Empfindung von Leid erfordert eine Bewertung des eigenen körperlichen Zustandes. Der Anblick von Leid sollte hingegen mit der Information verknüpft sein, dass nicht das Ich es ist, dem der Bauch schmerzt, sondern zum Beispiel das Kind. Wäre dem nicht so, könnte die Wahrnehmung einer Person, die sich den Bauch hält und deren Gesicht gleichzeitig verzerrt ist, im Beobachter zwar womöglich Leid hervorrufen. Diese Empfindung hätte aber keine Richtung, sie wiese keinen Bezug auf einen Mitmenschen auf. Sie wäre ungerichtet und damit kein Mit-Leid, sondern wohl eher einer ziellosen Irritation vergleichbar.

Das Bewusstsein des Ichs ist eine Voraussetzung für die Empathie. Die unmittelbare Nachbarschaft der neuronalen Zentren für »Leid« und »Mitleid« ist relevant dafür, dass das Ich den Schmerz im Bauch oder anderswo überhaupt versteht. Die Nähe der beiden Areale ermöglicht gleichsam eine körperliche Simulation darüber, wie sich das Übel für den anderen wohl anfühlen mag. Denn die Zentren, die sonst aktiv sind, wenn der eigene Körper ins Durcheinander gerät, werden durch den Anblick und den emotionalen Ausdruck eines fremden Körpers, wie geschildert, teilweise ebenfalls aktiv. Diese Koppelung erweckt den Eindruck, der eigene Körper stecke ebenfalls in einer solchen Bredouille, beziehungsweise erlaubt eine genauere Einschätzung, wie schlecht es ihm wirklich geht. Mitleid – und wie es scheint Mitgefühl generell – ist die körperliche Simulation des emotionalen Ausdrucks eines Mitmenschen, so die Vorstellung der Hirnforscher. Wenn manche Eltern also sagen, es schmerze sie mehr, mit ansehen zu müssen, wie ihr Kind beim Arztbesuch eine Spritze erhält, als den Einstich selbst erdulden zu müssen, so liegt dies an den neuronalen Grundlagen des Mitgefühls. Daneben wohl aber ebenso an der unbeschreiblichen Angst des kleinen Patienten vor einer unbekannten Nadel.

Automatische Reaktionen

In der Regel teilen die Hirnforscher ihren Probanden nicht unbedingt mit, dass es bei ihren Versuchen um Empathie geht. Die Versuchsteilnehmer erhalten allein die Anleitung, ein Foto anzusehen oder einem Video zu folgen, auf dem eine mitleiderregende Szene abgebildet ist. Trotzdem werden im Gehirn die Mitleidszentren aktiv, sobald sich etwa eine brennende Kerze einem Finger nähert. Weder müssen Menschen also wissen, dass sie mitfühlen sollen, noch müssen sie sich dafür anstrengen oder darum bemühen. Wer mit ansehen muss, dass sich jemand bei der Arbeit mit dem Hammer auf den Daumen geschlagen hat, dessen Gehirn reagiert mehr oder weniger zwangsläufig.

Wichtige Grundlagen der empathischen Reaktionen laufen automatisch ab, unterliegen also keiner wie auch immer gearteten willentlichen Kontrolle. So neigen Menschen etwa in ihrem Gesichtsausdruck zu unwillkürlicher Mimikry. Sehen sie beispielsweise eine lachende oder eine skeptisch blickende Person, spannen sie, ohne dies zu bemerken, die gleichen Muskelgruppen an wie ihr Vorbild. Dies entdeckten Forscher, indem sie mithilfe der Technik der Elektromyografie die Aktivität der Muskeln im Gesicht erfassten. Die Stärke dieser, wenn man so will, spiegelbildlichen Anstrengung hängt direkt mit der Intensität der Empfindung zusammen und diese wiederum mit der Beziehung, welche den Beobachter und den Leidenden miteinander verbindet. Ähnliche Reflexe registrieren Wissenschaftler neuerdings auch an der Pupille. Als sie Probanden Fotos trauriger Gesichter mit entweder enger oder weiter Sehöffnung zeigten, glichen diese sich jeweils an die Vorbilder an und stellten sich ebenfalls weit oder eng.

Dieser Automatismus bedeutet jedoch nicht, dass das Mitgefühl nicht kontrolliert oder blockiert werden könnte. Es bricht sich nicht eigenständig Bahn, sodass jeder ständig auf der Suche danach wäre, wie er einem anderen nun helfen, wo er ihn imitieren könnte – der Jäger hat mit seiner Beute kein Mitleid, sonst könnte er kein Jäger sein. Im Gegenteil, wer etwa dem schlimmen Zustand oder der Verzweiflung eines Mitmenschen keine Aufmerksamkeit schenkt oder sich gar aktiv abwendet, bevor das Mitleid-Netzwerk in volle Erregung versetzt wird, dem wird die Empfindung des Mitgefühls vermutlich nicht bewusst.

Wir haben die Möglichkeit, gegenüber einem Obdachlosen Mitleid zu empfinden und ihm ein paar Euro zu schenken oder etwas Nahrung, damit er seinen Hunger stillen kann. Wir können aber ebenso gut an dem Bedürftigen vorbeigehen, so tun, als würden wir ihn und seine Not nicht wahrnehmen. Ebenso können wir irgendwelche Rechtfertigungen vorschieben, etwa, dass jeder Arbeit finden könne, wenn er denn wolle, oder dass man erst gestern etwas abgegeben habe oder dass sich auch andere einmal unterstützend betätigen könnten. Es gibt viele Gründe und genauso viele Möglichkeiten, kein Mitgefühl zu empfinden, zwischen Stufe null und elf ist alles möglich.

Der halbe Globus kann in Depression versinken, wenn eine prominente Britin namens Lady Di bei einem Autounfall ums Leben kommt. Erfriert ein Obdachloser in der Kälte Münchens oder New Yorks, sterben Zehntausende von Chinesen bei einer Erdbebenkatastrophe, schert sich nicht unbedingt jemand darum. In der Antike galt es für einen Fürsten zum Beispiel als ein Zeichen der Schwäche, wenn er mit seinem Volk oder einem Sklaven Mitgefühl empfand.

Die Blockade der Empathie wurde also gesellschaftlich erwartet. Doch nach dem Tod Lady Dianas haben die Briten genau das Gegenteil von ihrer Queen eingefordert: Emotionen. Das Mitgefühl ist eine launige Gesellin; wo sie hinfallen darf, ist Zeitströmungen und dem kulturellen Wandel unterworfen. Auf solche Unterschiede verweisen Geisteswissenschaftler, wie der in Tübingen ausgebildete Rhetoriker Daniel Gross von der University of Iowa in Iowa City. Aber »erfunden« hat sie Rousseau deswegen nicht unbedingt, wie Clifford Orwin im vorhergehenden Kapitel vorschlug. Was in mannigfaltigen Formen und teils unscharf im Menschen angelegt ist, wurde und wird sprachlich-gesellschaftlich ausgestaltet. Man einigt sich gemeinsam darauf, welcher Art Einfühlung zu sein hat.

Die unbarmherzigen Samariter

Hartherzig aus Unachtsamkeit können überraschenderweise auch Menschen sein, welche die Nächstenliebe zu ihrem Studienfach gemacht haben. Das zeigt das zu den wissenschaftlichen Klassikern gehörende Experiment »Von Jerusalem nach Jericho« aus den frühen 1970er Jahren am Theologischen Seminar der Universität Princeton. Forscher um den eingangs erwähnten Daniel Batson stellten 40 Studenten vor die Aufgabe, eine kurze Ansprache vorzubereiten, die anschließend benotet werden würde. Eine Hälfte durfte sich das Thema selbst wählen, die andere sollte über das Gleichnis vom barmherzigen Samariter sprechen.

Die Erzählung aus dem Neuen Testament des Apostels Lukas gilt als Aufruf zur praktischen Nächstenliebe. Sie handelt von einem Mann, der auf dem Weg von Jerusalem nach Jericho ausgeraubt wird und schwer verletzt am Wegrand liegen bleibt. Als nacheinander ein Priester und ein Levit, eine Art Tempeldiener, vorbeikommen, ignorieren sie das Verbrechensopfer und gehen weiter. Erst ein Samaritaner, das ist ein Bewohner der Ortschaft Samarias und Mitglied der gleichnamigen Glaubensgemeinschaft, hilft dem Verletzten und bringt ihn in eine nahe gelegene Herberge.

In einer ganz ähnlichen Situation fanden sich die Theologie-
studenten wieder – freilich ohne dies zu erkennen. Als sie von
dem Seminarraum in ein anderes Gebäude gingen, in dem sie
ihren Vortrag zu halten hatten, passierten sie einen Hausein-
gang. Darin stand gekrümmt ein Mann und wimmerte vor
Schmerzen. Die Mehrheit der Studenten konnte diese Begegnung
jedoch nicht davon abhalten, den Mann stehen zu lassen und
zielstrebig den Vortragsraum aufzusuchen. Nur 16 machten es
wie der Samaritaner aus der biblischen Erzählung und blieben
stehen, und zwar ganz unabhängig davon, ob sie sich zuvor mit
dem biblischen Gleichnis beschäftigt hatten oder mit einem anderen Thema.

Empathie, das lehren die Ergebnisse, ist also nicht von einer
»sozialen Intelligenz« abhängig, von der ohnehin niemand weiß,
was dieser Ausdruck bedeuten soll, sondern zum Beispiel von der
Achtsamkeit, die man in einer Situation für einen Mitmenschen
aufbringt. Wer Leid nicht sieht oder nicht sehen will, wer es nicht
wahrnimmt oder nicht wahrnehmen will, der kann kein Mitleid
empfinden.

Mitgefühl ist der Grundzustand

Untersuchungen im Hirnscanner offenbarten, dass in Situationen
mangelnder Aufmerksamkeit die Schmerzmatrix entweder gar
nicht oder nur schwach aktiv wurde. Als Wissenschaftler ihren
Probanden im Magnetresonanztomografen Fotos schmerzlicher
Szenen präsentierten, auf denen beispielsweise eine Hand in eine
Tür geriet oder jemand sich in den Finger schnitt, erregte das, wie
zu erwarten war, die im Mitleid-Netzwerk gelegenen Neurone. Als
die Forscher daraufhin die Prüflinge ablenkten, indem sie ihnen
die Aufgabe erteilten, die Anzahl der Hände zu zählen, die auf
jedem der Bilder zu sehen waren, war es mit der Mitleidsreaktion
vorüber. Die Analysegeräte konnten in den betreffenden Regionen
keine Aktivität mehr registrieren.

Weitere Untersuchungen, in denen die Hirnströme vermessen wurden, brachten indes eine Überraschung zutage. Sie verrieten, dass es in der Schmerzmatrix durchaus zu einer Reaktion gekommen war. Diese war jedoch so schnell wieder abgeebbt, dass der träge Hirnscanner sie nicht hatte erfassen können.

Der Neuropsychologe Shihui Han und sein Kollege Yan Fan von der Universität Peking interpretierten ihre Ergebnisse so, dass es zwei parallel arbeitende Systeme gibt, die Empathie entstehen lassen. Zum einen eine sehr schnelle und tatsächlich hochgradig automatisierte empathische Reaktion auf Fremdschmerz. Diese wird jedoch anschließend von anderen Stellen im Gehirn moduliert oder kontrolliert. Nur wenn diese nachgeschobene Bewertung positiv ausfällt, kann sich das Mitgefühl weiter entfalten und einen gewichtigen Einfluss auf das Bewusstsein geltend machen – und schließlich auf das Verhalten. Im anderen Fall wird es bis zur Auslöschung blockiert. Ungeklärt ist, ob diese erste Erregung im Gehirn Spuren hinterlässt.

Zunächst aber – und das ist wichtig, an dieser Stelle festzuhalten – reagiert das Gehirn empathisch, dies ist sein Grundzustand. Mitgefühl muss daher nicht trainiert werden, wie Autor Rifkin meint, es passiert. Wer einen Horrorfilm ansieht, muss sich die Augen zuhalten, wenn er von einem Kopf, der um den Hals rotiert, oder von spritzendem Blut nicht in Alarmstimmung versetzt werden will. Menschen besitzen alle Voraussetzungen für eine vorbehaltlose Hilfsbereitschaft. Erst in einem zweiten Schritt wird diese eingeordnet, hinterfragt, moduliert und kommt gegebenenfalls nicht zur Ausführung. Diese Befunde aus der Hirnforschung entsprechen dem, was wir über die kooperative Kommunikation im Kapitel »Wir sind, also denke ich« erfahren haben.

Narkose und Fremdheit blockieren Empathie

Neben der Aufmerksamkeit für die Signale anderer kann auch der Handlungshintergrund oder die damit verbundene Absicht das Mitgefühl dämpfen. In einem Experiment konfrontierten Forscher Versuchspersonen mit zwei Arten von Fotos: Das eine zeigte, wie eine Spritze mit einer Nadel eine Injektion in eine Hand setzt. Das andere, wie eine Nadel eine Gewebeprobe aus der Hand eines Patienten entnimmt, der jedoch narkotisiert worden war. Im Gehirnbild präsentierte sich die unterschiedliche Bewertung der einander oberflächlich sehr ähnlichen Situationen in einem abweichenden Muster der Aktivierung. Im ersten Fall war die Schmerzmatrix aktiv. Bei dem Beispiel der Gewebeprobe waren vor allem Regionen hinter der Stirn erregt, die eine Bewertung der Sachlage vornahmen und Empathie unterdrückten.

Jedes andere Ergebnis wäre auch überraschend gewesen. Denn sämtliche schwerwiegenden medizinischen Behandlungen gerieten sonst zur Unmöglichkeit. Könnte der Chirurg den Bewusstseinszustand des Patienten nicht berücksichtigen, würde er vor lauter Mitgefühl nicht einmal das Skalpell zur Operation ansetzen können. Vor der Erfindung von Betäubungsmitteln musste als mildernder Empathie-Umstand allein die gute Absicht genügen. Dem Mediziner war bewusst, dass das Ziel der Handlung nicht darin bestand, Schmerz zuzufügen, sondern den Patienten zu heilen, und nur so konnte er das Leid des Patienten durch die Behandlung an sich abprallen lassen.

Auch die Zugehörigkeit zur eigenen ethnischen Gruppe scheint für die Ausbildung von Empathie von Belang zu sein. Historisch betrachtet mag dies keine Überraschung darstellen. Wie blind und grausam Menschen gegenüber allem wüten können, was sie als fremd, kulturlos oder gar »entmenschlicht« einstufen, ist schließlich in zahlreichen Gemetzeln, Kriegen, Massentötungen und Genoziden reichlich dokumentiert. Doch wie es scheint, genügt bereits ein subjektiv ungewohntes Aussehen, um das Mitgefühl zu reduzieren. Das bestätigte der oben schon vorgestellte Pekinger Neuropsychologe Han in seinem Labor.

Der Forscher zeigte je einer Gruppe Probanden europäischer und chinesischer Herkunft Bilder, auf denen die Wange einer Person mit einem Wattestäbchen oder einer Nadel berührt wurde. Einmal handelte es sich dabei um asiatische Gesichter, das andere Mal um europäische. Das Ergebnis: Die Schmerzmatrix wurde wie erwartet aktiviert, wenn Mitgliedern der eigenen Gruppe Leid zugefügt wurde, in der Konstellation über Kreuz reduzierte sich die Erregung in der Schmerzmatrix deutlich. Europäer scherte das Los von Asiaten recht wenig und Asiaten das Los von Europäern – darin glichen sie sich immerhin. Wenn Bürgerrechtler in den USA also beklagen, dass weiße Geschworene einen schwarzen Angeklagten ohne weitere Skrupel verurteilen, so haben sie damit durchaus recht, denn allein Äußerlichkeiten können den Unterschied ausmachen. Den Nazis konnte der Massenmord an den Juden nur unter der Voraussetzung gelingen, dass sie diese als vermeintlich minderwertig oder abartig brandmarkten.

Sich freuen über den Schaden des anderen

Schließlich übt die Beziehung, in der Menschen in einer bestimmten Konstellation oder aufgrund ihrer Vorgeschichte zueinander stehen, einen gewichtigen Einfluss auf die gegenseitige Empathie aus. Einer von zwei Konkurrenten in einer sportlichen Auseinandersetzung wird sich im Falle eines Gewinns nicht nur über die Auszeichnung des eigenen Glücks oder Könnens freuen, sondern genauso sehr über die Niederlage des anderen. Das förderten Messungen an der mimischen Muskulatur des Gesichts zutage. Die Schadenfreude schließt jedoch nicht aus, dass es im Sport manchmal eben doch dazu kommt, dass der Sieger den Verlierer in seiner Enttäuschung tröstet, bevor er den Pokal in Empfang nimmt.

Auch das Verhalten anderer kann Anlass geben, Empathie aktiv zu verweigern – und dies ist ein ganz entscheidender Punkt. Eine Forschergruppe um Tania Singer in Zürich schickte ihre Probanden in ein Investoren-Spiel, das jenem bei den Oxytocin-Experimenten vergleichbar war. Ein Investor erhielt zum Beispiel 10 Euro, gab die ganze Summe oder einen Teil davon an einen Empfänger ab. Daraufhin wurde der Betrag durch den Versuchsleiter verdreifacht und der Empfänger hatte die Möglichkeit, einen Teil davon wieder an den Investor zurückzugeben. Bei den Empfängern handelte es sich jedoch nicht um naive Versuchsteilnehmer, sondern um Schauspieler, die jeweils die Aufgabe hatten, sich fair zu verhalten, also einen Betrag an den Investor zurückzuerstatten, oder unfair, das heißt, alles oder den größten Anteil selbst einzustecken.

Der eigentliche Versuch bestand jedoch nicht in diesem Investoren-Spiel, sondern in dem, was danach kam: Die Probanden lagen im Magnetresonanztomografen und links oder rechts daneben saßen jeweils der ihnen nunmehr persönlich bekannte faire und der unfaire Spielpartner. Die Anordnung war so konstruiert, dass die Versuchsteilnehmer die Hände des anderen sehen konnten, außerdem ihre eigenen. Alle drei erhielten anschließend nach dem Zufallsprinzip (ungefährliche) elektrische Schläge über eine Elektrode. Gleichzeitig zeigten farbige Pfeile an, ob die Reizung so stark war, dass sie Schmerzen verursachte, oder so mild, dass es nur zu einem Kribbeln kam.

Der Unterschied in der Empathieempfindung war gravierend. Einem fairen Spielpartner brachten die Versuchsteilnehmer deutliches Mitgefühl entgegen, wenn dieser die Impulse aushalten musste. Spielpartnern jedoch, die sich zuvor unfair verhalten hatten, standen die männlichen Probanden völlig gleichgültig gegenüber. Stattdessen offenbarte ihr Gehirn Aktivitäten im Belohnungssystem. Sie freuten sich geradezu darüber, dass das ihrer Meinung nach unlautere Verhalten bestraft wurde. Im anschließenden Fragebogen bestätigten sie dies auch ganz offen und sprachen davon, dass ihr Bedürfnis nach Rache befriedigt worden sei.

Die Schmerzen hat also verdient, wer die stillschweigenden sozialen Regeln der Gleichheit und der Fairness gebrochen hat. In diesem Fall fühlt man nicht unbedingt mit dem Opfer. Dies bedeutet, dass Schadenfreude nicht unbedingt ein Laster ist, sondern darauf hinweist, dass sich in einer Situation jemand ungerecht behandelt fühlte. In diesem Fall wird die Empathie einfach blockiert, außer Kraft gesetzt.

Männer und Frauen fühlen gleichermaßen mit

Derartig rachsüchtig verhielten sich aber nur die Männer. Die Frauen bedauerten auch unfaire Gepeinigte. Dies könnte bedeuten, dass Männer sich mehr als Frauen gesellschaftlich in der Pflicht sehen, auf die Einhaltung des Rechts zu achten und die Verletzung von Normen zu ahnden. Gleichwohl versieht Empathie-Forscherin Tania Singer diese Interpretation mit einer gewissen Vorsicht. Schließlich wurde in dem Experiment nur die Reaktion auf eine körperliche Bestrafung überprüft. Diese stellt sehr wahrscheinlich eine Domäne der Männer dar und dürfte Frauen eher abschrecken. Ein Test auf weibliche Waffen, zu denen etwa eine gesellschaftliche Ächtung von Fehlverhalten oder eine Geldstrafe zählt, könnte die Gehässigkeit von Frauen durchaus an den Tag bringen. Andere Untersuchungen weisen darauf hin, dass Frauen nicht, wie gerne einmal vermutet, das empathische Geschlecht sind. Sie empfinden nur dann mehr Mitgefühl, wenn ihnen die Forscher zuvor stillschweigend signalisiert hatten, dass sie genau dies in dem Experiment von ihnen erwarteten.

Doch zurück zu dem äußerst interessanten Versuchsergebnis von Tania Singer, der Tochter des Frankfurter Hirnforschers Wolf Singer. Verhält sich ein Mitmensch nicht kooperativ oder gar unfair, ist eine Strafe angemessen. Das Gegenüber empfindet in diesem Fall nicht mit, sondern freut sich sogar noch über dessen Beschwernis. Wenn Fairness eine wichtige Voraussetzung für Empathie darstellt, dann gehört auch die Empfindung der Gerechtigkeit zu den großen politischen Gefühlen.

Allerdings sieht es gerade so aus, als hätten die politischen Vordenker und Demagogen die Fairness vergessen. Denn auch wenn es heutzutage – ebenso wie in den 1980er Jahren – Wahlkämpfe mit dem Slogan gibt, dass sich Leistung wieder lohnen müsse, auch wenn Gleichheit eines der Schlagworte der Französischen Revolution war und seitdem die Chancengleichheit (bei der Ausbildung, bei der Bewerbung um einen Arbeitsplatz) und die Gleichberechtigung (von Frauen, sozialen Randgruppen oder Behinderten) zu Recht eine große Rolle in der öffentlichen Diskussion spielt, so erlebte die korrespondierende subjektive Empfindung, die Fairness, erst jüngst eine aufsehenerregende Blüte.

Unfair: Bankerboni und Discountlöhne

In der Finanzkrise stellten sich weite Bevölkerungskreise die Frage, ob es fair sei, wenn Banken ihren Managern Prämien in Höhe von Millionen von Euro überwiesen, während sie gleichzeitig Milliardenverluste machten, die der Steuerzahler auszugleichen hatte. Überhaupt: Darf die Bank denn überzogene Renditeziele verfolgen und im Schadensfall die Verluste der Allgemeinheit aufbürden, weil sonst der gesamtwirtschaftliche Kollaps droht? Für jeden Unternehmer oder Handwerker, der mit seinen Mitteln haushalten muss, weil ihn ansonsten das Missverhältnis von Einkünften und Ausgaben gnadenlos vom Markt fegt, mussten die Regierungsbürgschaften wie eine Ohrfeige wirken.

Fair war es ebenfalls nicht, wenn die Lebensmitteldiscounter den Landwirten für den Liter Milch nur noch 20 Cent und weniger zahlten, also Preise, die unter den eigenen Produktionskosten lagen. Die Wogen der Entrüstung brandeten dann richtig übers Land, als gleichzeitig bekannt wurde, dass einige Mitarbeiter wegen Bagatellverfehlungen ihren Arbeitsplatz verloren hatten. Jemand unterschlug sechs Maultaschen, eine Kassiererin einen vergessenen Pfandbon über 1,30 Euro, eine dritte nahm eine Frikadelle vom Buffet – und alle »von da unten« erhielten prompt die Kündigung. Die Vergehen waren quasi Nichtigkeiten angesichts dessen, was »die da oben« angestellt hatten, und so kochte die Empörung hoch. Ist das noch gerecht? Ist das noch fair?

Natürlich sind die Antworten auf solche Fragen durch das

Gesetz gedeckt. Wer seinen Arbeitgeber bestiehlt, handelt es sich auch nur um Kleinigkeiten, der darf gekündigt werden. Die Gerichte haben immer wieder so entschieden und damit unterstrichen, dass im Berufsleben Ehrlichkeit und Vertrauen zu gelten haben. Doch Recht und Gesetz, Polizei und Aufsichtsbehörden gibt es noch nicht so lange, womöglich erst seit einigen tausend Jahren. Über die längsten Epochen der Geschichte mussten sich die Gesellschaft und teils auch der Einzelne selbst behelfen, wenn sich jemand nicht den Gepflogenheiten und den Normen entsprechend verhielt. Man ahndete Verstöße selbst oder einigte sich in einer Gruppe auf eine entsprechende Bestrafung. Die Grundlage dafür bildeten nicht etwa geschriebene Gesetze, sondern das, was die Gemeinschaft für richtig hielt.

»Macht euern Dreck alleene!«

Menschen besitzen ein untrügliches Gespür dafür, was fair ist und was nicht. Dafür ist die Vorstellung der Gleichheit untereinander eine unhinterfragte Voraussetzung. Wir sind alle nur Menschen, keiner ist vor dem anderen ausgezeichnet, und so will man, dass der Nachbar so behandelt wird wie man selbst. Ist dies nicht der Fall ist, verletzt das nicht nur das Gerechtigkeitsempfinden, sondern lässt die Ordnung aus den Fugen geraten. Die Folge ist, dass unfair Behandelte die Kooperation verweigern, selbst nicht mehr die Regeln befolgen und beginnen, sich selbst unfair zu verhalten. Sie diskriminieren Randgruppen, etwa Ausländer, verkürzen Steuern, betrügen die Sozialkassen oder bestehlen ihren Arbeitgeber. »Macht euern Dreck alleene!«, scheinen sie mit Friedrich August III., Sachsens letztem König, sagen zu wollen und kapseln sich ab. Für eine Demokratie, die auf die Mitarbeit und das Engagement ihrer Bürger angewiesen ist, stellt dies eine große Gefahr dar. Denn wenn immer mehr Menschen die Regeln der Allgemeinheit verletzen und die Kooperation einstellen, droht das Gemeinwesen zu zerfallen – eine Gefahr, auf welche die leider viel zu wenig bekannte Nobelpreisträgerin für Wirtschaft, Elinor Ostrom, immer wieder hinwies.

Ein grundsätzlicher Sinn für Fairness ist selbst Tieren zu eigen – und ihre Reaktion auf eine vermeintliche Ungerechtigkeit ist mit derjenigen des Menschen gut vergleichbar: Sie machen einfach nicht mehr mit. Die Abscheu vor Ungerechtigkeit oder im Fachbegriff »Inequity Aversion« zeigen Hunde genauso wie Primaten. So verweigern Vierbeiner zunehmend das Kommando »Gib Pfote!«, wenn sie mitansehen müssen, wie ihr Artgenosse dafür mit einem Würstchen oder einem Stück Schwarzbrot belohnt wurde, während sie selbst leer ausgehen. Primaten kommt es beim Vergleich mit dem Nachbarn sogar auf die Qualität des Futters an. In Versuchen lernten Kapuzineraffen, dass sie eine Spielmarke gegen ein Stück Futter eintauschen konnten, beispielsweise eine Gurke. Bemerkten die Tiere jedoch, dass der Affe in der Kammer nebenan süße und schmackhafte Weintrauben für sein Tauschmittel bekommen hatte, verweigerten sie jede weitere Mitarbeit und verschmähten sogar das Gemüse. Musste der Artgenosse seine Spielmarke überhaupt nicht mehr abgeben, um die Tauschware zu erhalten, schien das die Kapuzineraffen richtiggehend zu empören, und zwar so sehr, dass manche den Bon oder die Gurke aus dem Käfig schleuderten. Sie fühlten sich ganz offensichtlich benachteiligt – Friedrich August III. lässt grüßen. Schimpansen reagierten in solchen Experiment ähnlich aufgebracht. Der uns schon mehrfach begegnete Primatenforscher Frans de Waal ist der Meinung, dass die Verärgerung der Tiere durchaus mit der »Reaktion vieler Menschen auf die fehlgeleiteten Manager vergleichbar ist, die für die Finanzkrise verantwortlich sind«.

Empörung beim Ultimatum-Spiel

Die Empörung über Egoisten und mangelnde Solidarität sowie die daraus folgende Strafe stellt nicht einfach nur eine emotionale

Reaktion dar. Diese Gefühle besitzen weitreichende Folgen für die Praxis des Miteinanders. Sie erfüllen den Zweck, den Bestraften wieder zur Kooperation zu bewegen und die anderen davon abzuschrecken, nur auf ihren eigenen Vorteil zu achten. Strafe ist damit also alles andere als das, was sie auf den ersten Blick scheint: Sie ist nicht asozial, sondern dient im Gegenteil der Festigung der Gruppe. Sie hat nicht die Ausgrenzung des Übeltäters zum Ziel, sondern seine erneute Integration. Strafe drückt aus:»Halte dich in Zukunft ebenso an die Regeln! Sei wie wir!«Intuitiv mag dies widersprüchlich erscheinen, doch alle Ergebnisse aus ökonomischen Versuchen sprechen hier eine sehr deutliche Sprache.

Sehen wir uns zum Beispiel ein Spiel an, das so bereits hunderttausend Mal rund um den Globus durchgeführt wurde – sei es nun mit Universitätsstudenten im norddeutschen Plön, in Boston, in Zürich, in London, in Peking oder sei es bei den steinzeitlichen Nomaden der Hadza in Kenia, bei den Walfängern der Lamalera in Indonesien, den Ackerbauern der Quichua in Ecuador oder den Viehhirten der Kasachen in der Mongolei. Zwei Partner sitzen sich gegenüber und einer, Person A, erhält einen Geldbetrag in nennenswerter Höhe, in Deutschland zum Beispiel 100 Euro. Er steht nun vor der Aufgabe, die Summe mit Person B zu teilen. Wie viel A abgibt, ist ihm völlig freigestellt. Doch am Ende bleibt ihm sein Anteil nur, wenn sein Mitspieler die Aufteilung akzeptiert. Lehnt er ab, gehen beide Spieler ohne Lohn nach Hause. Meint A also, 99 Euro behalten zu müssen, läuft er Gefahr, dass B das Angebot empört ausschlägt (er hat schließlich nicht viel zu verlieren), und dann wird keiner von beiden etwas bekommen. Gibt A hingegen viel ab, beispielsweise 80 Euro, wird B zwar dankend akzeptieren, aber A selbst bleibt nur wenig übrig. A und B stehen sich nur einmal in dieser Konstellation gegenüber und sie kennen sich nicht. Vorherige Erfahrungen miteinander beeinflussen das Verhalten also nicht.

Das von dem Wirtschaftswissenschaftler Werner Güth vom Max-Planck-Institut in Jena Anfang der 1980er Jahre entwickelte Experiment heißt Ultimatum-Spiel. Es mag den Anschein erwecken, recht einfach gestrickt zu sein. Doch erlaubt die Art und Weise, wie sich Probanden hierbei benehmen und für sich Entscheidungen treffen, genauso weitreichende wie spektakuläre Rückschlüsse auf das soziale Verhalten von Menschen. Sind sie etwa nur darauf aus, ihren eigenen Nutzen zu mehren? Oder spielen Fairness und Gegenseitigkeit in ökonomischen Interaktionen eine Rolle, und wenn ja, welche? Einen beachtlichen Bezug zur Praxis besitzt das Ultimatum-Spiel obendrein. Gesetzt den Fall, Sie erhalten ein Buch geschenkt, das Sie bereits besitzen. Glücklicherweise interessiert sich ein Freund dafür. Doch für wie viel geben Sie es ab, wenn es im Laden 100 Euro kostet? Für 5? Dann würden sie wohl auf ein schönes Abendessen im Restaurant verzichten. Für 95? Dann würden Sie Ihren Freund vermutlich ziemlich vor den Kopf stoßen.

Ihr Preis dürfte irgendwo zwischen 60 und 70 Euro liegen. Mehr als 40 Euro Nachlass würden wohl Sie selbst als unfair ansehen, weniger als 30 dagegen Ihr Freund. Erstaunlicherweise – nach dem bisher Geschilderten jedoch weniger erstaunlich für uns als für die konservativen Wirtschaftsforscher – existiert ein solcher fairer Preis in jeder Kultur, bei allen Menschen weltweit. Es gibt immer eine untere Grenze, bei der Individuen ein Angebot im Ultimatum-Spiel gerade noch akzeptieren, es aber ablehnen, wenn die Grenze unterschritten wird. Diese Erkenntnis mag auf den ersten Blick recht unscheinbar wirken, sie hat aber geradezu revolutionäre Folgen. Denn für das traditionelle Bild des Homo oeconomicus, so bezeichnet man die – durch und durch theoretische – Vorstellung des egoistischen und vermeintlich vernünftigen Menschen, der an nichts anderem interessiert ist, als seinen Vorteil zu mehren, sind diese Fakten der Todesstoß.

Nach der gängigen Vorstellung vom Raffzahn müssten diese jeden Betrag akzeptieren, auch wenn es sich um nur einen Cent handelt, denn dieser mehrt den eigenen Gewinn, so klein er auch sein mag. Doch die Menschen verhalten sich ganz anders. Die Spieler lehnen Angebote ab, die ihrer Meinung nach geringfügig sind, obwohl – und das ist das Entscheidende – sie dabei selbst etwas verlieren. Den Verlust schienen sie verschmerzen zu können, solange sie sicherstellen können, dass der andere mit seiner Strategie der Gier scheitert. Sie wollen dem anderen einen Denkzettel verpassen und freuen sich über dessen »großen« Verlust mehr als über den eigenen »kleinen«. In Hirnscanneraufnahmen ist das daran ersichtlich, dass jene Bereiche im Denkorgan, die Belohungen verarbeiten, freudig erregt sind. Gefühlte Fairness macht also einen entscheidenden Faktor beim menschlichen Miteinander aus.

Umgekehrt wissen auch die Mitspieler von der verbreiteten Aversion gegen Ungerechtigkeit und bemühen sich in der Regel darum, erst gar kein Angebot zu unterbreiten, das der andere aus Empörung ablehnen könnte. Das heißt: Obwohl sie das Geld in die Hand bekommen, also am Drücker sind, beziehen sie ihren Partner und dessen Vorstellungen von vornherein in die Transaktion mit ein. Sie behandeln ihn kooperativ. Sie wissen, dass er nicht nur seinen Gewinn maximieren, sondern fair behandelt werden will. Beide Spieler befinden sich mithin in einer sozialen Situation, sie agieren nicht einfach wie Ego-Automaten.

Diese Analysen wurden durch die Ergebnisse beim Diktator-Spiel voll bestätigt. Es unterscheidet sich vom Ultimatum-Spiel insofern, als Spieler B hier keine Möglichkeit hat, den Handel abzulehnen und Spieler A einen Denkzettel zu verpassen. Er muss es nehmen, wie es kommt. Doch auch in diesem diktatorischen und ungefährlichen Verhältnis bieten die Spieler A immer etwas an, sie teilen. Nicht die Furcht vor Ablehnung ist also beim Verteilen eines Gutes das leitende Motiv, sondern der Sinn für Fairness. Und keine vermeintliche Egoistenvernunft diktiert das Verhalten, sondern ein untrügliches und von vornherein feststehendes Gespür für das Miteinander.

Die Wohltätigkeitsweltmeister

Wie gesagt, diese Regeln gelten weltweit, für alle Menschen, egal auf welchem Erdteil sie sich befinden, welche Hautfarbe sie haben, wie groß sie sind, was sie essen, an welchen Gott sie glauben, wie viele Frauen die Männer heiraten dürfen (oder wie viele Männer die Frauen) und welcher Erwerbsweise sie folgen. Dieses Ergebnis erbrachte ein groß angelegtes Projekt eines Teams internationaler Wirtschaftswissenschaftler um den Züricher Neuroökonomen Ernst Fehr. Die Forscher verglichen 15 verschiedene Ethnien rund um den Globus plus die Spezies des »westlichen Studenten« miteinander.

Den Titel des Wohltätigkeitsweltmeisters errang das Volk der Lamalera in Indonesien. Satte 63 Prozent ihrer A-Spieler teilten die Geldsumme – sie entsprach jeweils einem oder mehreren durchschnittlichen Tageseinkommen – jeweils zur Hälfte auf. Die anderen 37 Prozent offerierten sogar noch mehr, im Durchschnitt umgerechnet 57 von 100 Euro. Diese fast schon ans Selbstlose grenzende Großzügigkeit hängt, steht zu vermuten, mit der Wirtschaftsweise der Lamalera zusammen. Das Volk lebt vom Walfang und ist dabei stark auf gegenseitige Verlässlichkeit angewiesen. Kehrt eine Crew nach erfolgreicher Jagd nach Hause zurück, teilt eine dazu ausgewählte Person den Fang peinlichst genau auf. Der Harpunier, die Mitglieder der Mannschaft, der Segelmacher, alle bekommen einen genau festgelegten Anteil an der Beute, und selbst die Mitglieder der Gemeinschaft, die an der Jagd nicht direkt beteiligt waren, werden bedacht.

Im Mittelfeld der Tabelle der Freigebigkeit fanden sich die Studenten wieder. Sie offerierten im Mittel 45 Euro. Die Machiguenga, ein Volk, das im peruanischen Amazonasgebiet von der Jagd, dem Fischfang und Brandfeldbau lebt, kam dagegen unten zu liegen. Die dortigen A-Spieler gaben im Durchschnitt 25 Euro ab und einzelne B-Spieler lehnten Angebote auch dann nicht strafend ab, wenn sie nur 10 Euro betrugen. Wie dies in Zusammenhang mit der Wirtschaftsform steht, ist bislang rätselhaft. Auffällig war indes bei den Studien, dass manche Volksstämme, die Au und die Gnau aus Papua-Neuguinea, nicht nur Angebote zurückwiesen, die ihnen zu niedrig erschienen, sondern auch solche, die augenscheinlich zu hoch waren, also 70 Euro oder gar mehr umfassten. Womöglich schien es ihnen nicht erstrebenswert, so etwas wie eine Schuld einzugehen.

Klimaschutz und Elektroauto – ein globales Spiel

Das Ultimatum- sowie das Diktator-Spiel sind nicht die einzigen Modelle der Neuroökonomen. Ein weiteres ist das sogenannte Public Goods Game, übersetzt Gemeinwohl-Spiel. Mit diesem Werkzeug lässt sich mehr darüber erfahren, wie Menschen mit Gemeinschaftsgütern umgehen. Einfach so lange wie möglich so viel nehmen, wie nur irgendwie geht? Oder mit Rücksicht auf die Bedürfnisse aller nur den Anteil beziehen, der einem auch zusteht?

Errichtet ein Schützenverein in einem Dorf ein Haus mit einem Schießstand und einem Gastraum, ist das ein Public Goods Game. Die Mitglieder müssen entscheiden, wer viel daran arbeitet. Der Bau eines Kindergartens ist ebenfalls ein solches Spiel, der Straßenbau oder der Wehrdienst, Projektarbeit im Büro, der Aufbau einer Firma, die Nutzung einer Quelle, eines Weges oder eines Hinterhofes in einem Mietshaus – alle diese, die Rechte und Pflichten von Einzelnen berührenden Fragen kann man als ein Gemeinwohl-Spiel interpretieren. Wer geht hin und arbeitet am Gemeingut mit? Und wer schafft es, sich vor der Pflicht zu drücken, es aber dennoch in Anspruch zu nehmen?

Vor allem die dringendsten globalen politischen Fragen sind ganz und gar reale Experimente, die sich mit der Spieltheorie beschreiben lassen. »Das Klima der Erde zu schützen ist mit mehr als sechs Milliarden Spielern das wahrscheinlich größte Public Goods Game, das wir kennen«, erklärt Manfred Milinski vom Max-Planck-Institut für Evolutionsbiologie in Plön bei Kiel. Wie, so die große Frage, kann verhindert werden, dass die Industrie Fabriken oder Privatleute Autos betreiben und das anfallende Kohlendioxid in die Luft gepustet und so den Triebhauseffekt befördert wird? Die Vorteile in Hinblick auf Arbeitsplätze oder wirtschaftliche

Entwicklung wird der Verursacher selbst einheimsen können. Den Schaden am Allgemeingut der Atmosphäre haben aber alle Menschen weltweit zu tragen.

Ähnlich sieht es mit den verfügbaren Rohstoffen aus. Wer darf sie ausbeuten, wer das Erdöl konsumieren, wer die klimaschützenden Urwälder abholzen, um das Edelholz zu verkaufen und anschließend auf der Fläche Futtermittel für die Rindermast anzupflanzen? Jeden Tag Steak essen – oder doch lieber mehr Gemüse? Das Meer plündern und die Fische darin an den Rand der Ausrottung bringen? Den Nachteil haben alle zu tragen, den geldwerten Vorteil kassieren wenige. Müssen sämtliche Versuche, Gemeingüter zu schützen, daran scheitern, weil der Egoismus und die Raffgier des Menschen früher oder später zum Kollaps führen?

Die Tragik des Allgemeingutes

Antworten darauf lassen sich ebenfalls mithilfe der Spieltheorie finden. Übersetzt in eine experimentelle Situation sieht ein Spiel um ein öffentliches Gut in etwa so aus: Mehrere Spieler erhalten Chips wie im Kasino, zum Beispiel zehn Stück. Sie werden gefragt, ob sie damit einverstanden sind, einen bestimmten Anteil davon in einen gemeinsamen Topf abzugeben. Nach Abschluss der Runde, darin besteht der Anreiz, verdoppelt der Versuchsleiter die zusammengekommene Summe, teilt sie durch die Zahl der Spieler und gibt jedem einen gleichen Anteil zurück – egal, ob er nun etwas beigetragen hatte oder nicht. Am Ende des Experiments werden die Chips in bare Euro umgetauscht, das Spiel soll ja kein Spaß sein.

Nehmen wir an, es sind vier Spieler beteiligt und jeder gibt bei optimaler Kooperation pro Durchlauf zwei Chips. Dann befinden sich im Topf acht Chips, die zu 16 verdoppelt werden. Davon erhält jeder vier und das Guthaben pro Person ist von anfangs zehn Chips auf zwölf, also um zwei Chips gestiegen. Verweigert ein einzelner Spieler seinen Anteil, die Spende ist ja geheim, und zahlt nicht in den Gemeinschaftstopf ein, kann er seinen Gewinn steigern und deutlich mehr als zwei Chips gewinnen. Beispiel: Im Topf sind sechs Chips, daraus werden zwölf, sodass jeder nach dem Durchgang drei Chips zurückerhält. Damit landen die kooperativen Spieler bei elf, der Egoist aber bei 13 Chips. Er hat im Vergleich zur vorigen Runde nicht zwei hinzuverdient, sondern drei. Wenn alle kooperieren, gewinnen alle. Agiert einer als Trittbrettfahrer und gibt nichts, gewinnt er mehr als die Ehrlichen – und darin liegt das Problem. Auf lange Sicht kann der Geizkragen die für alle lukrative Zusammenarbeit zum Erliegen bringen, weil er zwar vom Gemeinschaftstopf profitiert, aber nichts beiträgt. Sobald die anderen dies bemerken, werden sie sich in den nächsten Runden weigern, einen Beitrag zu leisten. Wechseln mehrere zur Abzockerstrategie, wird die Summe im Gemeinschaftstopf immer kleiner, weil keiner der Dumme sein will. Das Ergebnis ist, dass niemand mehr in der Lage sein wird, sein Anfangskapital zu erhöhen. Die Tragik des Allgemeingutes oder der Allmende tritt ein: Der Kindergarten wird nicht gebaut, die Rohstofflager werden erschöpft, kaum jemand kauft sich freiwillig ein teures Elektro- oder Hybridauto, die Klimakatastrophe droht mit Sturmschäden, Überschwemmungen, Missernten und Verwüstung. Nicht zufällig erinnert dies an Zustände, die den realen Begebenheiten in der Welt sehr nahekommen.

So oft die Spieltheoretiker dieses Experiment auch durchführten, so oft kam es zum Zusammenbruch. Der Anteil der Egoisten, die nicht kooperierten, lag zwischen 20 und 30 Prozent, doch immer zwang die Minderheit der Mehrheit letztlich ihre zerstörerische Strategie auf. Das Spiel verlief so, dass sich die meisten Teilnehmer in den ersten Runden zunächst kooperativ verhielten. In den weiteren Durchgängen funktionierte die Zusammenarbeit aber immer schlechter und niemand zahlte mehr in den Gemeinschaftstopf ein. Die Trittbrettfahrer gewannen die Oberhand. »Das passiert, sobald das Spiel mehrere Runden läuft«, erklärt Milinski, der viele Gemeinwohl-Spiele durchgeführt hat.

Der Kollaps tritt erstaunlicherweise selbst dann ein, wenn die Bedingungen mittels einer Frist deutlich verschärft werden. Erklärt der Versuchsleiter zum Beispiel, dass nach zehn Durchgängen eine bestimmte Summe im Topf angespart sein muss, weil sonst alle ihren Einsatz verlieren, so siegt gleichwohl der Egoismus. Nach anfänglicher Kooperation setzen sich die Abzocker durch, die Abgaben ans Gemeingut werden Runde für Runde weniger und meist wird das Ziel knapp gerissen. Schlechte Aussichten also für den Klimaschutz. Wenn sich wenige Spieler im Labor schon nicht auf den Erhalt eines läppischen Gemeingutes einigen können, wie sollen dies dann die 192 Mitgliedsstaaten der Vereinten Nationen schaffen?

Die Peitsche fördert die Kooperation

Es würde die Vereinten Nationen vermutlich nicht geben, wäre Eigennutz die Ultima Ratio des Menschen. Im Spiel wendet sich das Blatt dramatisch, wenn die Spieler die Möglichkeit zur Strafe erhalten. Das entdeckten der Züricher Ernst Fehr und Simon Gächter, Professor für die Psychologie ökonomischer Entscheidungsfindung an der University of Nottingham. Werden die Beiträge an den Gemeinschaftstopf öffentlich gemacht und können die Altruisten den Egoisten nach jeder Runde eine Geldbuße aufbrummen, nimmt die Bereitschaft zur Kooperation nicht ab, das Gruppenziel wird erreicht, der Kollaps vermieden. Geradezu »versessen«, berichtet Fehr, seien die Spieler darauf, die Betrüger zu bestrafen, auch wenn sie selbst dies etwas kostet, 30 Cent im Spiel, und die verhängte Geldbuße, ein Euro, nicht an sie selbst geht, sondern an den Versuchsleiter.

Im Hirnscanner ist dies daran zu erkennen, dass diejenigen Regionen aktiv sind, die sonst eine Belohnung, wie etwa das Zusammentreffen mit einem Freund oder den Anblick einer Süßigkeit, registrieren. Trotz der Einbußen verspürten sie eine »elementare Freude« an der Bestrafung, Fehr spricht von einer »Fairnessspräferenz«, einer natürlichen Prädisposition für Fairness. Die Peitsche wirkte so effektiv, dass nach mehreren Runden gar 80 Prozent der Spieler selbstlos ihr gesamtes Kapital in den Topf warfen. Die Bestraften reagierten auf die Strafe, und vermutlich hatte bereits die Drohung einen Effekt.

Auch hier nehmen Einzelne Einbußen, ja Verluste, mit Wonne auf sich. Aber warum? Um die gemeinsame Investition zu sichern oder es den Egoisten heimzuzahlen? Weitere Versuche dokumentierten, dass nicht wirtschaftliche Motive der Anlass für die Strafen waren, sondern pädagogische. Denn Experimente mit nur einem Durchgang änderten nichts am Spaß der »Polizisten« im Spiel. Sie sanktionierten auch dann, wenn sie den Bestraften in einer weiteren Runde nicht wieder begegnen würden. Das heißt, sie verfolgten ganz offensichtlich den grundsätzlichen erzieherischen Zweck, die Abweichler dazu zu bewegen, sich an die Gruppendisziplin zu halten. Die Strafen, die Schwarzfahrer im Bus oder der U-Bahn berappen müssen, dienen also nicht dazu, den wirtschaftlichen Schaden für die Allgemeinheit auszugleichen. Sie sind auch nicht mit hämischer oder gar rachsüchtiger Schadenfreude zu verwechseln. Sie sollen den Schwarzfahrer stattdessen bekehren, ihn in einen regelmäßig zahlenden Fahrgast verwandeln.

Müssen die Abweichler und Raffzähne also drakonisch bestraft werden und das Klima sowie die Regenwälder wären gerettet? Ja und nein! Eine klare Einstellung und Entschiedenheit der Gemeinschaft, wie sie mit Egoisten umzugehen gedenkt, ist, wie gesehen, äußerst hilfreich. Strafen vermögen Einzelne dazu anzuleiten, sich an die Regeln zu halten. Aber sie weisen einen gehörigen Nachteil auf: Sie sind kostspielig, sowohl für den Bestrafenden als auch für den Bestraften. Wer sich damit beschäftigt, andere zu beschimpfen, der hat keine Zeit, Geld zu verdienen.

Dieses Manko erscheint auch in den Modellen der Spieltheoretiker. »Das Strafen zahlt sich für den Strafenden kaum aus«, erklärt Milinski. Berücksichtigen die Forscher am Ende der Experimente die persönlichen Bilanzen, gehörten sowohl Strafende als auch

Bestrafte nie zu den absoluten Gewinnern. Diesen Platz nehmen die Spieler ein, die sich einerseits selbst an die Regeln halten, sich andererseits an den teuren Polizeiaktionen nicht beteiligten. Überträgt man diese Erkenntnis auf die reale Welt, würde dies bedeuten: Die Lust an der Strafe müsste in der Evolution längst eliminiert worden sein. Warum ist das aber nicht passiert?

Die üble Nachrede ergänzt die Peitsche

Die Antwort lautet: Bestrafung trägt dazu bei, die Kooperation aufrechtzuerhalten. Sie stellt jedoch nicht die einzige Maßnahme dar, die dies bewirkt. Es existiert eine zweite, nämlich der gute Name. Wer weiß, dass er es mit einem Spielpartner zu tun hat, der kooperiert, der ist bereit, selbst zu kooperieren. Vertrauen in die Verlässlichkeit des anderen ist mithin die Voraussetzung dafür, dass Menschen in ein Gemeingut investieren. Sie wollen die Gewähr, dass sie nicht die Dummen sind. Diese Erfahrung konnten Milinski und seine Mitarbeiter bestätigen, indem sie zwei Experimente miteinander kombinierten: das uns bereits bekannte Gemeinwohl-Spiel sowie ein Spiel zur indirekten Gegenseitigkeit, das die Rolle der Reputation überprüft.

Die Bezeichnung mag sich kompliziert anhören, doch in Wirklichkeit funktioniert das Spiel zu indirekten Gegenseitigkeit äußerst einfach. Es treten mehrere Teilnehmer mit einem Spielnamen und einem Startkapital von 12 Euro miteinander an. Für alle ersichtlich wird dann etwa Telesto gefragt, ob er Galatea hilft. Willigt er ein, werden ihm 1,50 Euro abgezogen, und Galatea bekommt den doppelten Betrag von 3 Euro gutgeschrieben. Zusätzlich ist auf dem Bildschirm deutlich zu sehen, dass Telesto kooperativ war. Es geht dabei, um es zu wiederholen, um echtes Geld. Die Versuchsteilnehmer können ihr Guthaben am Ende mit nach Hause nehmen.

Nach mehreren Runden hatten die Spieler eine Reputation aufgebaut. Die anderen wussten, dass Telesto großzügig war und man ihm getrost etwas abgeben durfte. Er würde bei der nächsten Anfrage wieder mit einem anderen teilen, und dieser würde am Ende womöglich einen selbst subventionieren. Weniger kooperative Spieler zu unterstützen wäre dagegen nicht lohnenswert, weil diese Egoisten nichts mehr hergeben. Hilf den Guten, lass die Schlechten links liegen und dir wird geholfen, lautet dieses Prinzip der indirekten Gegenseitigkeit, das auf einem guten Ruf basiert. Wen die anderen als großzügig anerkennen, den werden sie auch in ihr Netz der Hilfeleistung einbeziehen. Das Frappierende war: Solange die Namen und die Transaktionen öffentlich einsehbar waren, achtete jeder Teilnehmer darauf, gut dazustehen, seinen Namen in Ehren zu halten – und gab bereitwillig.

Entscheidend war nun der Wechsel. Die Spieler gingen unter der gleichen Identität zum Gemeinwohl-Spiel über, nahmen ihre Reputation also mit, wie die Wissenschaftler sagen würden. Ihr Ziel war nunmehr, gemeinsam so viel Geld in einem Topf zu sammeln, das für die Schaltung einer Anzeige im *Hamburger Abendblatt* ausreichend wäre, die vor den katastrophalen Folgen des Klimawandels warnen würde. Alle wurden simultan gefragt, ob sie aus ihrem Säckel null, einen oder zwei Euro beitragen wollten – und es wurde bereitwillig gespendet. Die Anzeige wurde finanziert; wie gesagt, die Beiträge stammten aus dem privaten Geldbeutel. Mussten die Probanden indes beim zweiten Spiel nicht auf ihren guten Ruf achten, sondern spielten anonym, kam es erneut zum Kollaps. Die Anzeige zur Warnung vor dem Klimawandel konnte nicht geschaltet werden.

Die Lehren aus diesen Versuchen sind klar: Öffentlichkeit kann das Gemeingut schützen, in der Anonymität dagegen wird es mit größerer Wahrscheinlichkeit ruiniert. Wer gemeinschaftliche Projekte wie einen Kindergarten oder die Instandsetzung eines Hinterhofs realisieren will, der sollte den Spendern die Möglichkeit geben, ihren Beitrag öffentlich zu machen. Dies wird andere ebenfalls zum Mitmachen verleiten. Gutes tun und darüber reden ist ein Rezept für die Rettung dieser Welt – und der Mensch hält es in der Hand.

Seine Augen beobachten dich!

Die Öffentlichkeit und der zu pflegende Leumund bilden also ein wichtiges Fundament der Kooperation. Wenn sich Menschen beobachtet fühlen, handeln sie verstärkt im Sinne eines gemeinsamen Ziels. Das demonstrieren recht amüsante Experimente der Britin Melissa Bateson. Die Verhaltensforscherin schickte Versuchsteilnehmer an einen Milchautomaten, um ein Getränk zu ziehen. Es war ihnen dabei freigestellt, ob sie für das Produkt bezahlen wollten, und wenn ja, wie viel, niemand kontrollierte etwas. Doch Bateson hatte den Automaten auf einfachste Weise manipuliert. In einer Woche blickten die Probanden neben dem Münzschlitz auf ein Bild mit Blumen. In der nächsten starrten ihnen Augenpaare entgegen. Der Unterschied wirkte sich massiv auf die Freigiebigkeit der Konsumenten aus. Mit der Augenverzierung zahlten die Probanden um bis zu etwa 50 britische Pence mehr, und am höchsten war der Betrag, wenn die Augenpaare die Versuchsteilnehmer direkt zu fixieren schienen. Erblicken Menschen also eine Augenpartie, scheint dies gleichsam reflexhaft das Gefühl auszulösen, beobachtet zu werden – was wiederum ein Schlaglicht auf eine anatomische Besonderheit des Homo sapiens wirft. Als Einziger unter den Primaten besitzt er eine weiße Sklera. Bei Schimpansen oder Gorillas ist der Augapfel dunkel. Die Artgenossen können so nicht erkennen, worauf das Individuum achtet. Menschen dagegen können – und sollen? – merken, ob sie beobachtet werden.

Evolutionsbiologe Milinski fühlte sich bei der Lektüre der Testergebnisse an die historischen Totempfähle mancher Indianerstämme in Nordamerika erinnert. »Immer sind Augenpaare zu sehen, die Sie direkt ansehen und die eine weiße Sklera haben, selbst bei stilisierten Raben und Ziegen«, erklärt der Wissenschaftler. Es handelte sich dabei, vermutet er, um eine Art Symbol, das wohl dazu diente, die Menschen in einer Dorfgemeinschaft zur Kooperation zu bewegen – sowohl mit den höheren religiösen Mächten als auch mit den anderen Mitgliedern der sozialen Gemeinschaft. Trifft die Argumentation zu, sollten die Behörden überlegen, die Vordrucke zur Steuererklärung oder die Antragsformulare für Hartz IV mit Augenpaaren zu versehen und so die Ehrlichkeit bei der Selbstauskunft zu steigern. Einen Versuch wäre das immerhin wert.

Die Macht der Gerüchte

Öffentlichkeit verbessert also die Kooperation. Die Aussage gilt aber auch umgekehrt: Tut jemand etwas Schlechtes, verweigert sich dem Gemeinwohl, sollte dies allen Mitgliedern der Gruppe bekannt gemacht werden. Der Verlust an Glaubwürdigkeit trifft die Egoisten besonders hart, er ist demnach genauso effektiv wie eine Strafe, aber längst nicht so kostspielig. Im zwischenmenschlichen Umgang stellen Klatsch, Tratsch und Gerede diese Öffentlichkeit her. Wer wann mit wem was gemacht hat, gehört zu den häufigsten Gesprächsinhalten. Die Menschen tauschen sich intensiv darüber aus, was richtig ist und was falsch.

Das Geplapper mag mancher als lasterhaft empfinden, doch in Wirklichkeit handelt es sich dabei um ein notwendiges soziales Instrument. Tratsch ist nicht nur ein Schmiermittel, das Nähe herstellt, die Beziehungen der Menschen untereinander pflegt und Aggressionen in immer größer werdenden Gruppen abbaut, wie im Kapitel »Die Intelligenz der anderen« festgestellt. Klatsch ist ein Korrektiv, um Egoisten und Trittbrettfahrer bloßzustellen, sie zu ächten oder mit Ächtung zu drohen und so wieder in die Gemeinschaft zurückzuholen. Dieser Austausch über das Verhalten abwesender Gruppenmitglieder stellt daneben eine wichtige Alarmfunktion dar. Vor dem sozialen Gericht können Lügner und Blender, die nur vorgeben, kooperativ zu sein, in Wirklichkeit aber ihren eigenen Nutzen verfolgen, leichter überführt werden. Diese machtvolle Rolle der Gerüchte lässt sich in den Modellen der Spieltheoretiker recht gut nachbilden. In einer Version des Spiels zur indirekten Gegenseitigkeit erlaubte Milinski den Spielern zu tratschen. Sie konnten also nicht nur die Freigebigkeit der anderen auf dem Bildschirm in Zahlen verfolgen, sie durften sich auch darüber austauschen und sich auf eine Bewertung festlegen. In einer weiteren Version beeinflussten die Versuchsleiter selbst das Gemunkel und streuten Gerüchte, indem sie – ganz beiläufig, versteht sich – jemanden als üblen »Geizkragen« beschimpften oder im Gegenteil als »richtig tollen Typen« oder »spendablen Spieler« priesen.

Dabei stellte sich heraus, dass Gerüchte über den Charakter oder das Verhalten eines Spielers den Grad der Kooperation stark beeinflussen können. Positiver Tratsch lässt die Zusammenarbeit ansteigen, negativer sinken – und zwar zwischen 18 und 25 Prozent. Diesen Einfluss übt das Gerede selbst dann aus, wenn die Fakten verfügbar sind. Menschen sind es also seit jeher gewöhnt, ihre Entscheidungen auf Gerüchte, Klatsch und das gesprochene Wort zu gründen.

Strafe plus Reputation gewinnen

Das Echo des wohlklingenden Namens vermag aber offenbar die Peitsche nicht völlig zu ersetzen. Dies mussten Milinski und seine Kollegin Bettina Rockenbach von der Universität Erfurt erfahren, als sie ihren Versuchsteilnehmern immer wieder neu die Möglichkeit einräumten, sich Gruppen anzuschließen, die verschiedene Versionen des Gemeinwohl-Spiels verfolgten. In der einen durften sie ihre Mitspieler nur bestrafen, in der zweiten wurde die Pflege des guten Rufes in den Mittelpunkt gestellt. Die dritte schließlich suchte ihr Heil in einer Kombination aus beidem. Was würde passieren, wenn drei verschiedene Institutionen miteinander konkurrieren würden? Wofür würden sich die Menschen entscheiden?

Zunächst vermieden die Spieler die Variante des Spiels, in der Bestrafung erlaubt war, womöglich aus der Befürchtung heraus, selbst zum Opfer zu werden. Doch als die Bereitschaft in den Keller ging, einen Anteil fürs Gemeinwohl zu leisten, wechselten immer mehr Spieler zu anderen Experimentrichtlinien und schlossen sich der Konstellation an, die die höchsten Gewinne versprach. Dabei handelte es sich um die Kombiversion, in der Kooperation durch Bestrafung und Reputation zugleich konstant auf einem hohen Niveau gehalten werden konnte – obwohl mit jeder Runde weitere Spieler, Einwanderer sozusagen, hinzukamen. Die Verknüpfung hatte außerdem den Effekt, dass die Zahl der Bestrafungen um ein Drittel zurückging und nur noch bei schwersten Regelverstößen zur Anwendung kam.

Der Versuch erinnert an jene »Abstimmung mit den Füßen«, wie sie Deutschland ab dem Herbst 1989 erlebte, als die Mauer gefallen und die DDR am Zusammenbrechen war. Die Spieler, sprich: die Bevölkerung, wählten sich die Rahmenbedingungen – hier: den Staat –, die ihre Interessen am Gemeingut und damit am persönlichen Fortkommen am besten schützten. Die menschliche Gesellschaft mag zwar ähnlich selbstorganisiert funktionieren, wie es die Modelle voraussetzen. Aber die Welt ist mit Sicherheit komplexer und weniger einsehbar als die Experimente der Spieltheorie. Dennoch ist es tröstlich zu wissen, dass – im Grundsatz zumindest – Instrumente zur Verfügung stehen, welche die Kooperation ermöglichen und einen Schutz des Gemeingutes erlauben: Strafe, der gute Name und eine Kontrolle durch die Öffentlichkeit.

Die Geburt des Homo reciprocans

Muss ein Trittbrettfahrer den Verlust seines guten Rufes befürchten sowie damit den Entzug der Kooperationsbereitschaft der anderen, drohen ihm im Zweifel unnachgiebig Strafen – er wird sich zweimal überlegen, ob er bei der Instandsetzung des Hinterhofs schwänzt oder dem Fiskus Steuern vorenthält. Mögen der Erwerb eines Hybridwagens, der Verzicht auf Flugreisen oder Spenden für wohltätige Organisationen auch teuer sein – die Verluste sind dann akzeptabel, wenn sie dem Aufbau eines guten Rufes, eines positiven Images dienen. Egal wo und wie die Namen veröffentlicht sind – in der Zeitung, im Internet, vorgelesen bei der Weihnachtsfeier –, wer auf Spenden aus ist, sollte Öffentlichkeit herstellen.

Spendable Millionäre, wie etwa der Kreis um Bruno Haas und dessen Initiative »Vermögende für eine Vermögensabgabe«, sind mithin keine Verrückten. In einem funktionierenden Gemeinwesen sollten sie den Normalfall darstellen. Auch Steuern zu bezahlen bedeutet keine unerträgliche Last, wie immer wieder suggeriert wird. Wenn die Umstände stimmen, bereitet es den Menschen Freude, ihre Pflicht zu erfüllen – der Hirnscanner brachte es zutage. Ebenso herrschen die Anzeichen der Freude, wenn die »Reichen« in einem Experiment mit ansehen dürfen, wie den »Armen« Geld überreicht wird, ihnen selbst jedoch nicht. Das beweist: Die natürliche »Fairnesspräferenz«, das Bestreben, Ungleichheit zu vermeiden, schließt auch andere mit ein.

Menschen verstehen sich als zusammengehörig, sie bilden soziale Einheiten. Sie sind mit Gefühlen wie der Empathie ausgestattet, die Gemeinsamkeit herstellen und Gegenseitigkeit oder Reziprozität begünstigen – auch in nicht-ökonomischen Situationen. Sie verfolgen im Miteinander nicht nur das Ziel, den eigenen Gewinn zu maximieren, sondern sind bereit, umso mehr zum Erhalt der Gemeingüter beizutragen, je mehr andere dies ebenfalls tun. Das ist allerdings die Voraussetzung: dass alle mitmachen. Niemand will der Dumme sein, Fairness bildet die Grundbedingung des Miteinanders. Diese Regel können sich politische Gestalter und Entscheider in Unternehmen gar nicht dick genug an die Wand ihrer Büros pinseln.

Der Homo oeconomicus ist tot. Es lebt der Homo reciprocans. Dieser Mensch legt Wert darauf, fair behandelt zu werden. Er will aber, und das ist entscheidend, auch andere fair behandeln.

Kapitel 8

Ein Wir ohne andere

Die Wölfe, die der anderen Wolf sind, begannen ihr Spiel in New York. Bei gebratenem Zitronenhuhn und Filet mignon tauschten die Manager dreier einflussreicher Hedge-Fonds in einem Privathaus inmitten Manhattans neue Ideen darüber aus, wo in Zukunft der Zaster zu holen sein würde. Das englische Wort *hedge* bedeutet im Deutschen eigentlich Absicherung (wörtlich:»Hecke«). Doch um Verlässlichkeit geht es den äußerst wohlhabenden Anlegern, die ihr Vermögen in diesen Topf einzahlen, keineswegs. Im Gegenteil streben sie hohe Gewinne an, im Zweifel auch unter Inkaufnahme eines ebenso hohen Verlustes.

Die Manager sprachen über Rohstoffe, Schwellenländer und die Aussichten der Weltwirtschaft. Die Zinsen würden wohl steigen. Bald brachte einer die prekäre Lage der griechischen Staatsfinanzen ins Spiel. Das Land sei massiv überschuldet, soll Aaron Cowen, Manager bei SAC Capital Advisers, referiert haben. Was immer auch die Regierung in Athen oder die EU in Brüssel dagegen unternehmen würden, eines sei sicher: Der Euro werde unter Druck geraten. Das muss in den Ohren der anderen vernünftig geklungen haben. Vor allem muss es nach barer Münze geklungen haben. Also begannen die Manager Geld ins Spiel zu werfen. Viel Geld. Echtes Geld. Sie wetteten auf einen schwächeren Euro – und sie gewannen.

Im Dezember 2009 hatte der Wechselkurs des Euro noch bei 1,51 Dollar gelegen, drei Tage nach dem Abendessen am 8. Februar 2010 war er auf 1,36 Dollar gefallen. In Griechenland gingen die Leute auf die Straße, um gegen die drastische Kürzung ihrer Löhne zu protestieren, die fürs Nötigste nicht mehr reichten. Es gab gewalttätige Auseinandersetzungen, Menschen kamen zu Tode. In Deutschland, das sich an der »Rettung« der griechischen Staatsfinanzen mit Krediten und Bürgschaften in Höhe mehrerer hundert Milliarden Euro beteiligte, forderten Politiker, die Steuern zu erhöhen und die Ausgaben für Bildung massiv zu reduzieren.

Die Konjunktur der Wölfe

Bis hierin kann einem der Ablauf durchaus bekannt vorkommen. Es ist nichts Neues, dass sich einige wenige skrupellose Egoisten wenig um die Kooperation scheren und stattdessen die Gewinne abzocken. Die Gemeinschaft der kleinen Leute zahlt die Zeche: durch Jobverlust, geringere Löhne oder steigende Kosten für die Lebenshaltung. Aber die letzte Runde ist ja noch gar nicht gespielt.

Das *Wall Street Journal* berichtete über das konspirative Treffen. Daraufhin schaltete sich die amerikanische Kartellbehörde ein, um zu untersuchen, ob es womöglich zu verbotenen Absprachen gekommen war. Dadurch erfuhr die Weltöffentlichkeit von den Machenschaften der Finanzjongleure – und die Wogen der Empörung schlugen hoch. Die Spekulanten bezahlten mit ihrem guten Ruf, mit dem Rest jedenfalls, der noch vorhanden war. Der Gegenschlag der Weltbevölkerung bestand darin, dass die Übeltäter vor den Augen aller bloßgestellt wurden.

»Ein Wolfsrudel« nannte der schwedische Finanzminister Anders Borg die Manager. Der deutsche Finanzaufseher Jochen Sanio sprach martialisch von einem »Angriffskrieg der Spekulanten«. Die *Süddeutsche Zeitung* sah sich zu der Korrektur veranlasst, die Raubtierrhetorik würde bei der Auseinandersetzung auf die falsche Fährte führen. Bei den Spekulanten handele es sich nicht um Wölfe, eher um Büffel, die, einmal losgelaufen, nur noch eine Richtung kennen würden. Gleichwohl bebe unter ihren Hufen die Erde und zu bremsen seien sie nicht mehr. Wölfe? Raubtiere? Rasende Büffel, gierige Blutsauger oder Bösartige gar? Man könnte aufgrund der Berichterstattung durchaus den Eindruck gewinnen, dass sich das Prinzip Eigennutz wie ein ansteckendes Virus um die Erde verbreitet und den Globus aus den Angeln hebt. In den Urwäldern am Amazonas oder in Afrika sind skrupellose Holzhändler unterwegs, die den Wald wegen einiger Edelhölzer roden. Die Gewinne stecken sie ein – und leisten im Vorübergehen nicht nur der Zerstörung des kostbaren Lebensraums einiger der nächsten tierischen Verwandten des Menschen Vorschub, sondern des Weltklimas gleich mit. In den Meeren treiben die Fangflotten die Fischbestände in den Kollaps, auf dass sich noch die letzte Kantine mit Seezunge und Heilbutt schmücken kann. Auf den Straßen setzen sich Spaßvögel ungehemmt in ihre benzinschluckenden Geländewagen oder in den Billigflieger zum Wochenendtrip nach Barcelona oder New York und scheren sich nicht im Geringsten um die dabei produzierten Treibhausgase. Gleichzeitig treibt in China und Indien eine beispiellose Industrialisierung auf ihren Höhepunkt zu, die wie ein hungriges Ungeheuer, nein: Raubtier, die letzten Rohstoffe, Energiereserven und eine saubere Umwelt verschlingt.

Naht die Apokalypse? Ist der Mensch ein unverbesserlicher Zocker, ein Abstauber, ein Egoist, ein Gierschlund, ein Despot, der alles nur für sich haben will und sich nicht um andere schert?

Eine Illusion historischen Ausmaßes

Die Antwort lautet entschieden und klar: Nein! Der Mensch ist kooperativ und hilfsbereit, willens und biologisch bestens dafür ausgestattet, sich den Regeln einer Gemeinschaft zu unterwerfen. Der Homo sapiens entstand als kooperativer Brüter, dem es nur deswegen gelingen konnte, sein Denkorgan über die biologische Grenze hinaus zu vergrößern, weil sich nicht nur die Mütter, sondern die ganze Sippe um die Kinder kümmerten – auch Nichtverwandte und Fremde. Sein Gehirn ist ein soziales Gehirn, das in seinem Wesen darauf angelegt ist, sich mit anderen zu vernetzen und zu verknüpfen. Der Mensch sucht geradezu die Beziehung zu anderen. Er kommuniziert kooperativ und erwartet gleichzeitig, dass sein Gegenüber dies ebenfalls tut. Er ist auf grundlegende Weise darauf angelegt, die Ziele des anderen zu teilen, sich mit ihm zu einem Wir zusammenzuschließen. Sein Denken ist nicht Ich, sein Denken ist Wir. Und anderen zu helfen bedeutet seinen Grundzustand.

Wäre dem nicht so, es würde keine Gemeinschaft existieren. Weder Familien noch Vereine, weder Dörfer noch Städte, weder regionale noch internationale Organisationen, weder Staaten noch überstaatliche Gebilde wie die Europäische Union. Die Geschichte legt gerade davon beredt Zeugnis ab, wie sich Menschen zu immer größeren sozialen Einheiten zusammengeschlossen haben. Marodierende Sippen wurden sesshaft, bildeten Siedlungen und Städte, individuelles Eigentum wurde schützenswert, die Zivilisation entstand. Die Psyche des Menschen war all dem nicht nur gewachsen, sondern beförderte die Entwicklung. Die Wir-Intentionalität ließ Geld entstehen, Staaten mit Millionen von Bürgern, ihre politischen Vertreter und globale Institutionen. Längst hat die Menge der dadurch vertretenen Menschen jene berühmte Dunbar-Zahl der 150 überschritten, die womöglich die biologische Gruppengröße des Homo sapiens darstellte. Der Triumph der Kooperation, ein Prozess, der einst im steinzeitlichen Kindergarten begann, ist unübersehbar und noch längst nicht zu Ende.

Wenn trotzdem immer wieder von den Egoisten die Rede ist – in den Berichten der Medien, den Gesprächen in Familien, Betrieben, an den Stammtischen oder den Konferenztischen von Politik und Nichtregierungsorganisationen –, so liegt selbst dafür noch der Grund im Wir-Bewusstsein: Die soziale Orientierung des Menschen lässt ihn jegliches Ungleichgewicht, noch die kleinste Schräglage der gemeinsamen Ordnung wie unter einer großen

Lupe erkennen, benennen – und damit brandmarken. Die Versessenheit zum Klatsch, zum Tratsch, zur Kommunikation von Regelverstößen, um diese öffentlich zu machen, ist ein natürlicher Instinkt. Sie hat, das haben wir gesehen, den Zweck, diejenigen, die sich danebenbenommen haben, mit Rufschädigung zu strafen, um sie so in die Gemeinschaft zurückzuholen. Durch diese Fixierung auf die Ausnahmen gerät häufig in Vergessenheit, dass sich die meisten Menschen an die Regeln halten. Weil dies jedoch die Grundvoraussetzung ist, scheint sie nicht weiter erwähnenswert.

Viele Neuroökonomen bestätigen diese Sichtweise und sehen den Homo sapiens grundsätzlich in einem positiven Licht. »Dass der Mensch in der Regel verkommen sei, ist ein Wahrnehmungsfehler«, bestätigt Simon Gächter von der University of Nottingham. Er könne zwar gehässig oder rachsüchtig sein. Doch wir würden vor allem deshalb so viel über Verfehlungen reden und schreiben, weil wir Normverstöße intensiv wahrnehmen und als verwerflich kennzeichnen wollen.

Selbst die unendlich erscheinende Geschichte der Kriege widerspricht der These nicht, sondern bestätigt sie sogar. Der bewaffnete Konflikt zwischen Gesellschaften kennzeichnet nicht den Zusammenbruch des sozialen Gefüges, sondern ist ein Ausdruck von Kooperation – wenn auch in seiner zerstörerischen Form, wie der Archäologe Lawrence Keeley von der Chicago University feststellte.

Denn: Allein kann niemand Krieg führen. Man benötigt dazu sehr viele Personen und eine Gemeinschaft obendrein, deren Mitglieder sich als Gruppe verstehen und koordiniert handeln. Gleichzeitig ist das Töten und Verletzen anderer aber so furchterregend, so grässlich, so unbegreiflich für das soziale Wesen Mensch, dass wir uns seinem schrecklichen Bann nicht entziehen können – derjenige, der dabei war, ohnehin nicht, aber auch nicht der, der davon nur gehört hat. Wie das Kaninchen auf die Schlange starren wir auf die vermeintlich raubtierhafte, böse Natur in uns, gerade weil wir uns davon abwenden wollen. So sind wir, man kann es nicht anders sagen, einer historischen Illusion erlegen. Die Grundbedingung des Menschen ist weder die Gewalt noch der Egoismus, die Kooperation ist es.

Nur wer eng zusammensteht, kann sich reiben

Dass es auf dem Weg zu immer größeren Einheiten zu Konflikten kommt, ist ebenso unvermeidlich wie das Gerede darüber. Was ist es anderes als eine große europäische Öffentlichkeit, wenn sich im Zuge der Haushaltskrise Griechenlands Deutsche plötzlich lautstark über die betrügerische Haushaltsführung der Regierung von Athen beschweren, die jahrelang falsche Zahlen nach Brüssel geliefert habe? Die griechische Hauptstadt ist von Berlin auf dem Straßenweg immerhin gut 2600 Kilometer entfernt. Und noch ist es nicht lange her, da kümmerte es niemanden, was zwischen Thessaloniki und Kreta so alles verschoben und vereinbart wurde.

Doch nun fangen die Deutschen an, sich für die Details des griechischen Rentensystems zu interessieren, weil von einer möglichen Zahlungsunfähigkeit des Mittelmeerlandes auch das eigene Ersparte betroffen sein könnte. Umgekehrt beschimpfen die Griechen die deutsche Bundeskanzlerin Angela Merkel als »Eselin« oder »kleinbürgerliche Anhängerin des Stasi-Staates«, kehren lange zurückliegende Schandtaten der Wehrmacht Nazi-Deutschlands im Zweiten Weltkrieg hervor und verweisen mit derselben Empörung darauf, dass es heute deutsche Unternehmen seien, welche die schlimmsten Korruptionsfälle in Griechenland verursacht hätten. So sehr scheint das Verhältnis belastet, dass selbst der Fußballtrainer Otto »Rehakles« Rehagel einen Verlust an Sympathie zu erleiden hat; immerhin derjenige, der die Griechen zur Europameisterschaft im Fußball führte.

Der deutsche Philosoph Jürgen Habermas geißelte das Gemeingut Europa einst als Elitenprojekt. Mit dem Fall Griechenland hat sich das gehörig geändert. Man diskutiert in den hellenischen Kaffeehäusern genauso wie an den Stammtischen zwischen Freilassing und Kiel. Dass es dabei nicht so wohlüberlegt und -formuliert zugeht, dass hierbei nicht immer von Liebe und gemeinsamen Visionen gesäuselt wird, das muss niemanden wundern. Emotionen brechen sich in oberflächlichen, teils verletzenden Vergleichen Bahn. Vor allem aber muss man sie als ein Zeichen der sozialen Verbundenheit sehen. Und so sind auch Zorn und gegenseitige Beschimpfungen, Enttäuschungen und Empörungen, so seltsam sich dies anhören mag, erst die Voraussetzungen dafür, dass dieses Projekt Europa von den Köpfen in die Herzen wandert und damit eine Sache aller Menschen wird. Emotionen lassen Beziehungen überhaupt erst entstehen. Nur im Diskurs kann sich Europa, das am 25. März 1957 in Rom mit einem wirtschaftlichen Zusammenschluss begann, zur Gemeinschaft formieren. Nur wer eng zusammensteht, kann sich aneinander reiben.

Globale Gefühle – globale Kooperation

Das Entstehen größerer sozialer Einheiten hat sich vom persönlichen Erleben längst abgekoppelt. Was in Brüssel passiert, in Paris, London, Rom, Madrid oder Berlin, das kann niemand mehr mit eigenen Augen sehen. Das ist aber auch gar nicht nötig. Was Menschen einst selbst beobachteten und anschließend weitererzählten, findet nun ein breites Echo in den Medien. Und längst lassen sich dort Vorgänge von globalem Ausmaß verfolgen. Dass in New York an einem Abend im Februar Hedge-Fonds-Manager feudal speisten, steht in einer Zeitung, und so erfährt es auch der Büroangestellte in Deutschland, Griechenland und Korea; ebenso dass es sich dabei um büffelhafte Raubtiere handelte. Dass in Athen mit den Zahlen geschummelt wurde, kann im Prinzip jeder in Europa vernehmen, ebenso wie die damit einhergehende Empörung, das Schimpfen und das Zetern.

Es sind diese Gefühle des Ärgers, der Freude, des Mitfühlens, welche die Welt immer näher zusammenrücken lassen. Der Tod Lady Dianas wird hier gerne als Beispiel angeführt. Genauso gut lassen sich die Vorgänge um die internationale Finanz- und Bankenkrise nach dem Herbst 2008 nennen, Übertragungen von Sportereignissen wie die Olympischen Spiele oder die Fußball-Weltmeisterschaft, die Berichterstattung über Klimakonferenzen, selbst wenn diese erfolglos enden sollten, und natürlich Naturkatastrophen. Als an Weihnachten 2004 ein Tsunami zwischen Ostafrika und Indonesien 230 000 Menschen ertränkte, überbrückte das Mitgefühl problemlos Tausende von Kilometern. Allein aus Deutschland kamen 670 Millionen Euro an Spenden. Teils, weil zu den Opfern auch deutsche Touristen zählten, teils, weil Fernsehen, Zeitungen und Internet voll waren von aufwühlenden Bildern und Texten.

Dass eine derartige mediale Globalisierung tatsächlich weltweit zu mehr Kooperation führt, konnte Nancy Buchan von der University of South Carolina in Augusta belegen. Die Wirtschaftsforscherin führte ein Gemeingut-Spiel mit 1145 Teilnehmern aus den USA, Italien, Russland, Argentinien, Südafrika und Iran durch. Gleichzeitig erfasste sie die internationale Ausrichtung ihrer Spieler mit einem umfangreichen Fragebogen. Dabei stellte sich heraus: Je kosmopolitischer die Menschen dachten, desto mehr waren sie bereit, auf lokale Interessen zu verzichten und ihr Spielgeld für globale Gemeingüter auszugeben. »Je globalisierter Menschen leben und handeln, desto positiver beeinflusst das ihre weltweite Kooperationsbereitschaft«, kommentiert Ökonomiepsychologe Gächter.

Die Menschheit kann also sehr wohl zu einem handelnden Wir werden, in dem es keine anderen mehr gibt. Und die Empathie könnte der Träger jener »universalen Intimität« sein, jenes »Gefühl der totalen Zugehörigkeit« vermitteln, wie es Jeremy Rifkin formuliert. Sie vermag eine Verbindung zwischen Milliarden herzustellen und die Menschen auf dem Globus in all ihrer kulturellen Verschiedenheit eng zusammenzubringen. Wir sind zutiefst soziale Wesen, die sich nach Zusammengehörigkeit sehnen, die glücklich sind, wenn es andere sind, die krank werden, wenn sie in Einsamkeit zu darben haben.

Ob das Mitgefühl allerdings auch in der Lage ist, die Menschheit zusammenzuhalten, das darf getrost bezweifelt werden. Dafür ist es allzu flüchtig, allzu leicht zu unterdrücken und ein allzu gefügiger Diener undurchsichtiger Ideologien – die fatale deutsche Geschichte ist hier zum globalen Lehrfall geworden. Wer nicht hinsehen will, der empfindet von vornherein kein Mitleid. Wer fremd ist oder dazu abgestempelt wird, dem wird Empathie schlichtweg verweigert. Wer sich unfair benimmt und gegen die Normen verstößt oder wem durch üble Nachrede ein solcher Ruf anhängt, über dessen Missgeschick oder Leid freuen sich die anderen gar noch, statt zu helfen.

Die Poesie des Homo reciprocans

Viel verlässlicher und weniger zerbrechlich ist stattdessen die Empfindung der Fairness – und damit trägt sie ungleich weiter. Sie ist als natürliche Disposition bei allen Menschen rund um den Globus vorhanden und offenbar schon bei Tieren angelegt. Und selbst das so häufig im Zwischenmenschlichen wie im politischen Leben beschworene Vertrauen ist nur eine Folge von Fairness. Nur wer sich bei Interaktionen mehrmals und wiederholt fair benommen hat, der genießt schließlich als Person Vertrauen. Verlässliche Beziehungen – zum Staat, zu Institutionen, zu anderen Menschen – sind wiederum die Voraussetzung für Glück, wie Umfragen weltweit immer wieder belegen.

Ähnlich verhält es sich mit der Empathie. Auch sie entsteht nur unter fairen Bedingungen, auch sie ist abhängig von einer gleichrangigen Interaktion. Nur wer mit anderen fair umgegangen ist, dem wird Empathie entgegengebracht. Nur wer fair kooperiert, den schließen die anderen in ihr Wir, in ihre Zusammengehörigkeit ein. Fairness und eine grundsätzliche Auffassung von Gleichheit stehen also am Ursprung der bedeutendsten sozialen Gefühle.

Man mag nun die Frage stellen: Aber was ist fair? Die Antwort darauf ist vor allem eines, nämlich nicht logisch, nicht vernünftig.

Menschen können mit einem Monatseinkommen von 1000 Euro glücklich sein, wenn die anderen 500 verdienen. Sie können mit 2000 unglücklich sein, wenn der Durchschnitt bei 3000 liegt. Im Einzelfall – je nach kultureller Prägung, persönlicher Situation sowie Wirtschaftsweise – wird beträchtlich variieren, was Menschen für fair halten. Das zeigen die kulturübergreifenden Ergebnisse des Ultimatum-Spiels. Manche geben sich zufrieden, wenn sie 10 Euro von 100 Euro erhalten, andere weisen 40 Euro als unfair zurück, dritte geben bereitwillig mehr als die Hälfte ab. Entscheidend ist, dass Fairness im gegenseitigen Umgang überall auf der Welt ein Wert ist, der respektiert wird.

Der Mensch liebt es zwar, sich mit anderen zu vernetzen, genauso zu helfen,wie selbst Hilfe zu empfangen, fair zu sein und fair behandelt zu werden. Gleichzeitig neigt dieser Homo reciprocans aber nur in Grenzen zu säuselnder Vereinigungsromantik, vor allem dann nicht, wenn er derjenige ist, der die Zeche bezahlen soll. Seine Poesie ist daher eher von einer pragmatischen, zupackenden Art, wie sie schon Bertolt Brecht (1898–1956) in seiner *Dreigroschenoper* besungen hatte.»Der Mensch ist gar nicht gut, / drum hau ihm auf den Hut. / Hast du ihn auf den Hut gehaut, / wird er vielleicht gut.« Soll heißen: Wer sich nicht an die Normen hält, wer unverbesserlich eigensinnig handelt, der wird im Zweifel von den anderen mit Strafen diszipliniert. Die Peitsche kann positiv wirken; auch dies ist eine Erkenntnis aus der Neuroökonomie, wenn auch eine eher ungeliebte.

Alle Macht der Fairness!

Wenn die Fairness aber weltweit respektiert wird, dann hat das auch in der Umkehrung zu gelten. Was immer Planer oder Reformer in die Wege leiten wollen, was immer es an politischen Projekten geben soll – es wird darauf ankommen, dass es dabei fair zugeht. Nur wenn stillschweigend die sozialen und materiellen Vorstellungen berücksichtigt werden, die alle hegen, werden die

Bürger akzeptieren, was ihnen der Staat oder internationale Abkommen an Einschnitten abverlangen. Nur wenn Erträge fair verteilt werden, werden die Menschen kooperativ bleiben. Ansonsten droht der Kollaps der Zusammenarbeit. Appelle an die Vernunft oder an den Glauben an eine Vision werden dagegen ungehört verhallen.

Dass zum Beispiel eine kleine Gruppe abkassiert und die Allgemeinheit die Zeche bezahlt, wird auf Dauer nicht gehen. Nachdem sich die Wirtschaft und die Finanzmärkte globalisiert haben, wird es darauf ankommen, dem ungezügelten Treiben der Wölfe oder Büffel Grenzen zu setzen. »Es wird eine der Aufgaben dieses Jahrhunderts werden, eine vernünftige Rahmenordnung für die globalisierte Wirtschaft zu erstellen«, verlangt der Münchner Wirtschaftsethiker Karl Homann. Sollten die Anstrengungen fehlschlagen, könnte es mit dem sozialen Frieden schnell vorbei sein. Schon heute belegen Umfragen, dass das Vertrauen in unsere derzeitige Wirtschaftsform gelitten hat. Unter weltweit 29 000 vom Meinungsforschungsinstitut GlobeScan Befragten gaben nur 11 Prozent an, dass der Kapitalismus in seiner jetzigen Form gut funktioniere. In Deutschland waren es 16 Prozent. Bei manchem wird sich das Gefühl der Ungerechtigkeit in Lähmung äußern, bei anderen im Antrieb zu handeln.

Wer vermögend ist, wird sich daran gewöhnen müssen, etwas abzugeben – dies gilt nicht nur im nationalen, sondern vor allem auch im internationalen Maßstab. Ein Klimaabkommen mit China und aufstrebenden Schwellenländern wie Brasilien oder Indien wird nicht zustande kommen, wenn die Rolle der Fairness dabei nicht berücksichtigt wird – auch wenn die sich entwickelnden Länder in den westlichen Medien nach bekanntem Muster sogleich als »Bremser«, »Egoisten« und »Saboteure« gescholten wurden. Die neu entstandene Mittel- und Oberschicht im Reich der Mitte wird niemals freiwillig ihren frisch erlangten Wohlstand aufgeben und auf ihr Recht verzichten, Kohlendioxid kostenlos in die Atmosphäre abzugeben. Man argumentiert, dass der Westen seinen Reichtum auf den Klimagasen aufbaute, die sich bereits in der Luft befänden. Erst wenn Europa und die USA dieses Argument der Fairness anerkennen, indem sie Abstriche am eigenen Einkommen machen, wird wieder Bewegung in die festgefahrenen Verhandlungen kommen.

Allerdings steht zu erwarten, dass die neuen Reichen Chinas national bald unter Druck geraten. Denn es darf getrost bezweifelt werden, dass es weite Bevölkerungskreise dort als fair empfinden, dass die immer weiter um sich greifende Umweltverschmutzung auf ihre Kosten erfolgt, dass die Landschaft zerstört, die Böden geschädigt, die Luft verpestet werden. Selbst in einer traditionellen Konsenskultur wie der chinesischen darf das Fairnessgebot nicht dauerhaft verletzt werden. »Eine nationale Holdinggesellschaft für Profiteure«, schimpfen Umweltschützer bereits jetzt die dortigen unheilvollen Allianzen aus Parteikadern, Lokalbeamten, Geschäftemachern und Militär.

Der amerikanische Philosoph John Rawls entwarf ein solches politisches System der Fairness. Die Rechtschreibung internationaler Beziehungen muss auf Fairness von allen gegenüber allen beruhen. Alle Institutionen haben die Fairness von allen gegenüber allen in den Mittelpunkt ihres Wirkens zu stellen. Eine freie Verbreitung von Informationen ist dafür allerdings eine Voraussetzung.

Die Prophezeiung des Egoismus

»Gier ist der Kerngedanke der Evolution«, durfte Gordon Gekko, gespielt von Michael Douglas, 1987 in dem Film *Wall Street* behaupten. Wir wissen nun, dass es sich dabei nicht um eine Beschreibung der Realität handelt, sondern um eine überhebliche Rechtfertigung für Egoisten. Diese verfolgt keinen anderen Zweck, als Rücksichtslosigkeit, Gier und den Triumph über den Schwächeren als natürlich zu entschuldigen. Wer gierig ist, ist das nicht aus Arroganz, aus Hartherzigkeit oder weil er sich falsch benimmt. Er gibt nur offen und ehrlich zu, was die anderen hinter der Fassade der Hilfsbereitschaft verstecken. Er besitzt nur genug Mut, nach vermeintlich natürlichen Regeln zu handeln. Regeln, denen zwar niemand entkommt, denen sich zu stellen die anderen jedoch nicht die Stärke und das Selbstbewusstsein besitzen. Wie gesagt, es handelt sich dabei um eine neoliberale und neokonservative Ideologie – die sich dennoch als fatal erweisen könnte. Denn die Beschäftigung mit Geld fördert den Egoismus und wird damit gleichsam zu einer sich selbst erfüllenden Prophezeiung. Die Wirtschaftsforscherin Kathleen Vohs von der University of Minnesota in Minneapolis stellte eine ganze Reihe aufschlussreicher Experimente dazu an.

Vohs und ihre Mitarbeiter konfrontierten ihre Probanden ganz beiläufig, wie es schien, mit einem finanziellen Kontext. Sie ließen zum Beispiel einen Stapel »Monopoly«-Spielgeld auf dem Tisch liegen, hatten einen Computer im Raum stehen, dessen Bildschirmschoner in einem Pool schwimmende Dollarnoten zeigte, oder ließen die Versuchsteilnehmer Sätze bearbeiten, die mit Geld zu tun hatten.

Wann immer ein solcher Bezug zum Finanziellen auch nur angedeutet wurde, änderte sich das Verhalten der Versuchsteilnehmer ganz grundlegend. Der Anblick von Geld verleitet Menschen dazu, sich abzukapseln und selbstbezogener zu handeln. Die Probanden lehnten es im Vergleich zu Kontrollgruppen häufiger ab, anderen zu helfen, und wollten selbst seltener Hilfe von anderen annehmen. Stattdessen bevorzugten sie es, alleine über einem Problem zu brüten, auch wenn dies einen deutlich höheren Aufwand bedeutete. Sie empfanden physischen Schmerz, hervorgerufen durch heißes Wasser, als weniger gravierend, und selbst den Ausschluss aus einer Gruppe schienen sie leichter zu akzeptieren, wenn sie zuvor an Geld erinnert worden waren. Die Ergebnisse waren jeweils die gleichen, egal ob die Probanden in China, Kanada oder den USA zu Hause waren.

Es wird also darauf ankommen, sich der Metapher des Egoismus nicht zu unterwerfen. Wir Menschen entsprangen einst dem Wir, und es entspricht uns am meisten. Nachhaltig glücklich macht nur das Wir.

Literatur

1. In der Provinz des Menschen

Hardin, G.: »The Tragedy of the Commons«, in: *Science* 162, S. 1243–1248, 1968.

2. Zähne und Klauen blutig rot

Axelrod, R.: *The Evolution of Cooperation*, Basic Books, New York 2006.

Baker, R.: *Sperm Wars. The Science of Sex*, Diane Publishing, Darby 1996.

Byrne, R.: *The Thinking Ape*, Oxford University Press, Oxford 1995.

Darwin, C.: *Die Entstehung der Arten*, Reclam, Stuttgart 1963.

Darwin, C.: *Die Abstammung des Menschen*, Voltmedia, Paderborn 2005.

Darwin, C.: *Mein Leben*, Insel, Frankfurt a. M./Leipzig 1993.

Dawkins, R.: *Das egoistische Gen*, Springer, Berlin/Heidelberg/New York 1978.

Hobbes, T.: *Leviathan*, Reclam, Ditzingen 1986.

Hölldobler, B., Wilson, E. O.: *Ameisen*, Piper, München 2001.

Jonas, H.: *Das Prinzip Verantwortung. Versuch einer Ethik für die technologische Zivilisation*, Insel, Frankfurt a. M. 1979.

Lorenz, K.: *Das sogenannte Böse. Zur Naturgeschichte der Aggression*, DTV, München 1974.

Mohr, H.: *Natur und Moral. Ethik in der Biologie*, WBG, Darmstadt 1995.

Voland, E.: *Die Natur des Menschen*, C. H. Beck, München 2007.

Trivers, R.: *Social Evolution*, Benjamin Cummings Publishers, Reading 1985.

Weber, T. P.: *Soziobiologie*, S. Fischer, Frankfurt a. M. 2003.

Wilson, E. O.: *Sociobiology. The New Synthesis*, Harvard University Press, Cambridge 2000.

3. Ein Freund, ein guter Freund

Roughgarden, J.: *The Genial Gene Deconstructing Darwinian Selfishness*, University of California Press, Berkeley/ Los Angeles 2009.

Roughgarden, J.: *Evolution's Rainbow Diversity. Gender and Sexuality in Nature and People*, University of California Press, Berkeley/ Los Angeles, 2004.

4. Die Intelligenz der anderen

Brüne, M., Ribbert, H., Schiefenhövel, W.: *The Social Brain Evolution and Pathology*, John Wiley & Sons Ltd., Chichester 2003.

Blaffer Hrdy, S.: *Mothers and Others*, Harvard University Press, Cambridge 2009.

Dunbar, R.: *Grooming, Gossip, and the Evolution of Language*, Harvard University Press, Cambridge 1998.

Fischer, E. P. F., Wiegandt, K.: *Evolution und Kultur des Menschen*, Fischer TB, Frankfurt a. M. 2010.

v. Schaik, C., v. Duijnhoven, P.: *Among Orangutans: Red Apes and The Rise of Human Culture*, Harvard University Press, Cambridge 2004.

5. Wir sind, also denke ich

Call, J., Tomasello, M.: *The Gestural Communication of Apes and Monkeys*, Lawrence Erlbaum Publishers, London 2007.

Sommer, V.: *Darwinisch Denken. Horizonte der Evolutionsbiologie*, S. Hirzel, Stuttgart 2008.

Tomasello, M.: *Why We Cooperate*, MIT Press, Cambridge 2009.

Tomasello, M.: *Die Ursprünge der menschlichen Kooperation*, Suhrkamp, Frankfurt a. M. 2009.

Tomasello, M.: *Die kulturelle Entwicklung des menschlichen Denkens*, Suhrkamp, Frankfurt a. M. 2006.

deWaal, F.: *Wilde Diplomaten*, DTV, München 1993.

6. Wie Gefühle politisch werden

Hickok, G.: »Eight Problems for the Mirror Neuron Theory of Action Understanding in Monkeys and Humans«, in: *J Cog Neurosc* 21:7, S. 1229–1243, 2008.

Iacoboni, M.: *Woher wir wissen, was andere denken und fühlen. Die neue Wissenschaft der Spiegelneuronen.* DVA, München 2009.

Ricarda, I. S.: *Die Gedanken und Gefühle anderer*, Mentis, Paderborn 2008.

Rifkin, J.: *Die empathische Zivilisation*, Campus, Frankfurt a. M./New York 2010.

Rizzolatti, G., Sinigaglia, C.: *Empathie und Spiegelneurone. Die biologische Basis des Mitgefühls*, Suhrkamp, Frankfurt/M. 2008.

de Waal, F.: *The Age of Empathy. Nature´s Lessons for a Kinder Society*, Random House, New York 2009.

7. Ein Lob der Fairness

Breithaupt, F.: *Kulturen der Empathie*, Suhrkamp Verlag, Frankfurt a. M. 2009.

Decety, D., Ickes, W. (Hg.): *The Social Neuroscience of Empathy*. MIT Press, Cambridge 2009.

Gross, D. M.: *The Secret History of Emotion: from Aristotle´s Rhetoric to Modern Brain Science*, The University of Chicago Press, Chicago 2006.

Henrich, J., Boyd, R., Bowles, S., Camerer, C., Fehr, E., Gintis, H. (Hg.): *Foundations of Human Sociality*, Oxford University Press, Oxford 2003.

Ostrom, E.: *Die Verfassung der Allmende*, Mohr Siebeck, Tübingen 1999.

8. Ein Wir ohne andere

Cerutti, F.: *Global Challenges for Leviathan – A Political Philosophy of Nuclear Weapons And Global Warming*, Lexington Books, Lanham 2007.

Rawls, J.: *The Law of Peoples*, Harvard University Presse, Cambridge 1999.

Register